QU'EST-CE QU'UNE RÉVOLUTION RELIGIEUSE ?

DU MEME AUTEUR

Publications en persan :

Philosophies et religions de l'Inde, 2 vol., Editions de l'Université de Téhéran, 1967 ; rééd., 1977, 1985.

La Vision mythique, Alefba, Amîr Kabîr, Téhéran, 1974.

Idoles mentales et mémoire originelle, Amîr Kabîr, Téhéran, 1976.

L'Asie face à l'Occident, Amîr Kabîr, Téhéran, 1977.

Publications en français :

De mer en mer, de rivage en rivage, poèmes, Editions Pierre-Jean Oswald, 1972.

Hindouisme et soufisme, Editions de la Différence, 1980 ; rééd., 1991.

La Topographie visionnaire de Hâfez de Shîrâz, cahiers de l'Université Saint-Jean de Jérusalem, Berg International, 1981.

Sohrâb Sepehrî : *Oasis d'émeraude,* traduction et introduction, Editions Imago, 1982 ; rééd. Orphée, la Différence, 1991.

Le Regard mutilé. Schizophrénie culturelle : pays traditionnels face à la modernité, Albin Michel, 1989.

Henry Corbin, La topographie spirituelle de l'Islam iranien, Editions de la Différence, 1990.

Participations :

Science et Conscience, Stock, 1980.

Henry Corbin, L'Herne, 1981.

Carl G. Jung, L'Herne, 1984.

Sciences et symboles, Albin Michel, 1986.

Familles musulmanes et modernité, Publisud, 1986.

L'Espace persan, Pierre Mardaga, Bruxelles, 1986.

L'Imaginaire des techniques de pointe, L'Harmattan, 1989.

L'Ame de l'Iran, Albin Michel, 1990.

DARYUSH SHAYEGAN

QU'EST-CE QU'UNE RÉVOLUTION RELIGIEUSE ?

Albin Michel

Nouvelle édition avec préface inédite :

22, rue Huyghens, 75014 Paris.

ISBN 2-226-05178-3

PRÉFACE

Qu'est-ce qu'une révolution religieuse ? *dont la première édition parut en 1982 *, bien que s'inspirant des événements récents qui secouaient le monde, dépassait de beaucoup le cadre restreint de l'actualité et débouchait sur les grandes fractures de l'esprit. Outre le fait qu'il mettait en relief les structures millénaires de la vision traditionnelle du monde, il en révélait aussi la destruction systématique grâce à cet événement formidable que fut dans l'histoire de l'humanité l'avènement de la modernité.*

Dès lors le but visé était moins de montrer l'analyse événementielle des faits que de mettre en évidence le drame qui se jouait derrière les phénomènes ; comme si par une phénoménologie des visions du monde on essayait de percer la dramaturgie des conflits culturels de notre planète. Vue dans ce contexte la révolution religieuse devenait le symptôme grave d'un double échec tant du côté de la modernité incapable de convaincre les masses frustrées gisant en marge de l'histoire que du côté des vieilles traditions tout aussi inaptes à assimiler les ruptures historiques des temps modernes. On voyait ainsi surgir un nouvel obscurantisme, phénomène que j'ai appelé : l'idéologisation de la tradition. Comme si l'idéologie sous sa forme la plus mensongère, la plus délirante devenait le lieu de rencontre entre différents niveaux de conscience.

Ce concept fondamental reste toujours en vigueur et constitue la clef de voûte de tout l'édifice de ce livre. Non seulement les événements ultérieurs ne l'ont point démenti, mais il me semble que, puisant dans des frustrations tenaces et des échecs réitérés, il a la peau dure et peut se métamorphoser et revêtir des masques nouveaux. Qu'un nouveau commissaire, supposé laïque, se fasse yogi, du jour au lendemain, en déclarant à brûle-pourpoint la

* Presses d'aujourd'hui.

guerre sainte, voilà qui montre à quel point ce phénomène pernicieux est capable de changer de registre et de tonalité tout en restant identique à l'essence même qui le fonde : la fausse conscience.

Cependant j'ai l'impression que la problématique du livre resta à l'époque incomprise. Une des raisons en est que cet essai jouait sur différents niveaux de pertinence : la pensée religieuse, philosophique et sociologique. Ceci n'était pas volontaire mais lié à la complexité même du sujet. Nous vivons dans un monde à multiples niveaux de représentation : on ne peut plus réduire les faits à un seul plan d'interprétation sans aboutir au réductionnisme. Le recours à d'autres clefs de la connaissance n'est pas seulement utile mais nécessaire pour cerner la polyvalence des faits culturels. Si la première partie du livre traitait des structures immuables de la tradition — structures qui, soit dit en passant, conditionnent encore la conscience d'une grande partie de l'humanité — comme le concept de l'Etre, de la vision cyclique du temps, les correspondances de l'homme et de la nature, l'espace « imaginal » des transmutations, bref tout ce qui façonne le regard mytho-poiètique de l'homme visionnaire, en revanche à partir du troisième chapitre on entrait de plain-pied dans les ruptures épistémologiques des temps modernes ; en d'autres termes, c'est le discours philosophique en tant que pourfendeur des « idoles mentales » qui faisait irruption dans l'histoire afin de consommer progressivement ce phénomène inouï que d'aucuns penseurs et non des moindres ont désigné comme « le désenchantement du monde ». Le registre sociologique envisageait le drame au niveau de la praxis politico-culturelle. Il cherchait à mettre en évidence le rabattement des deux discours précédents : religieux et philosophique au plan de l'idéologie, c'est-à-dire que j'essayais de dévoiler, dans le cas d'un certain type de l'intégrisme, la coalescence de la vulgate marxiste avec le contenu émotif et militant d'une religion motivée à présent par ses pulsions les plus agressives. Enfin la conclusion du livre tentait désespérément de trouver une issue hors de cette impasse en orientant la pensée vers une fonction doublement critique tant au niveau d'une exégèse spirituelle qu'au niveau de la déconstruction et de la démystification.

Peut-être l'enchevêtrement inévitable de ces trois niveaux de pertinence et l'écriture serrée du livre en a-t-il rendu la lecture quelque peu difficile. Mais le fond du problème reste, à mon avis, inchangé. Le Regard mutilé, *publié depuis *, prenait en considération ces mêmes phénomènes par le biais d'un autre regard et*

* Albin Michel, 1989.

dans un langage plus accessible. Mais Le Regard mutilé *n'est pas une œuvre philosophique au même titre que* Qu'est-ce qu'une révolution religieuse ? *En écrivant ce livre j'avais une autre ambition : trouver de nouveaux outils de conceptualisation pour comprendre les phénomènes en cours. D'où la création des termes comme la double illusion, la brèche fondamentale, l'occidentalisation inconsciente — forme à priori de la vision du monde —, entre l'agonie des dieux et leur mort imminente, l'idéologisation de la tradition. Ces concepts visaient à saisir des phénomènes inédits qui, pour autant que je sache, n'avaient pas été formulés en ces termes. Ils dénonçaient le drame à partir de l'intérieur des consciences malheureuses. J'ai voulu hisser le débat au niveau de l'épistémologie et du discours philosophique, car nous vivons tous, qu'on le veuille ou non, à la croisée des discours souvent incompatibles les uns avec les autres, croisée qui détermine, si l'on veut, l'attitude schizophrénique de l'homme d'aujourd'hui.*

Que cette nouvelle approche ait apporté quelque lumière pour la compréhension de ces phénomènes est une autre affaire. Les nombreuses réactions que suscita la parution du livre semblent suggérer que j'avais, peut-être, touché quelque part une corde sensible. Ce fut en tout cas une tentative pour sensibiliser le public occidental et français en particulier aux distorsions de l'esprit qui nous viennent du choc des cultures et dont la compréhension exige de part et d'autre beaucoup d'efforts ; car ces phénomènes, comme le montrent les événements récents dans le monde, ne s'identifient pas seulement aux conflits qui opposent et opposeront hélas de plus en plus le Nord et le Sud, mais s'inscrivent dans l'histoire douloureuse des consciences. Sans la connaissance de ces blessures un dialogue serein entre les hommes de la planète sera impossible et nous resterons rivés aux stéréotypes et clichés qui peuplent le panthéon creux de l'homme moderne.

Daryush SHAYEGAN
octobre 1990

A l'Iran éternel

Nous avons dû renoncer ici à l'emploi des caractères dits « diacrités » pour transcrire certaines consonnes de l'écriture arabe ou persane. Par exemple le *'ayn* et le *hamza* sont représentés indifféremment par la simple apostrophe. Pour le lecteur non orientaliste, observons ceci : le *ch* représente le son français *tch.* Le *h* représente toujours une aspiration qu'il est nécessaire de marquer. Le *j* doit se prononcer *dj.* Le *kh* équivaut au *ch* allemand aspiré ou à la *jota* espagnole. Le *s* est toujours dur (= *ss*). L'accent circonflexe sur les voyelles représente la *scriptio plena;* le *û* a toujours le son de *ou* en français.

INTRODUCTION

Qu'est-ce qu'une révolution religieuse? est un essai sur le processus d'idéologisation en cours au sein des civilisations que l'on dénomme traditionnelles, processus qui caractérise leur situation historique présente. Ces civilisations en effet vivent dans un état de transition entre un événement qui se prépare mais n'est pas encore ouvertement déclaré et un ordre spirituel qui vacille mais n'est pas encore tout à fait effondré et qui, surtout, ne se renouvellera jamais plus sous sa forme originelle. Elles vivent donc entre le *pas encore* et le *plus jamais*. Entre l'agonie des dieux et leur mort imminente. Les structures de l'esprit traditionnel qui soutenaient autrefois la vision gnostique de l'humanité : le cycle de la descente et de la remontée, la division ternaire (corps, âme, esprit) des facultés de l'homme, les relations sympathiques de l'homme et de l'univers, le langage des symboles, tout comme l'espace « imaginal » [1], se sont écroulées à partir des XVe et XVIe siècles à la suite de cet événement radical que fut l'apparition de l'âge scientifico-technique, et ont été remplacées à la longue par les formes dualistes des pensées idéologisantes.

Or si ces structures traditionnelles pouvaient être comparées à des miroirs qui réfléchissaient la lumière de l'Être tout en révélant le rapport transparent qui reliait l'Être à l'étant, les formes réductionnistes qui se sont substituées à

1. Nous utiliserons le terme forgé par Henry Corbin pour bien distinguer cette faculté propre de l'imagination active par rapport au sens déprécié de l'imaginaire qui est souvent l'irréel, le fictif. Voir : H. Corbin, *Corps spirituel et Terre céleste*, Buchet/Chastel, Paris, 1979, p. 9.

elles se présentent, en revanche, comme des *miroirs brisés* qui déforment, chacun à leur manière, la lumière du monde.

Cette substitution est bien le signe d'un bouleversement métaphysique d'une portée majeure provoquant un renversement total de perspective qui prive les structures d'autrefois de leur raison d'être, de sorte qu'elles se sont trouvées reléguées dans l'inconscient de l'homme moderne.

Une grande partie de l'humanité toutefois vit à cheval entre ces deux niveaux de présence au monde. D'un côté les grandes civilisations non occidentales, en raison de leurs énormes réserves spirituelles, restent ouvertes au langage archaïque des mythes qui, puisqu'ils ne trouvent pas de « lieu » objectif dans le monde environnant, se replient sur l'horizon privé des croyances religieuses et constituent dès lors un monde séparé. Mais d'autre part les discours sociopolitiques gagnent de plus en plus de terrain, touchant tout autant les cadres et l'intelligentsia que des secteurs de plus en plus larges des masses frustrées. Ces deux niveaux culturels, qui ont chacun leur mode de représentation, ne peuvent communiquer sans se faire violence. Ainsi, lorsqu'une tradition religieuse comme l'Islam se révolte et cherche à revendiquer ses droits en essayant de balayer les influences, qu'elle juge néfastes, de la modernité, elle échoue, pour la simple raison qu'elle fait passer les structures de la Tradition à travers le prisme déformant des miroirs brisés – de sorte que les formes hybrides qui en résultent, loin de sauver ces structures, n'en hâtent malheureusement que davantage leur effritement. L'adéquation entre la forme et le contenu, l'extérieur et l'intérieur, de même que l'optique spirituelle qui les commande, ayant disparu en raison de l'effondrement de ce monde, les « dieux » de ces civilisations ne peuvent se manifester dans un cadre socio-politique qu'en revêtant les masques d'un historicisme déguisé. C'est ce phénomène insidieux que nous appelons l'*occidentalisation inconsciente.*

Tout ce livre n'a été écrit que pour mettre en relief ce déchirement. C'est pourquoi ce livre est aussi l'histoire de ma « conscience malheureuse ». Il est l'histoire d'un événement qui ne peut être conté que par ceux qui l'ont vécu de l'intérieur comme le point d'affrontement de deux niveaux de présence dans le monde. En tant que Persan j'incarne la frustration chronique d'un grand peuple destiné à de grandes œuvres mais qui, en raison de la tyrannie de l'histoire, est resté en dehors de celle-ci et qui, peut-être conscient de ce fait, s'y précipite soudainement à bride abattue, plongeant irrésistiblement dans une aventure périlleuse qui le dépasse. La lucidité à peine éveillée s'obscurcit à nouveau dans le brouillard idéologique de l'émotivité, du ressentiment et de l'aveuglement.

Et c'est précisément ici que s'enracine la tâche du penseur appartenant à cette aire culturelle particulière. Il doit essayer de comprendre sans s'engager dans les vains débats idéologiques et relier cette compréhension à une situation qui n'est point idéologique mais découle d'une vision du monde devenue bon gré mal gré le destin de notre planète. En d'autres termes, derrière la joute oratoire des rhéteurs de la révolution, des démagogues et des fausses interprétations qui s'accumulent de part et d'autre, se profile l'arrière-vérité d'une non-communication totale, d'un *dialogue de sourds*. Derrière cette non-communication se révèlent non seulement des problèmes inhérents aux situations de fait (Tiers Monde sous-développé, l'Occident surdéveloppé), mais aussi et surtout un clivage épistémologique qui scinde tant les catégories mentales, les comportements psychiques que la typologie de l'homme qui est censé les incarner et les représenter. Il y a dans cette non-communication une brèche si profonde et pourtant si insidieusement camouflée, que les parties adverses sont incapables de la reconnaître, encore moins de la combler.

Dénoncer ce lien interrompu, et expliquer la nature de cette *brèche* en révélant l'incompatibilité des assimilations hâtives qui de part et d'autre sont devenues monnaie courante, est justement la tâche du penseur qui se veut conséquent et qui a, en outre, le privilège d'appartenir aux deux mondes en question. Sa tâche est, par conséquent, une mise au point, un remue-ménage des concepts identifiés les uns avec les autres, un démontage des idées hybrides qui, s'agitant dans un tourbillon de malentendus, faussent les perspectives de part et d'autre, et créent cette atmosphère quasi magique où les mêmes mots, les mêmes concepts éveillent, selon qu'ils sont envisagés dans telle constellation culturelle ou telle autre, des connotations différentes, voire foncièrement contradictoires. Aux dialogues dits de l'Occident et de l'Orient, du Nord et du Sud, des pays post-industriels et des sociétés sous-développées, se substitue le non-dialogue de l'homme avec lui-même, de l'homme avec son âme, c'est-à-dire de l'homme religieux, pré-galiléen, et de l'homme occidental qui, du fait de sa domination mondiale, a imposé sa façon de voir à la planète tout entière.

Derrière cette non-communication, ce qui est en jeu n'est rien de moins que l'opposition du monde clos et de l'univers infini, de l'espace-temps synchronique des coïncidences et de l'espace-temps linéaire de la causalité, des relations affectives et rituelles d'une société communautaire et tribale, et du comportement civique d'une société sécularisée. C'est l'incapacité de l'homme d'effectuer le passage d'un niveau à l'autre qui suscite les malentendus. C'est aussi la projection de son propre monde sur un autre monde tout différent sans la prise en vue de cette différence qui crée des *zones de contact*, caractérisées par la confusion de tous les contextes culturels. Les idées nouvelles et hybrides sont toujours des formes idéologisées de pensée puisque, comme nous le verrons, c'est toujours au niveau de l'idéologie, c'est-à-dire de la *fausse conscience*, que s'opère ce rapprochement. C'est notamment à ce niveau que les représentants d'une religion eschatologique de la fin des temps recourent au concept marxiste de la lutte des classes pour justifier leur *messianisme*.

Mais l'homme n'est pas seulement un *homo faber*. Il cumule tous les niveaux de conscience, de l'*homo magnus* (medecine-man) actif dans l'inconscient collectif jusqu'aux conquêtes vertigineuses de l'*homo technologicus*. Chaque niveau de conscience a son système de représentation, sa façon de percevoir le monde. Le chaman ne peut penser dans les catégories spatio-temporelles qui régissent la conscience de l'homme moderne, pas plus que le scientifique n'est ouvert à la vision magico-synchronique de l'homme archaïque.

Si la civilisation technicienne a rendu l'homme « maître et possesseur de la nature », il n'en reste pas moins vrai que cette civilisation a été depuis cinq siècles responsable d'une croissance cancéreuse des facultés cérébrales de l'homme, qui a refoulé les images de l'âme pour les reléguer dans les coulisses de l'inconscient. Ce refoulement a fait de lui un névrosé parfois complaisant, souvent dangereux.

De l'autre côté, la fermeture des civilisations non occidentales aux mutations scientifico-techniques qui débutèrent à la Renaissance, leur a interdit de comprendre les métamorphoses historiques de cette pensée qui devint planétaire. De sorte que leur névrose à elles ne provient pas du fait qu'elles ont refoulé le monde de l'âme mais qu'elles sont incapables de l'intégrer dans le circuit relationnel du système mondial : comme elles se sentent frustrées, elles se révoltent en faisant table rase de toutes les valeurs. Mais en se révoltant elles tombent inconsciemment – et c'est là le drame de toutes ces civilisations – dans le piège de la « ruse de la raison », c'est-à-dire qu'elles en deviennent, comme le dirait Hegel, les instruments involontaires. Il est peut-être plus facile pour un Occidental de réévaluer et même de comprendre (je ne dirais pas émotionnellement, car sur ce plan-là l'Occidental reste déplorablement cérébral) les niveaux archaïques de la conscience, que pour les non-Occidentaux d'embrasser dans une perspective dénuée de tout *a priori* déformant, les métamorphoses historiques de l'esprit dans l'histoire.

L'image de l'homme toutefois n'est pas monolithique dans la pensée occidentale. Max Scheler, dans une étude consacrée aux types fondamentaux de représentation que l'homme occidental se fait de lui-même, propose de distinguer cinq idées de l'homme correspondant chacune à un rapport déterminé de l'homme et de l'histoire : l'homme religieux, l'*homo sapiens*, l'*homo faber*, l'homme dionysiaque et le surhomme-divin [1]. Nous n'analyserons ici que le concept d'*homo faber*. Dans la figure de l'*homo faber*, ce qui est nié c'est que l'homme possède une faculté spirituelle spécifique : toutes les créations de l'esprit et de la culture deviennent des phénomènes de la nature. L'esprit et la raison ne possèdent pas une origine divine et ontologique. Ils ne reflètent pas

1. Max Scheler : *l'Homme et l'histoire*, Aubier, Paris, 1935, pp. 66-67. Trad. M. Dupuy.

l'ordre objectif du monde pas plus qu'ils ne symbolisent l'ordre hiérarchique des intelligences archangéliques, mais ils sont le résultat de la différenciation complexe des puissances psychiques que l'homme partage avec les singes anthropoïdes. Ainsi les tendances qui déterminent le mouvement de l'histoire sont ou bien les pulsions sexuelles, la libido, ou bien la tendance à l'affirmation de la volonté, ou bien les tendances productives, dérivant des tendances nutritives au sens le plus large. Cependant, nous apprend Ernst Bloch, les pulsions ne sont pas constantes dans l'histoire, et la « recherche de la pulsion fondamentale reflète plus que jamais la pulsion particulière propre à telle ou telle époque [1] ».

Ainsi non seulement l'être se met en mouvement, avec Hegel, pour revêtir les formes différentes de son odyssée, mais encore avec l'apparition des théories naturalistes et la naissance de l'*homo faber*, les pulsions elles-mêmes se mettent en marche, privilégiant tantôt telle tendance, tantôt telle autre : tantôt c'est la pulsion du profit qui prend de l'ascendant, parvenant ainsi à neutraliser la libido sexuelle, tantôt c'est le fascisme qui exalte d'une « rage nouvelle l'instinct de mort, qui pour les contemporains de Werther, était encore sentimental et pour les romantiques avant tout nocturne [2] ».

Quel que soit le nombre des pulsions (les trois tendances repérées par M. Scheler ou les « quatre grandes pulsions » définies par Konrad Lorenz [3] (pulsions de la faim, de la sexualité, de la fuite ou de l'agression) ou leur variation au cours de l'histoire (selon que telle classe dominante impose telle tendance en accord avec ses intérêts ou telle autre), ou les motivations qui les alimentent et les mettent en branle, le règne incontesté des tendances représente un type nouveau de pensée qui n'est pas seulement réducteur mais qui, du fait même qu'il construit sa vision du monde à partir des pulsions primitives, aboutit à une forme idéologisée de

1. Ernst Bloch : *le Principe espérance*, vol. 1, Gallimard, Paris, 1976, pp. 88-89. Trad. Françoise Wuilmart.
2. *Ibid.*, p. 67.
3. Konrad Lorenz : *l'Agression*, une histoire naturelle du mal, Flammarion, 1969, p. 116. Trad. Vilma Fritsch.

la pensée, dans la mesure où celle-ci est conçue comme la sublimation ou comme la superstructure de la vie pulsionnelle.

Cette idéologisation de la pensée crée une scission, une déchirure entre l'intellect et la psyché : « Jamais l'intellect, écrit Tucci, n'a prédominé dans l'Inde au point de se surajouter aux facultés de l'âme et de s'en détacher, provoquant ainsi entre lui et la psyché cette dangereuse scission, maladie dont souffre l'Occident. Or, pour désigner ce mal intérieur qui lui est propre, l'Occident a forgé le mot " intellectuel " comme s'il était possible que puisse exister un type d'homme réduit à son seul intellect[1]. » Or non seulement la scission dont nous parle Tucci sépara la philosophie de la religion, le subjectif et l'objectif, l'âme de l'esprit, mais elle fut le point de départ d'un processus que j'appellerai le *dépouillement ontologique* du monde et de l'homme : c'est-à-dire la démythisation du temps, le désenchantement de la nature, la naturalisation de l'homme et l'instrumentalisation de la raison. Dès lors ce nouveau type l'homme *(l'homo faber)* et son univers peuvent être interprétés comme la convergence de quatre mouvements descendants qui englobent aussi bien la connaissance et le monde que l'homme et l'histoire : 1. De la vision contemplative à la pensée technique; 2. Des formes substantielles aux concepts mécanico-mathématiques; 3. Des substances spirituelles aux pulsions primitives; 4. De l'eschatologie à l'historicisme. Nous n'aurons pas le temps d'analyser ces quatre mouvements qui exigeraient à eux seuls un livre tout entier : qu'il nous soit permis de répéter ici ce que nous disions ailleurs : « Le point de convergence de ces quatre mouvements, à savoir l'instrumentalisation de la pensée, la mathématisation du monde, la naturalisation de l'homme et la démythisation du temps, constituent la *Gestalt* de l'impact planétaire de la pensée occidentale, impact qui par le fait même de sa domination et de ses performances prodigieuses sur le plan technique a rompu tout dialogue réel entre les civilisations[2]. » Cette

1. Giuseppe Tucci : *Théorie et pratique du mandala*, Fayard, Paris, 1974, p. 11. Trad. André Padoux.

2. Daryush Shayegan : « Transmutation et mutation en tant que phénomène de rencontre dans le dialogue des civilisations », in : *L'impact de*

Gestalt s'impose à la conscience de tout homme vivant à notre époque et pour peu que celui-ci ait quelque connaissance, ne fût-ce que superficielle, de la réalité de son temps, elle constitue les catégories *a priori* de la vision idéologique du monde, les lunettes sociologiques qu'il porte à son insu, en d'autres termes, la façon d'être-dans-le-monde de l'*homo faber.*

Si la connaissance du monde spirituel exige une herméneutique permettant le passage des formes symbolisées aux principes symbolisants, de même qu'une correspondance du « ciel intérieur » avec le « ciel extérieur » pour utiliser l'expression de Paracelse, le passage conscient du monde religieux à notre monde moderne requiert, au contraire, une attitude critique et, pour saisir le mouvement dialectique qui le sous-tend, une destruction ontologique. Et de même que l'expérience des symboles implique une rupture de niveau, une sortie hors du temps profane pour déboucher sur l'Histoire sacrée, de même la reconnaissance de son temps requiert une entrée dans l'histoire, une prise de conscience de ses péripéties, une ouverture à la généalogie de la pensée qui l'a engendrée, faute de quoi on se trouvera coincé entre l'histoire et l'eschatologie, entre l'aventure de la dialectique et l'agonie des dieux, c'est-à-dire nulle part.

Cet effort *critique* manque aux représentants des civilisations traditionnelles qui, faisant irruption dans une histoire dont ils ignorent la complexité, idéologisent leur héritage en le coulant inconsciemment dans la forme dominante de cette *Gestalt* omniprésente, de sorte que de nos jours l'idéologie devient la seule forme accessible de communication entre les civilisations. Mais comme toute idéologie est une fausse conscience, nous assistons fatalement à l'inflation des mots, du langage et des formes mutantes de la pensée : nous produisons des monstres de Frankenstein des deux côtés.

Or nous pourrions faire le raisonnement inverse et dire que les soustractions faites à l'esprit – ou dans le contexte des media, le développement de la vue, c'est-à-dire le pas-

la pensée occidentale rend-il possible un dialogue réel entre les civilisations? Berg International, Paris, 1979, p. 361.

sage de l'homme visionnaire à l'homme visuel –, tout en appauvrissant l'univers magico-symbolique de l'homme, n'ont pas été vaines. L'aventure faustienne de l'Occident est aussi l'aventure de notre humanité en voie de devenir, et il serait aussi naïf de le contester qu'il serait injuste de nier les richesses que nous ont léguées les générations antérieures. Car, « Sans cinq siècles de sécularisation et de désymbolisation, on n'aurait jamais abouti au concept profane de la démocratie, sans l'objectivation de la nature et son désenchantement, sans le choc cosmologique de la révolution copernicienne et de la mathématisation galiléenne du monde, on n'aurait pas pu avoir de sciences de la nature; sans le choc biologique on n'aurait pas connu l'aventure de la phylogenèse et l'évolution organique des espèces, et sans le choc psychologique on n'aurait pas pu redécouvrir les mécanismes obscurs de l'inconscient. Ce sont ces trois chocs traumatisants qui, au dire de Freud, ont forgé la conscience de l'homme occidental. Sans doute au détriment de valeurs spirituelles, sans doute aux dépens de la richesse du monde de l'âme et pourtant ce sont ces mêmes richesses que l'Occident dévoile (que l'on songe un instant à l'attrait fascinant qu'exerce sur les esprits le monde imaginal dont H. Corbin a révélé les multiples connotations dans la gnose spéculative de l'Iran) après avoir subi les affres de la conscience malheureuse et essuyé tous les déboires que lui ont infligés les « ruses de la raison [1] »...

Or tout le drame de l'homme d'aujourd'hui commence précisément au point de rencontre des deux aspects négatif et positif de ce processus historique. Pour quiconque a vécu la répression des régimes totalitaires et le règne tyrannique des idéologies manichéennes, les mots de démocratie, de liberté et de droits de l'homme ne sont pas des concepts creux mais des réalités on ne peut plus concrètes. Ceux qui jouissent de ces privilèges et les prennent pour des droits acquis ne savent pas à quel point ces droits quasi naturels pour eux sont des rêves irréalisables pour d'autres qui en sont dépourvus. Il est sans doute légitime de critiquer les

1. D. Shayegan : « L'idéologie en tant que point de rencontre entre deux mondes », in *Science et Conscience,* Stock, Paris, 1980, pp. 469-470.

aberrations des sociétés démocratiques, mais il est aussi équitable d'admettre que sans ces « aberrations » peut-être inévitables, il n'y aurait jamais eu les droits de l'homme, ni les performances prodigieuses de la technique. Si l'homme est devenu ce qu'il est, s'il a pour une raison ou pour une autre subi une seconde mutation culturelle avec l'âge scientifico-technique, c'est peut-être parce qu'il devait actualiser les potentialités inouïes qu'il contenait virtuellement. Le problème ne consiste pas à regretter cet état de fait (qui eut, soit dit en passant, des résultats fort concrets), mais de savoir comment l'homme va s'en sortir. Le dilemme vient de ce fait que la libération de l'homme s'est faite au détriment de son monde intérieur; et que plus l'homme s'est affranchi de la tutelle des dieux et des mythes, plus il a éliminé en d'autres termes les « idoles mentales », plus il en a créé d'autres plus puissantes et plus tyranniques.

A l'heure actuelle deux tendances générales se dessinent à l'horizon de la pensée : celle du dépassement du nihilisme sur lequel nous reviendrons, et celle, plus forte encore, de la régression, de l'idéologisation. En essayant de dépasser l'aspect corrosif du nihilisme, l'homme ne perd pas pour autant le gain des niveaux de conscience qu'il acquit en se révoltant contre les dieux, mais il s'efforce au contraire (et c'est de la réussite de cette tentative de réintégration que dépendra l'avenir de l'homme) de les assimiler et de les fusionner dans une totalité où la science consciente de ses limites aurait tout autant droit de cité que l'héritage mystique de notre humanité.

Mais depuis quelque temps nous assistons à un phénomène nouveau qui semble démentir les prévisions de l'historicisme : l'explosion soudaine de l'homme religieux qui, faisant irruption dans l'histoire, cherche à balayer toutes les valeurs qu'ont accumulées cinq siècles de sécularisation. Que ce phénomène ait été possible donne déjà matière à réflexion. La régression aux niveaux archaïques de la pensée n'est pas un phénomène nouveau. Les grands mouvements national-socialiste et fasciste entre les deux guerres en Allemagne et en Italie nous ont déjà initié à ce mécanisme. Cependant ces mouvements n'étaient pas religieux au sens strict du terme. Sans doute Hitler en tant que nouveau chaman de l'ordre technologique jouait-il le rôle d'officiant, de médium, de prêtre au service d'un culte qui s'identifiait avec la mystique du sang et de la race. Dans « cette explosion archaïque » (Th. Mann) l'*homo faber*, nous dit Cassirer [1], était au service de l'*homo magnus*. Étant prêtre d'une religion neuve et irrationnelle, Hitler devait propager cette religion d'une façon méthodique, sans rien laisser au hasard. Dans ces nouvelles religions séculières, le monde psychiquement primitif se coulait dans les moules d'une société organisée avec toute la « rationalité irrationnelle » d'une *Leistungsgesellschaft*. L'idéologie devenait religion, mais celle-ci en tant que tradition était absente, d'où la rage furieuse de son agressivité et le manque total de toute éthique morale; d'où aussi le dosage subtil entre une raison réduite à la ruse la plus perfide et une affectivité rabaissée au niveau d'une sentimentalité brutale. « La rudesse de la méthode, écrit H. Rauschning, est calculée. Presque tout dans la brutalité des manières comme dans la forme barbare du gouvernement voudrait donner l'impression d'une force élémentaire inexistante... Cette prédilection pour la méthode violente, méthode typiquement révolutionnaire, n'est pas inconciliable avec la manière dont le national-socialisme fait appel – avec un raffinement qui emporte le succès – à la sentimentalité instinctive du petit-bourgeois [2]. »

Ce qui faisait défaut à ces systèmes totalitaires était justement le niveau religieux au sens traditionnel du terme. Le national-socialisme était lui-même le produit d'une sécularisation qui, atrophiant les facultés symboliques de l'âme, libérait l'énorme énergie libidinale des masses frustrées : ce sont ces énergies résiduelles que récupérait le fascisme au niveau du Parti, de la Race, du Führer, les intégrant ainsi dans la structure manichéenne de son idéologie, qui exprimait « l'attitude émotionnelle de l'homme opprimé par la civilisation machiniste autoritaire et son idéologie mécanistemystique [3] ». Dès lors ce qui résonne autour du nom du

1. E. Cassirer : *The Myth of State*, New Haven, 1975, pp. 281-282.

2. Hermann Rauschning : *la Révolution du nihilisme*, Gallimard, Paris, 1980, p. 99. Trad. Paul Ravoux et Marcel Stores.

3. Wilhelm Reich : *la Psychologie des masses du fascisme*, Payot, Paris, 1977, p. 11. Trad. Pierre Kamnitwer.

Führer, « ce ne sont plus les buccins des légions, c'est le tam-tam des peuplades sauvages [1] ». C'est, pour ainsi dire, le chaman primitif qui vocifère dans le langage de l'*homo faber*, entraînant à sa suite la horde des masses hystériques et « enracinant jusque dans les structures psychiques [2] » de l'homme les dogmes de son idéologie. Aujourd'hui, avec les révolutions dites « religieuses », ce ne sont plus les refoulements de la psyché frustrée du petit-bourgeois qui affleurent à la surface, mobilisant les masses atomisées et sans identité, mais bel et bien une religion structurée, par le martyre, la promesse eschatologique et le Livre Saint. Or la religion est le point de cristallisation de ce que Jung appelle les *canons culturels*, canons qui servent de barrière à la désintégration des formes sublimées de la psyché et où se cristallisent les hautes valeurs de l'esprit. La religion sert de tampon entre une poussée pulsionnelle centrifuge et une tendance non moins périlleuse à l'instrumentalisation de la *ratio*, entre l'explosion de l'*homo magnus* et la rationalisation de l'*homo faber*. C'est en raison de cette vertu équilibrante qu'elle put instaurer l'ordre pendant de longs millénaires et garder l'équilibre entre ces deux tendances centrifuges de l'âme humaine.

La structure réductionniste des idéologies, éliminant la faculté créatrice de l'âme, ne peut, dans le contexte d'une idéologisation totalitaire et excessive, qu'aboutir à un face-à-face explosif de l'*homo magnus* et de l'*homo faber* tel que nous le vîmes se produire en Allemagne sous le régime national-socialiste. Aussi une fois que la religion entre dans le jeu des idéologies, elle brise d'une part les canons culturels qui conservaient tout en les cristallisant les formes symboliques de l'esprit, et d'autre part fait irruption dans un domaine inconnu où elle perd pied, puisqu'elle fait face à un monde qui la dépasse historiquement, eu égard au fait qu'entre son niveau et le niveau suivant historiquement plus évolué il n'y a pas une différence de degré mais une coupure, une *rupture épistémologique*. Elle se laisse, en d'autres

1. H. Rauschning : *Hitler m'a dit*, Paris, 1979, p. 287. Trad. Albert Lehman.
2. W. Reich, *op. cit.*, p. 40.

termes, envelopper par le produit de cinq siècles de sécularisation qui influe d'autant plus sur elle qu'elle reste réfractaire à son langage. Elle tombe dans le piège de l'histoire, en épouse la forme dominante, en subit les impératifs et devient somme toute la contrepartie religieuse d'une nouvelle forme de fascisme.

Le temps de la religion en tant qu'ordre socio-politique ayant disparu, c'est à présent l'*homo magnus* qui surgit des ruines de la religion afin d'éliminer dans sa rage de destruction l'*homo faber*. Mais à la différence des régimes fascistes au sein desquels celui-ci ne disparaissait pas, mais était exalté par la rage nouvelle que lui communiquait le déchaînement des instincts, le régime religieux est incapable d'accomplir une performance technique ou économique. La religion peut en tant que détentrice des trésors spirituels de l'humanité contribuer à la richesse spirituelle et *individuelle* de l'homme. Elle peut même inspirer des mouvements politiques comme ce fut le cas de l'*ahimsa* de Gandhi. Mais elle ne peut construire une vision du monde *(Weltanschauung)* collective : parce que la forme dominante de notre temps reste, quoi qu'on en dise, une forme idéologique de la pensée et parce que, toute religion étant par nature une totalité englobant aussi bien le secteur public que privé, toute tentative de la réaliser comme ordre politique la transformera d'autant plus aisément en un système totalitaire que les idéologies assument dans notre monde la même fonction que les mythologies dans le monde religieux. Comme notre monde est un univers ouvert, un réseau de communication planétaire, toute velléité d'enfermer l'homme dans un système clos et tribal est d'emblée vouée à l'échec, parce que la « structure émotionnelle » qu'impliquent les formes archaïques d'une religion est intolérable pour la sensibilité de l'homme d'aujourd'hui.

Mais pourquoi faut-il qu'il en soit ainsi? Pourquoi faut-il que les grandes cultures de la planète qui sont restées en dehors du rayonnement de l'histoire occidentale n'aient pas d'autre issue que de se confronter à ses règles de jeu? En voulant répondre à cette question nous nous en sommes posé bien d'autres encore, qui toutes convergeaient vers cet événement majeur des cinq derniers siècles : le renversement total des rapports liant l'homme à la nature et à Dieu, brèche fondamentale survenue par le début de l'âge scientifico-technique, et brèche d'une portée si dramatique qu'on peut la désigner comme la seconde mutation historique de l'humanité.

Pour décrire la position des civilisations traditionnelles par rapport à cette brèche, nous nous sommes inspiré essentiellement des traditions ésotériques islamique et indienne : sans doute ces deux traditions n'englobent-elles pas toutes les religions du monde; mais ces exemples suffisent pour montrer que les civilisations traditionnelles, quelle que soit la variété des formes culturelles qui les caractérisent, sont porteuses, par rapport à la rupture essentielle que fut le commencement des temps modernes, d'une même destinée historique. De ce fait, au risque même d'alourdir la lecture, nous nous sommes trouvé contraint à un écart par rapport au thème central de notre livre : sans la connaissance, fût-elle sommaire, du monde qu'implique cette façon de voir les choses, les grands bouleversements que devait subir l'humanité avec la mathématisation galiléenne du monde n'eussent guère mis en relief le prodigieux changement de perspective que représentait ce renversement total des valeurs par rapport à l'ancienne vision de l'homme sur la planète.

A la question de savoir comment les civilisations traditionnelles qui n'ont pas participé à l'histoire – j'entends l'histoire des cinq derniers siècles – ni subi par conséquent cette seconde mutation des âges historiques, vont s'y prendre pour combler cette brèche et devenir une force agissante dans le processus de l'histoire, nous verrons que le point de rapprochement entre ces deux mondes, du moins dans le domaine collectif, doit être un terrain qui puisse satisfaire à la fois les impératifs de l'un et les exigences de l'autre; un terrain où les deux mondes doivent sortir de leur orbite respective pour constituer apparemment une troisième constellation apte à accommoder l'un comme l'autre. Mais comme aucune vraie synthèse (sans un travail de démystification et d'herméneutisme) n'est concevable entre ces deux mondes, le résultat de cette rencontre sera toujours une forme nouvelle de pensée qui ne sera ni philosophique à proprement parler, ni religieuse; quelque chose entre les deux, tenant de la religion sa charge affective, et de la philosophie son apparence rationnelle et discursive. Cette forme hybride sera l'idéologie.

Cela nous amène au phénomène de *l'idéologisation de la Tradition* qui est comme on peut le deviner la réponse finale à la question que pose le titre même de notre ouvrage : *Qu'est-ce qu'une révolution religieuse?*

Chapitre I

UNE COMMUNAUTÉ D'OPTIQUE SPIRITUELLE

OU LES GRANDES STRUCTURES DE L'ESPRIT TRADITIONNEL

Les grandes civilisations traditionnelles qui restèrent à l'abri de la brèche fondamentale faite par l'Occident se situent, en dépit d'énormes différences, dans une même constellation, gravitant autour d'un centre invisible qui est en même temps le foyer fondateur de l'homme spirituel. Elles se caractérisent par une homogénéité structurelle de l'expérience métaphysique, que ce soient les modes de descente de l'Un au multiple, les correspondances magico-synchroniques qui s'instaurent entre les modalités de l'Être se symbolisant les unes les autres comme autant d'octaves ascendantes, le retour aux origines conçu, selon les traditions, tantôt comme une dissolution (Inde), tantôt comme une résurrection (Islam), tantôt comme une réintégration dans le Tao originel (Chine), le rôle intermédiaire de l'homme identifié au cosmos et envisagé comme médiateur entre le manifesté et le non-manifesté. Bref toutes les grandes structures de l'esprit, dérivant d'une même optique, manifestent des analogies de rapports : non pas des syncrétismes mais des *isomorphismes* [1]. Et, comme elles proviennent d'une même source d'expérience originelle, elles permettent aussi le passage

1. H. Corbin : *l'Imagination créatrice dans le soufisme d'Ibn 'Arabî*, Flammarion, Paris, 1976, p. 79.

d'une culture à l'autre. Ce passage est une trans-mutation par laquelle les archétypes d'une culture se transmuent dans la constellation d'une autre sans perdre pour autant leur charge numineuse ni s'aplanir dans le contenu pauvre d'une forme sécularisée. Si par exemple le Bouddhisme s'intégra si harmonieusement dans le Taoïsme, c'est que la vacuité *('sûnya)* sous-tendant sa vision, présentait une expérience originelle très proche du *Tao* et qu'elle facilitait dès lors sa transmutation dans les catégories de la pensée chinoise.

L'idée d'une communauté d'optique nous vint lors de notre étude comparative de l'Hindouisme et du Soufisme. Dârâ Shokûh (prince mongol, XVIIe siècle), auteur du traité de *Majma' al-Bahrayn* (Le Confluent des deux Océans), dont nous commentions l'œuvre, établissait des identités frappantes entre les concepts clés de la pensée indienne et islamique. Voici les conclusions auxquelles nous arrivions : « Les thèmes majeurs qui reviennent souvent dans le *Majma 'al-Bahrayn* comme *mâyâ* (illusion cosmique) [1] = Amour, résurrection = *pralaya* (dissolution), les quatre mondes = les quatre conditions d'*âtman* (le Soi de l'être humain), les trois divinités = les trois anges, *hamsa* = *hû allah* (formes d'invocation en Inde et en Islam), l'âge de *Brahma* = l'âge de Gabriel, sont les prémisses sur lesquelles on peut poser les fondements d'une philosophie comparée. *Mâyâ* et Amour sont les deux artifices dont s'avise l'absolu pour passer de l'Un au multiple; les quatre mondes sont les degrés successifs de condensation progressive de l'absolu qui passe du plus subtil au plus grossier; les résurrections et les dissolutions sont les mouvements de retour des choses à l'origine, perspective eschatologique selon laquelle la fin dernière coïncide avec la cause première. Les disciplines spirituelles sont les méthodes qui nous permettent de réaliser notre condition d'homme libre et l'autonomie de l'âme; les cycles cosmiques indiens sont les éternels recommencements qui se perpétuent dans une durée intemporelle, idée que l'Islam dans son ensemble n'admet pas. Ces faits majeurs esquissent les traits fondamentaux d'une philosophie comparée et offrent dans le cas des deux

1. Nous ajoutons ces explications pour faciliter la compréhension de ces termes.

religions comme l'Hindouisme et l'Islam des rapports homologables et ceci d'autant plus que ces deux religions envisagent ces questions dans une vision synthétique et semblent dénoncer une homogénéité structurelle de l'expérience métaphysique [1]. » Ainsi nous voyons que – par exemple – l'illusion cosmique en Inde et l'Amour théophanique en Islam « n'eussent pu être identifiés si l'Islam et l'Inde n'envisageaient de la même façon le passage de l'Un au multiple et ne considéraient celui-ci comme irréductible à celui-là : pour que l'Un puisse passer au multiple, se dégrader de sa simplicité homogène, autonome, assumer les formes indéfinies des mondes multiples et franchir, comme dit M. Masson-Oursel, “ le hiatus qui oppose entre eux l'absolu et le relatif ”, il lui faut un moyen terme (*mâyâ*, Amour) qui permette les phases successives des descentes ontologiques sans affecter ou porter préjudice à l'immutabilité du principe indifférencié. C'est pour exprimer ce paradoxe d'un artifice divin participant tout à la fois à la nature des deux sans leur être identique, que l'Islam et le *Vedânta* admettent respectivement la nécessité de l'Amour théophanique et de la *mâyâ* sans lesquels le passage énigmatique de l'un au multiple n'eût pu être expliqué [2] ».

Comme notre étude se limite à montrer les formes comparables des civilisations prises dans une même constellation, nous nous bornerons dans ce chapitre à dégager les grandes structures de cette vision d'ensemble : voyons quels sont ces grands thèmes qui font en sorte qu'il existe quelque chose comme une *intelligentia spiritualis*.

1. Le centre invisible de l'Être

Il y a au centre de cette communauté d'optique spirituelle une théophanie numineuse du Néant qui fait en sorte que tout s'ordonne à partir de ce soleil invisible, centre créateur qui est d'ores et déjà une structure cohésive maintenant tous les

1. D. Shayegan : *Hindouisme et Soufisme*, Éditions de la Différence, Paris, 1979, p. 19.
2. *Ibid.*, p. 20.

étants dans leur orbite respective : c'est à partir de cette expérience fondamentale, dont le contact avec l'homme est assimilé toujours à une illumination gnostique transmutante, que vont s'organiser les plans ontologiques des niveaux de l'Être et les consciences qui leur correspondent, les hiérarchies cosmologiques et le panthéon mythologique, ainsi que les échelons de la descente et les degrés de la remontée, constituant à tous les niveaux du monde des analogies sympathiques permettant une vision synthétisante – voire une *topographie de l'Être.* Mais ce centre invisible qui est le fondement sans fondement de l'Être est aussi le mystère insondable du cœur humain et c'est l'identité foncière de ce Soi de l'homme identifié au centre invisible de l'Être lui-même que les grands textes sacrés des traditions vont essayer de traduire en langage paradoxal et sous forme de spéculations vertigineuses. Prenons quelques exemples tirés des *Upaniṣads* en Inde.

« Tout ce qui est, est *brahman;* il est aussi ce qui est au dedans de mon cœur [1] »... « cet *âtman* qui est au dedans de mon cœur est plus petit qu'un grain de riz, qu'un grain d'orge... plus grand que la terre, plus grand que l'espace... que le ciel, plus grand que tous les mondes [2] ». Cette réalité plénière, surabondante qui embrasse l'univers entier et qui se reflète en même temps dans mon cœur, c'est-à-dire dans le centre métaphysique de mon être comme fondement essentiel de mon existence contingente, est une seule et même essence, d'où l'équation métaphysique des *Upaniṣads :* « En vérité le *brahman* est cet *âtman* [3]. » Cette identité essentielle est la base inébranlable des spéculations métaphysiques des *Upaniṣads.* Comme *brahman* et *âtman* ne font qu'un et que cette identité qui les relie est en même temps non-dualité [4], indépendante, affranchie de tous les phénomènes relatifs qu'elle transcende, se reflétant en toutes choses comme lumière qui se brise sur des miroirs indéfinis, cela explique que cette situation ineffable s'exprime en paradoxes vertigineux : « sans bouger, plus rapide que la

1. *Chândogyopaniṣad,* III, 14, I.
2. *Ibid.,* III, 14, 3.
3. *Bṛyadâraṇyakopaniṣad,* IV, 4, 3.
4. *Ibid.,* IV, 5, 15.

pensée[1] », « il se meut, il ne se meut pas, il est loin et il est près, il est au-dedans de tout ce qui est et de tout ce qui est il est au-dehors[2] ».

Principe immanent et transcendant, Soi de toutes les essences, *brahman* et *âtman* deviennent, en tant que les deux pôles identiques d'une seule et même Vérité, la pure intériorité insondable des êtres en même temps que le fondement suprême du cosmos.

La connaissance de ce couple métaphysique : *âtman* = *brahman* équivaut à une gnose des plus profondes : « qui connaît le suprême *brahman*, devient lui-même *brahman*[3] ». « Celui par qui cela n'a pas été pensé, cela est pensé, celui par qui cela a été pensé, il ne le sait pas. Ce n'est pas compris de ceux qui comprennent, c'est compris de ceux qui ne comprennent pas[4]. » Ces paroles de l'*Upaniṣad* accentuent, soulignent les paradoxes de ce principe que ne peuvent saisir la raison discursive, ni les stériles recherches de l'entendement humain; elles expriment l'infirmité foncière de nos catégories de pensée pour comprendre cette réalité dont nous sommes investis, mais qui nous transcende comme mystère de notre être le plus intime. Celui qui ne le comprend pas le comprend dans la mesure où il réalise le dépouillement qui vient de la connaissance discriminante du non-soi d'avec le Soi. Celui qui s'engage dans la voie négative du dépouillement de *tout-autre-qu'âtman*, réalise par une expérience intime de tout l'être que le Soi n'est pas ceci... n'est pas ceci *(neti ... neti*[5]*)* et sait par là même que c'est le Soi qui se comprend Soi-même par le Soi et dans le Soi et que tout autre que le Soi n'est qu'inconscience, condition limitante, illusion fantasmagorique.

C'est donc cette expérience métaphysique originelle, source de toute théophanie du sacré, qu'atteste l'identité métaphysique du « Cela tu es » des *Upaniṣads* — de même que l'atteste également toute forme d'expérience mystique quelle qu'en soit par ailleurs la forme. Comme cette expérience est cen-

1. *Iṣopaniṣad*, 5-6.
2. *Ibid.*
3. *Muṇdakopaniṣad*, III, 2, 9.
4. *Kenopaniṣad*, II, 3.
5. *Bṛhadâraṇyakopaniṣad*, IV, 5, 15.

trale, soleil invisible illuminant tout l'univers, astre autour duquel gravite toute la vision mythico-cosmogonique de l'homme, elle est, par conséquent, la matrice à partir de laquelle s'organisent, selon l'ordre hiérarchique des descentes, les étants à quelque niveau qu'ils puissent appartenir, inscrivant dans la vision totale de l'homme la topographie polyvalente de l'Être. Comme, d'autre part, tous les étants participent à l'effusion de ce centre invisible selon les capacités et les aptitudes qui leur sont propres, il s'établit ainsi à tous les niveaux, aussi bien sur le plan latitudinal que le plan longitudinal de l'Être, des *isomorphismes* et des homologies. La symétrie qui partage le *topos* de l'être et le traverse comme un axe, répond, du côté de la descente comme du côté de la remontée, à une « même harmonie préétablie » qui n'est en dernière analyse que la force dynamique et cohésive du centre invisible du monde.

2. La descente et la remontée

L'expérience originelle du sacré implique une descente et une remontée que nous rencontrons sous des formes variées dans toutes les traditions en Inde, en Islam, dans la tradition néo-platonicienne chrétienne de théologie négative qui trouve son origine chez Plotin et aboutit à Maître Eckhart et Nicolas de Cues en passant par Denys pseudo-Aréopagite et Jean Scot Érigène.

Ainsi l'école de *Sâṃkhya* en Inde envisage la dissolution des principes selon l'ordre inverse de leur production, de même que dans l'*Advaita* (l'école de Sankara) la dissolution universelle à la fin d'un cycle cosmique *(kalpa)* équivaut à une résorption totale des univers dans la *mâyâ* (l'illusion cosmique) indistincte. Le passage de l'Un au multiple n'est pas un développement dans l'histoire, mais une descente, c'est-à-dire une manifestation progressive qui peut revêtir, soit la forme d'une illusion cosmique ou celle d'une surimposition comme en Inde, soit la forme des émanations successives comme chez les néo-platoniciens, ou celle d'une théophanie *(tajallî)* comme dans la gnose de l'Islam.

Mais cette descente présuppose une hiérarchie des mondes

dont les rapports sont réglés par l'analogie : le plan supérieur se reflète dans le plan inférieur qui en est comme l'épiphanie actuée. Dans la gnose spéculative de l'Islam, par exemple, le monde des Intelligences s'épiphanise dans le monde de l'Âme comme celui-ci dans le monde de l'Imagination et ce dernier dans le monde des phénomènes sensibles. Chaque degré inférieur est l'actualisation des réalités virtuelles du plan supérieur de même qu'il contient en puissance l'acte du degré qui le suit ontologiquement. De même, dans les *Upaniṣads,* les quatre niveaux d'*âtman* décrivent la condensation de la conscience du plus subtil au plus grossier : c'est-à-dire du niveau de l'*âtman* même qui est sans dualité jusqu'à l'état de veille qui est celui des connaissances sensorielles – en passant par l'état de sommeil profond qui a son siège dans le cœur et par l'état de rêve qui est propre au mental. Mais qui dit descente dit remontée. A ce mouvement de descente, s'oppose le mouvement de repli vers l'origine. Ces deux mouvements inversés de descente et d'ascension complètent le cycle de l'Être de sorte que le point final du retour rejoint le point initial de la descente. Cette façon de voir le monde suppose une vision verticale des choses : à partir du monde des Intelligences jusqu'au monde matériel, les degrés verticaux qui s'agencent sont envisagés comme autant de séries de miroirs superposés où chaque miroir a une face tournée vers celui qui lui est supérieur et qu'il reflète, de même qu'il illumine le degré qui lui est immédiatement inférieur. Le symbolisme des miroirs crée des « claviers de correspondances » entre les différentes modalités de l'Être et rend possible une trans-mutation des formes extérieures aux formes symbolisées intérieures, et de ces dernières au plan qui leur est immédiatement supérieur et ainsi de suite. Cette pénétration dans l'essence des choses est ce que la gnose islamique désigne comme *ta'wîl :* c'est-à-dire l'herméneutique spirituelle.

Cette vision exclut aussi toute réduction de l'Être au développement linéaire de l'histoire. Si histoire il y a, elle est l'histoire des événements premiers et avènement *in illo tempore :* tout progrès est une progression vers ce qui dès l'origine ne cessa jamais d'être. Ainsi c'est la *primordialité* du temps originel qui confère au monde son authenticité.

Au point où les deux pôles de l'homme et du divin se rencontrent, un monde est configuré, une vision s'instaure, et « quiconque, dit K. Kerenyi, se replie de telle manière en lui-même et en rapporte la nouvelle, celui-là fait l'expérience du fonds et l'annonce : celui-là fonde le monde [1] ».

Mais cette vision hiérarchique a pour autre conséquence que tous les étants auront, selon qu'ils s'éloignent de l'origine ou s'en rapprochent, leur propre mode d'existence. Il faut donc concevoir des mondes singularisés, ayant chacun leur propre temps, leur propre espace, leur propre causalité. Au sujet de l'espace qualitatif, E. Cassirer dit : « A l'inverse de l'homogénéité qui règne dans l'espace conceptuel de la géométrie, chaque lieu et chaque direction est affecté dans l'espace intuitif du mythe d'un *accent* particulier, qui renvoie lui-même à l'accentuation fondamentale propre au mythe, à la distinction du sacré et du profane [2]. » Au sujet de la fragmentation du temps marqué par « certains points-limites », par des sortes de « barres de mesure [3] » il ajoute : « Ces quartiers de temporalité ne constituent pas une série purement extensive de termes simples et uniformes. Chacun d'entre eux se voit attribuer au contraire une plénitude intensive qui les rend semblables ou dissemblables entre eux, correspondants ou opposés, amicaux ou hostiles [4]. » De là découle que, par exemple, les mystiques islamiques se réfèrent aux trois catégories du temps et de l'espace : le temps obscur et grossier *(zamân-e kathîf)* du monde sensible, le temps et l'espace subtil *(latîf)* du monde de l'imagination, et le temps et l'espace le plus subtil *(altaf)* du monde des pures Intelligences [5].

Quant à la causalité, Cassirer ajoute : « Tandis que la forme de pensée de la causalité empirique vise essentiellement à établir une relation univoque entre certaines

1. K. Kerenyi : « Mythologie und Gnosis » in *Eranos Jahrbuch*, Zürich, 1940, 41, p. 141.

2. Ernest Cassirer : *la Philosophie des formes symboliques*, trad. Jean Lacoste, Paris, 1972, vol. II, p. 111.

3. *Ibid.*, p. 136.

4. *Ibid.*, pp. 136-137.

5. H. Corbin : « La configuration du temple de la Ka'aba comme secret de la vie spirituelle », in *Temple et contemplation*, Flammarion, 1981.

“ causes ” et certains “ effets ”, la pensée mythique a à sa disposition, même là où elle pose comme telle la question de l'origine, un choix parfaitement libre de “ causes ”. Tout peut encore ici *devenir* à partir de tout, parce que tout peut entrer spatialement ou temporellement, au contact de tout. Là par conséquent où la pensée empirique de la causalité parle de *changement* et où elle essaye de comprendre celui-ci à partir d'une règle générale, la pensée mythique ne connaît que la simple *métamorphose* (comprise au sens ovidien et non gœthéen [1]). » Le monde peut naître d'un lotus jaillissant du nombril de Viṣṇu à l'aube du temps comme il peut surgir du démembrement du Géant cosmique, *Prajâpati*, lors de la création. Ainsi, en passant du successif au simultané, non seulement le temps devient de l'espace et celui-ci acte pur de présence, mais les relations entre les choses aussi deviennent synchroniques. La synchronicité des événements extérieurs et intérieurs, la coïncidence des faits signifiants non liés causalement et leur revirement aux événements de l'âme, de même que l'éclosion des temps et espaces qualitatifs qui leur correspondent, suscitent des sympathies magiques entre les êtres et les choses; et ce sont ces sympathies acausales, « irrationnelles » pour un esprit scientifique qui confèrent à ces mondes une aura quasi magique.

3. Une structure ternaire

La structure hiérarchique de l'univers n'est pas dualiste, comme elle le sera plus tard avec Descartes, mais ternaire. Au ternaire corps, âme et esprit correspondent sur le plan macrocosmique les trois mondes des phénomènes sensibles, de l'imagination et de l'esprit, de sorte que l'idée d'homologie (ou analogie de rapports), sur laquelle nous reviendrons, ne s'étend pas uniquement aux rapports qui régissent l'homme et l'univers mais englobe aussi, grâce à un réseau de sympathie universelle, les couleurs, les formes, les états de conscience. Ces *triades* sympathiques entre toutes les portions de l'univers entraînent en Inde, en Islam et même

1. Ernest Cassirer, *op. cit.*, pp. 69-70.

dans d'autres civilisations traditionnelles, une série d'homologies. Prenons un exemple dans la pensée indienne, celui de la syllabe sacrée *OM.*

La syllabe sacrée OM est le *mantra* par excellence; elle résume symboliquement tous les plans de l'univers. La *Mâṇdûkyopaniṣad* VIII-XII affirme que cette syllabe est le Tout et identifie les éléments constitutifs de cette syllabe : A, U, M, avec les trois états de veille, de rêve et de sommeil, tandis que le quatrième état *turîya* est la syllabe sacrée OM elle-même.

Les trois lettres formant la syllabe sacrée : A, U, M, sont considérées comme homologues aux triades de la mythologie, de la cosmologie, de la division tripartite du monde, aussi bien que des trois corps, grossier, subtil et causal. Mais la syllabe sacrée OM envisagée comme réalité autonome, indépendamment des trois membres *(mâtrâ)* qui la composent est le nom du *brahman* indifférencié, la non-dualité, qui est l'identité essentielle de *brahman* = *âtman.*

Toutes ces *homologies* étendues par une amplification prodigieuse à tous les niveaux dénotent que le *mantra* (OM) est un symbole totalisant tous les degrés de l'univers et, comme il existe des rapports entre les dieux, les couleurs, les formes, de même qu'une stricte correspondance entre le microcosme et le macrocosme, il s'ensuit qu'en éveillant un *mantra* on assimile magiquement toutes les forces qui s'y rapportent et qui sont initialement contenues en lui.

Ainsi le *yogî* répétant la syllabe sacrée éprouve des auditions mystiques : par exemple la *Maitrî Upaniṣad* VI, 22 dit : « on doit méditer sur deux *brahman :* celui qui est le Son et celui qui est le Non-son. C'est par le Son que le Non-son est manifesté. Et parmi eux, OM est le son; grâce à " OM " le son s'échappe vers le haut et va se perdre dans le Non-son ».

La succession progressive des auditions mystiques, homologues aux degrés de la manifestation du son, les visions chromatiques et les épiphanies lumineuses qui les accompagnent telles que le brouillard, la fumée, le soleil, le feu, les insectes phosphorescents, les éclairs [1], le statut eschatolo-

1. *S'vetâs'varopaniṣad,* II, 11.

gique que la visée du *yogî* leur confère, témoignent, d'une part, des sympathies magiques qui existent entre les sons et les lumières et indiquent, d'autre part, la hiérarchisation des sentiers de la gnose qui ne se réalise pleinement que lorsque le *yogî* s'identifie avec le brahman Non-son dans le septième centre subtil de la surconscience qui est silence éternel, pureté primordiale et délivrance définitive du flux incessant des renaissances.

4. Homologie entre microcosme et macrocosme

Qu'il y ait une correspondance entre le ciel extérieur et le ciel intérieur comme le dit Paracelse, toutes les grandes traditions du monde sont unanimes à l'admettre. Car sans cette homologie entre l'extérieur et l'intérieur, la communion de l'homme avec la nature, les relations sympathiques avec les choses, de même que la gnose ou la « science angélique » par laquelle l'homme pénètre dans le *« continent perdu »* de l'âme, ne seraient pas possibles. Dans une telle optique, aucune région de l'étant n'a de raison d'être si elle n'a une contrepartie archétypique dans l'âme de l'homme. Si le monde est tissé d'un réseau de symboles, il reflète en même temps la vision transfiguratrice de l'homme; car c'est lui qui, grâce à sa faculté imaginale, transforme le monde, le laisse s'ouvrir comme une fleur fraîchement éclose et fait en sorte qu'il y ait un monde.

L'homme étant le trait d'union entre l'origine première et la nature dernière, c'est de lui qu'effusent les projections capables de promouvoir les choses à leur statut de symbole, de même que c'est à lui qu'aboutissent les mouvements de retour tendant à désabriter ce qui reste caché sous l'apparence sensible. Et c'est parce que toutes ces affinités existent et relient le corps, l'âme et l'esprit à leur homologue ontologique, que l'homme a un foyer qui l'abrite et qui l'empêche de s'égarer sur les rivages déserts du monde. Étant au cœur de la création il participe, grâce à cette position centrale, aux forces cosmiques de l'univers qui, tel un frisson sacré, parcourent tout son être.

C'est parce qu'il y a projection et que le monde apparaît

revêtu d'un halo magique, qu'il y a homologie entre le dedans et le dehors et que le langage qui traduit les rapports entre ces deux pôles prend une forme symbolique et que tout devient le signe visible d'un univers invisible; et c'est parce qu'il y a homologie qu'il y a aussi un revirement du temps horizontal au temps de l'âme et que tout récit, toute histoire relate les événements advenus dans le fonds de la mémoire. « Ce revirement, dit H. Corbin, est à la fois ce *qui* rend possible et ce qui permet l'intériorisation des données relatives aux événements, désormais perçus dans le temps de l'âme [1]. » Pour Semnânî (1336), par exemple, ce revirement du ciel extérieur au ciel intérieur est un voyage dans le continent de l'âme. « Sache, dit-il, que l'aperception visionnaire est double : il y a celle de l'en-bas et il y a celle de l'en-haut. Celle de l'en-bas, c'est la visualisation de tout ce que la Terre – de tout ce que cette Terre, dis-je, contient : couleurs, océans, luminaires, déserts, paysages, cités, puits, châteaux forts, etc. Celle de l'en-haut, c'est la visualisation de tout ce que le Ciel contient : soleil, lune, astres, constellations zodiacales, demeure de la lune. Or tu ne vois et ne perçois une chose, quelle qu'elle soit, sinon au moyen de quelque chose qui lui est semblable... : la pierre précieuse ne voit que la mine qui fut son origine, elle n'a de vouloir et de nostalgie que pour elle. Lors donc que tu visualises un ciel, une terre, un soleil, ou des astres ou une lune, sache que c'est en raison et en fonction de ce qu'en toi-même est devenue pure la parcelle qui provient de cette mine [2]. »

Toute cette visualisation d'une nature intérieure ayant ses paysages, ses terres, ses cités, nous renvoie à une géographie visionnaire extrêmement riche de symbolisme dont nous parlerons plus loin. Cependant, ce qui est important dans ce texte est justement l'homologation des cieux et terres extérieurs et intérieurs, en vertu du principe que le semblable remonte vers le semblable afin d'accéder, dans l'horizon de l'âme, au pôle, c'est-à-dire ce Rocher d'Émeraude dans le Sinaï mystique dont nous parle Sohravardî dans ses récits visionnaires.

1. H. Corbin : *En Islam iranien*, Gallimard, Paris, vol. 1, p. 177.
2. Traduit par H. Corbin in : *l'Homme de lumière dans le soufisme iranien*. Éditions Présence, Paris, 1971, pp. 109-110.

C'est aussi en vertu de ce même principe que 'Abdol Karîm Jîli (ob. 1403) dit à ce propos : « Sache que l'Homme Parfait a en lui-même une correspondance avec toutes les réalités existentielles : il correspond au monde des réalités supérieures par sa nature subtile, au monde des réalités inférieures par sa nature grossière [1]. » « Son cœur est aussi le Trône de Dieu; son Moi est le Firmament *(korsî);* sa nature grossière se rapporte aux éléments; son âme à la Table Gardée où sont inscrites les Essences-immuables de toutes choses; les sept cieux sont homologués avec ses différentes facultés de même que les planètes. » Cependant l'idée de l'Homme Parfait typifie aussi le prototype primordial, l'*Urmensch* de l'humanité créé à l'*imago Dei.* C'est pourquoi il synthétise en Islam tous les Noms et les Archétypes de Dieu et est le miroir actué du Nom Suprême d'Allâh.

5. Théologie affirmative et théologie négative

Toute descente implique une remontée, mais ces deux mouvements inverses ne se limitent pas à l'ordre ontologique mais s'opèrent aussi dans la pensée; c'est dire qu'aux objets surimposés au substrat indifférencié de l'Être et qui se reflètent dans la pensée sous forme d'inscience *(avidyâ)* (Inde), correspondra l'effort de la pensée soucieuse de pénétrer l'essence de l'Être et de désabriter ce qui sous les apparences reste voilé. Cet effort de la pensée pour pénétrer l'essence des choses est la voie négative de la connaissance que nous retrouvons partout dans les grandes traditions, aussi bien occidentales qu'orientales.

Celle-ci découle de deux principes : 1) Le monde est le reflet hiérarchisé de l'Être dans les miroirs qui le reçoivent chacun selon sa capacité : ce reflet peut être soit une émanation comme chez les néo-platoniciens, une surimposition du non-être à l'Être par l'illusion cosmique (l'*advaita vedânta),* soit une théophanie *(tajallî)* dans la gnose spéculative de l'Islam. 2) D'autre part ces reflets se traduisent au niveau de l'homme sous forme de facultés de connaissance, d'où il

1. *Al-Insân al-Kâmil.* Caire, 1375/1956, chap. II, p. 75.

suit qu'en gravissant graduellement l'échelle ascendante de la connaissance, on découvre au fur et à mesure ce qui avait été recouvert par les étapes de la descente. En d'autres termes, la vraie connaissance, étant une remontée et par là même un dévoilement, suit l'ordre inverse de la descente, de sorte qu'en écartant les voiles on rejoint l'origine dont émanent toutes choses.

Ici encore la coïncidence de la causalité et de la finalité est décisive. Si la remontée de l'arc d'ascension équivaut, au niveau cyclique de l'Être, à la conjonction du point final de retour et du point initial de la descente, ce repli sur soi-même aura aussi son homologue au niveau de l'homme, c'est-à-dire du microcosme qui, par la connaissance ascendante, parviendra à la même conjonction. Il s'établit ainsi une homologie parfaite aux deux niveaux de l'être et de l'homme. Par conséquent, vues sous l'angle de la connaissance, cette descente et cette remontée s'expriment dans toutes les traditions dotées d'une structure cyclique analogue dans une théologie affirmative et dans une théologie négative ou apophatique.

Toute connaissance est *eo ipso* une herméneutique et ne peut s'effectuer que dans une vision où le passage de l'Un au multiple est une émanation et non un développement linéaire. Toute théologie négative implique nécessairement une conception verticale de l'Être, une gradation hiérarchique où l'acte de pénétration de la pensée s'assimile aux échelons d'ascension de la remontée comme autant d'octaves ascendantes. Mais comme, d'autre part, toute remontée est aussi une consommation du cycle de l'Être au niveau de l'Être aussi bien qu'au niveau de l'homme, tout retour équivaut, ici comme là, à une *clôture,* clôture qui peut être selon les traditions soit une résurrection (Islam), soit une dissolution (Inde), soit une union mystique surnaturelle comme pour Érigène. C'est pourquoi dans la gnose de l'Islam, par exemple, cette connaissance suprême est identifiée à une « résurrection intermédiaire » *(qîyamat-e wostâ),* une mort volontaire, car par la connaissance l'homme anticipe sa mort, c'est-à-dire ressuscite dès son vivant et acquiert de ce fait ce statut paradoxal et privilégié que les autres n'obtiendront qu'après la mort. Cette mort volontaire est en même temps une délivrance, un *dévoilement*, parce que la résurrection n'est autre qu'un écartement des voiles qui recouvraient la face de l'Être.

L'homologie établie entre la connaissance et la résurrection, non seulement résout l'énigme de la mort, mais éclaire aussi le problème du devenir posthume de l'âme : tous les phénomènes chromatiques des visions, des auditions mystiques dont nous parle le *yoga* et qui accompagnent aussi l'invocation mystique *(dhiqr)* en Islam, sont autant de signes avant-coureurs qui annoncent au mystique ce phénomène de symbolisation des formes résiduelles de la psyché. Et de même que le mystique islamique voit les formes du corps subtil apparaître symbolisées sous des apparitions correspondant aux conséquences de ses actes, de même le *yogî* parcourt à rebours le temps subtil de la transmigration en reconnaissant, réactualisant, puis en consommant ses incarnations antérieures.

Ces actualisations apparaissent à la vision du mystique selon les degrés de son herméneutique et attestent que les dévoilements dont il s'agit s'opèrent effectivement, que l'expérience est existentiellement vécue, que le mystique participe d'ores et déjà à ses états *post-mortem*, et que finalement il éprouve – disons – gnostiquement la théologie apophatique, voire la négation de tout-autre-que-Lui. En langage indien nous dirons qu'il dé-surimpose, grâce au *yoga*, ce qui avait été illusoirement surimposé à l'Être indifférencié, c'est-à-dire au *brahman*.

Cependant, ces homologies ne s'arrêtent pas là, elles s'étendent aussi aux deux arcs de la descente et de la remontée : tout plan de l'être qui se situe sur l'arc de descente a son homologue sur l'arc ascendant du retour (voir diagramme I). Tous les degrés ascendants *post-mortem* seront soit l'actualisation des états d'âme pour celui qui est décédé de sa belle mort, soit une *anticipation eschatologique* pour quiconque a éprouvé, dès son vivant, sa résurrection.

Malheureusement, nous ne pouvons pas développer ici les conséquences de ces visions. Qu'il nous soit permis de dire toutefois que *du point de vue de l'Être la remontée est une Théologie négative; du point de vue de la Connaissance, elle est une herméneutique spirituelle (ta'wîl) et du point de*

Diagramme I. Le Cycle de l'Être dans la gnose spéculative de l'Islam *('irfân-e nazarî)*

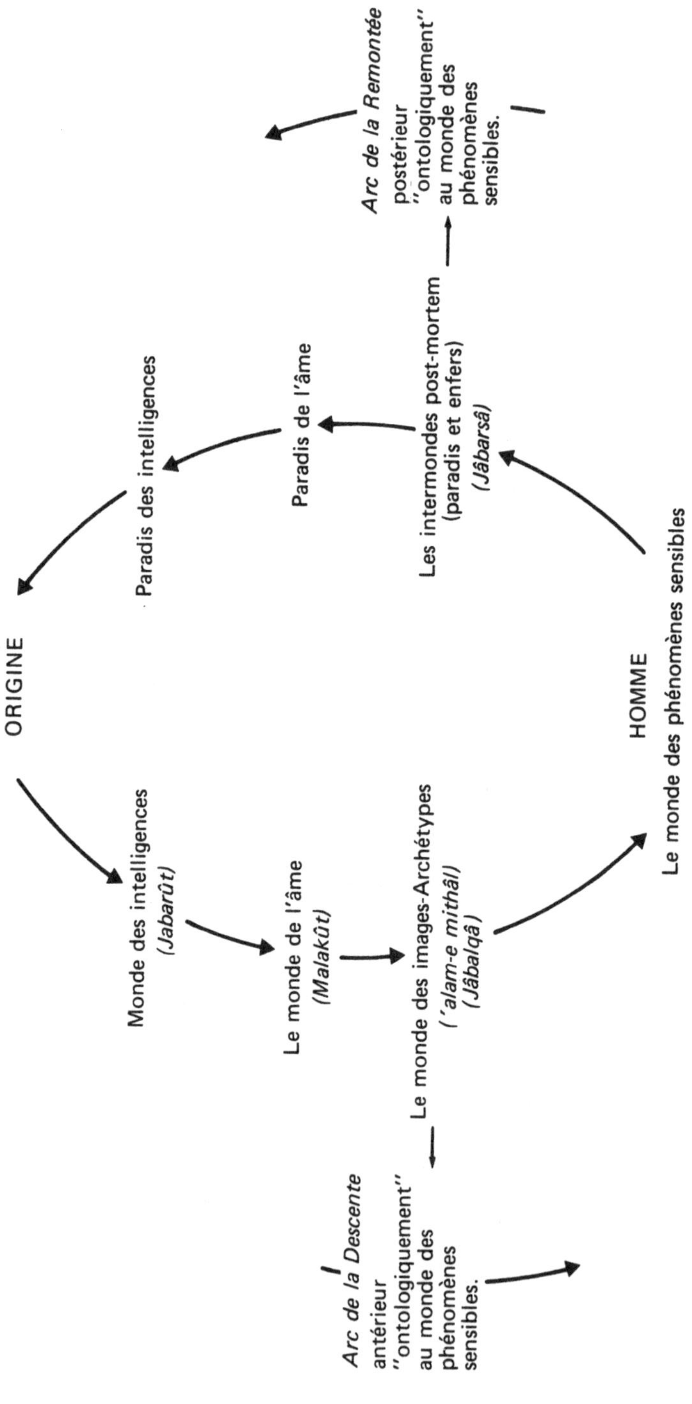

vue de la délivrance et de la sotéoriologie, elle est une résurrection, voire un dévoilement de ce qui est caché (kashf al-mahjûb). Le mystique pénètre de degré en degré, de voile en voile dans des mondes qui s'épanouissent; il passe d'éclosion en éclosion à des niveaux supérieurs de conscience et à chaque étape de nouvelles perspectives s'ouvrent à lui, aussi bien dans le domaine des couleurs et des formes qu'il voit que dans celui des auditions mystiques qu'il entend et des états affectifs inhérents aux catégories spatio-temporelles particulières qu'il éprouve. C'est pourquoi la théologie apophatique est avant tout une remontée à la source, un Retour diront les mystiques islamiques à « la Niche aux lumières prophétiques » *(logos)* : c'est-à-dire à la racine de la mémoire originelle.

En Occident, le grand courant mystique néo-platonicien, lui aussi sous forme d'une théologie apophatique *(apophatikai)* s'opposant à la théologie affirmative *(kataphatikai)*, devait garder encore plus ou moins intacte cette grande structure de l'Être dont nous avons déjà décelé les « homologies » dans la pensée indienne et islamique. Certes, avec Nicolas de Cues, la structure hiérarchique du monde a déjà pris un coup sérieux puisque l'idée d'infini si décisive pour la pensée moderne y est déjà en œuvre. Néanmoins, la voie négative trouve un dernier éclat avec la doctrine de la « docte ignorance » *(docta ignorantia)*. Pour Nicolas de Cues, Dieu ne peut être connu par l'entendement. Dieu est l'union des contraires et la pensée ne peut dépasser le contradictoire [1]. Quiconque veut le comprendre par l'entendement le rabaissera au niveau de la réalité du monde. Pour s'en approcher, fût-ce même approximativement, il faut sortir de l'entendement. Plutôt que l'entendement, c'est l'intellect qui est mieux placé pour saisir quelque chose de Dieu. Si grande est la puissance de ce dernier qu'il arrive à concevoir quelque chose là où l'entendement ne conçoit que des contraires. Cependant l'intellect, en dépit de sa puissance, n'en est pas moins incapable. « Le plus haut intellect ne peut saisir

1. *De docta ignorantia*, 49, cette citation et celles qui vont suivre ont été tirées des traductions allemandes de Wilhelm Weischedel in *Der Gott der Philosophen*, Wissenschaftliche Buchgesellschaft, Darmstadt, 1973, pp. 161-163.

l'infini, l'illimité, l'Un[1]. » L'intellect ne perçoit jamais l'Unité telle qu'elle est en réalité, mais comme elle est représentée par l'homme. D'où il suit que Dieu ne peut être connu par nos connaissances limitées. Je sais que tout ce que je sais n'est pas Dieu, tout ce que je sais ne lui ressemble en rien puisqu'il dépasse tous nos modes de connaissances[2], ...toutes nos connaissances ne sont que des conjonctures ou des représentations mentales[3]. Si donc Dieu ne peut être saisi par la connaissance, on pourrait peut-être le saisir par la non-connaissance, « la raison elle-même doit être une non-connaissance, et s'éclipser lorsqu'elle cherche à Te voir[4] », de sorte qu'on arrive à ce paradoxe que la connaissance de Dieu est une non-connaissance : « Je ne peux embrasser l'incompréhensible que d'une manière incompréhensible par la non-connaissance connaissante[5] », c'est-à-dire qu'on ne peut parvenir à la connaissance divine que précisément par cette *docte ignorance* qui est la voie négative par excellence, puisqu'elle garantit toute confusion de Dieu avec l'ordre créaturel, avec la théologie affirmative. Tout ce qui est dit à propos de Dieu par la théologie affirmative prouve son fondement dans la créature, d'où le danger que Dieu soit entraîné dans le domaine des réalités finies.

Sans cette négation, Dieu eût été vénéré non pas comme l'infini mais comme le créé et le fini. En elle sont contestées ces connaissances que nous avons des déterminations de l'être, lesquelles nous viennent de la réalité finie des choses. Ici la Trinité aussi s'efface, il n'y a pas de place pour le Père, le Fils et le Saint Esprit dans la théologie négative, rien que l'infini du divin lui-même. Ainsi Dieu est-il sous ce rapport un rien, un néant : « Il est l'ineffable au-delà de l'affirmation comme de la négation[6] », puisqu'il est ni dénommé, ni non dénommé, ni dénommé et non dénommé à la fois. Toute déclaration à son sujet reste en suspens entre l'affirmation

1. *Trialogus de posset,* 288.
2. *Dialogus de Deo abscondito,* 67.
3. *De conjecturis,* 2.
4. *De visione Dei,* 146.
5. *De docta ignorantia,* 163.
6. *De filiatione Dei,* 60.

et la négation, de sorte qu'on pourrait dire à son égard qu'il n'est ni être, ni non-être, ni être et non-être à la fois [1]. Avec Nicolas de Cues nous rejoignons ce langage paradoxal, ineffable, de l'Être que nous avions déjà découvert avec les *Upaniṣads* : le sacré ne s'exprime que par des paradoxes.

Tous ces textes choisis dans les différentes traditions du monde, nous ont permis de dégager les schèmes essentiels de cette optique spirituelle commune, qui a été le sujet de ce chapitre. C'est une structure qui fait mur entre la vision mystique du monde et les concepts évolutionnistes et historiques de la philosophie. Le rabattement de l'axe vertical de l'Être au niveau linéaire de l'histoire ne se réalisera que par la perte d'une « courroie de transmission » essentielle, qui est précisément le monde de l'entre-deux, le monde « imaginal » des trans-mutations. Et sa disparition dans la pensée occidentale aura des conséquences énormes, et pour son propre destin et pour celui des civilisations qui entreront plus tard dans le champ de sa gravitation.

1. *De conjecturis*, 22.

Chapitre II

L'ESPACE IMAGINAL DES TRANS-MUTATIONS

Le rabattement de l'axe vertical de l'Être au niveau linéaire de l'histoire fut une *coupure.* Elle eut pour conséquence, entre autres, la perte de la faculté noétique du monde imaginal – nous entendons ici l'imagination comme monde autonome des symboles qui garantissait non seulement la projection des archétypes de l'esprit dans la perspective des émanations et des théophanies, mais qui façonnait aussi un espace docétiste [1] où le symbole se trouvait pour ainsi dire dans son médium naturel, puisqu'il s'interposait entre le sensible phénoménal et l'intelligible spirituel et permettait la trans-mutation de l'un dans l'autre sans solution de continuité.

L'existence de ce monde imaginal était en effet d'énorme portée. 1) En premier lieu, il assurait la continuité et la progression aux niveaux ontologiquement supérieurs; 2) il permettait de comprendre le phénomène de la vision si important dans l'art et les états contemplatifs de la gnose; 3) il rendait possible l'articulation d'un langage symbolique puisque les archétypes de l'âme se transmuaient en ce milieu médiumnique, mi-spirituel, mi-sensible *(Geistleiblichkeit)* dans lequel, outre le phénomène de la vision, les impressions résiduelles de la psyché apparaissaient sous formes symbolisées – et ceci aussi bien au niveau de la gnose (c'est-à-dire au niveau de ce que nous avons appelé *l'anticipation eschatologique*) qu'à celui *post-mortem* des états intérieurs; 4) ce monde étant en outre un dévoilement ou une « courroie de transmission » longitudinale, exigeait

1. Terme d'origine gnostique, pour désigner les formes épiphaniques célestes, apparitionnelles. H. Corbin l'utilise pour expliquer les fonctions épiphaniques du monde imaginal.

le recours à l'herméneutique *(ta'wîl);* 5) il assurait la transmutation des symboles d'une constellation culturelle dans une autre, de même que les homologies avec les différentes modalités de l'Être; 6) finalement il créait, du fait de sa faculté transmuante, une géographie visionnaire avec ses cités, ses montagnes, ses sources et ses fleuves. Il était, en d'autres termes, l'espace privilégié de l'art, de la poésie et du symbole.

Dans une interview accordée à Christian Delacampagne [1] Ricœur avance qu'il y a deux façons de parler du symbole : « Soit à travers des mythes (la souillure originelle, la chute, la culpabilité), soit à travers la psychanalyse – qui envisage les mêmes phénomènes dans une perspective pathologique. » D'où la possibilité d'une double lecture dont l'une, comme celle d'Éliade, surélève, tandis que l'autre, comme celle de Freud, réduit et abaisse. « D'un côté une ligne théologico-poético-mythique; de l'autre la ligne de soupçon : Feuerbach, Marx, Nietzsche, Freud. » Ainsi « nous vivons sous un double régime symbolique, *faire crédit* et *soupçonner* ». Or, dans un article [2] d'une fine intelligence, Ricœur développe ce même thème en expliquant, d'une part, que le symbole a une double visée, c'est-à-dire qu'il renvoie à un autre sens – d'où sa « structure équivoque » – l'acte d'interpréter étant, de ce fait, sollicité par cette « épaisseur de sens » [3] (le renvoi d'un premier sens à un second sens) : « le symbole c'est quelque chose qui est à déchiffrer », à décoder et à décrypter; en d'autres termes, le symbole étant replié sur lui-même, l'interprétation équivaudrait à déplier ou « à défaire tous les plis du sens » [4]. Mais, d'autre part, l'acte d'interpréter étant tributaire lui-même des différentes voies d'approche, il est soumis à ce double régime de *faire crédit* ou de *soupçonner.* Ainsi l'interprétation est sollicitée soit par le soupçon ou style de démystification, soit par le

1. « Paul Ricœur, philosophe de la métaphore et du récit », *Le Monde-Dimanche,* 1er février 1981, pp. XV-XVI.

2. Le conflit des herméneutiques : Épistémologie des interprétations *in* « Le symbole comme problème interdisciplinaire », *Cahiers internationaux du symbolisme,* XII, Bruxelles, 1966.

3. *Ibid.,* p. 163.

4. *Ibid.*

crédit ou style de remystification. D'une part une « herméneutique réductrice », et d'autre part une « herméneutique amplifiante » qui est une « recollation » (au sens heideggerien) au sens le plus fort du mot – le conflit des interprétations découlant, par conséquent, de la situation conflictuelle de l'homme du vingtième siècle. Et pour illustrer ces deux tendances opposées, Ricœur met en relief trois traits dans l'herméneutique de deux grands penseurs contemporains, placés aux antipodes quant à leur méthode : Heidegger et Freud. 1) D'un côté (Heidegger), une « herméneutique de l'écoute » où on laisse venir le sens au lieu de le rabaisser à des causes et des fonctions psychologiques et sociales; de l'autre (Freud), on ne s'intéresse pas à cette visée, à l'objet de la croyance, mais à l'économie pulsionnelle, au « coût affectif », le symbole restant ainsi la manière de satisfaire le désir; 2) d'un côté le « remplissage de l'intention signifiante »[1], de l'autre un « déguisement » où le renoncement au désir qui est l'œuvre même de la civilisation devient une source de fabulation et d'illusion; 3) en fin de compte, d'un côté, la réminiscence du sacré comme « forme suprême du langage », de l'autre, une réminiscence tout à fait différente qui est la découverte de l'infantilisme, partant la régression.

Ricœur arrive à la conclusion que ces deux herméneutiques disent d'« une certaine façon » la même chose : c'est la structure même du symbole comme « surdéterminée » qui commande en quelque sorte ces deux interprétations dont l'une débouche sur l'« archéologie de l'enfance », avec les figures centrales et archaïques, tandis que l'autre aboutit aux « figures prophétiques eschatologiques ». Cependant, en opposant archéologie et eschatologie, Ricœur veut suggérer que dans ces deux voies d'approche, les deux fonctions du symbole consistant à répéter notre enfance tout en explorant l'*eschaton* de notre fin dernière coexistent en quelque sorte. En d'autres termes, interprétant à notre tour Ricœur, nous pourrions ajouter, sans trahir, nous semble-t-il, sa pensée extrêmement nuancée, que toute remontée vers le haut exige au préalable une chute ou, selon la croyance archaïque de l'humanité, « une descente aux enfers »; et que cette régres-

1. *Ibid.*, p. 167.

sion est une condition nécessaire qui permet l'exploration de nos possibilités propres. D'où l'interprétation de la dernière partie du mythe d'Œdipe (sa mutilation, la crevaison de ses yeux) qui est pour l'herméneutique réductrice le châtiment venant de l'inceste et du parricide, mais qui s'interprète au niveau ésotérique d'une herméneutique amplifiante comme l'« accès aux ténèbres qui sont lumière » : Œdipe se crèverait les yeux pour que s'ouvrent les yeux de son esprit, pour accéder à la vision intérieure de la vérité.

L'interprétation de Ricœur étend au niveau des deux herméneutiques ce qui est, selon son expression, la double valence du symbole lui-même puisque celui-ci, du fait même qu'il hausse l'homme au niveau de la vision de l'âme dans les doctrines ésotériques, cumule *eo ipso* ces deux fonctions, les réintègre dans l'unité indivise des deux voies de la descente et de la remontée. Pourtant, le fait que ces deux voies herméneutiques aient perdu leur unité originelle et se soient polarisées dans le conflit des interprétations montre bien que le monde de l'un n'est pas nécessairement le monde de l'autre et qu'entre ces deux mondes une coupure s'interpose, une brèche qu'essaye de surmonter Ricœur en évoquant les deux faces du miroir. Reste que la coupure est là, devant nous, elle se révèle dans toute sa nudité irréductible. Ainsi, pour que l'interprétation freudienne ait pu s'imposer avec toute sa puissance suggestive, il était nécessaire que l'édifice ontologique de l'Être se fût effondré, que l'homme fût réduit à ses pulsions : l'herméneutique freudienne est une herméneutique du monde aux *symboles brisés,* d'un monde d'où sont bannis ces canons culturels qui, dans l'acte même de la recollection, sauvegardaient autrefois la mémoire originelle des hommes; d'un monde où l'être, réduit au mécanisme obscur de la *libido,* est tiraillé entre un principe de plaisir voué à demeurer insatisfait et un principe de réalité tyrannique. Mais c'est au prix de cette tyrannie que l'homme se civilise, oscillant douloureusement entre ces deux pôles irréconciliables en se maintenant tant bien que mal dans un équilibre précaire [1].

1. Pour tous les « échafaudages de secours » comme les « briseurs de soucis » (drogues), l'ascèse (yoga), ou le déplacement de la libido, c'est-

Ces deux herméneutiques – la réductrice et l'amplifiante –, tout en disant peut-être la même chose au fond, n'ont pas les mêmes points de référence et renvoient à deux images radicalement opposées de l'homme : c'est dans cette différence (qui est aussi un renversement total des perspectives) que se place le passage de l'homme religieux à l'homme agnostique, de l'homme ouvert à la topographie de l'Être à l'homme en suspens sur l'abîme des pulsions. Et c'est aussi à l'intérieur de cette brèche que se situent un monde « imaginal » ayant une existence ontologique autonome s'exprimant sous forme de symboles numineux et un monde où l'imagination revêt la forme du masque : tandis que dans le premier cas le symbole renvoie à un autre sens qui est d'ores et déjà une *rupture de niveau*, un accès à un autre mode de présence, le déguisement n'est rien de plus que le succédané d'un désir insatisfait, voire une illusion. Bref, c'est cette différence qui fait qu'il existe un monde spirituel et un monde où la religion devient un délire collectif pour ne pas dire une névrose obsessionnelle. Tout le mérite de Freud est d'avoir montré les implications tragiques de cette vérité et d'avoir révélé les connotations de ce qui est désigné comme « une psychologie sans âme ».

1. Un monde de projection des symboles

Revenons au thème de ce chapitre : l'espace imaginal des trans-mutations. Personne n'en a mieux mis en valeur les connotations extrêmement nuancées que Henry Corbin. Non seulement Corbin développa toute la « philosophie orientale » des récits visionnaires (depuis Avicenne et Sohravardî, jusqu'au Shaykh Ahmad Ahsâ'î, qui au XIXe siècle fonda l'école Shaykhie), mais il en montra les métamorphoses et les liens avec l'Iran pré-islamique, de même qu'il révéla ses parallèles avec l'alchimie, la gnose et les autres traditions

à-dire la sublimation des instincts dans l'art qui sont autant de satisfactions substitutives pour trouver un compromis entre son moi hédonique et le monde de la contrainte, voir : S. Freud : *Malaise dans la civilisation*, P.U.F., Paris, 1971, p. 18, trad. Ch. et J. Odier, et aussi l'*Avenir d'une illusion*, P.U.F., Paris, 1971, p. 45, trad. Marie Bonaparte.

ésotériques. Pour apprécier à leur juste valeur les trésors de ce monde imaginal, sorte de *« continent perdu »* de l'âme, il convient de se tourner vers les œuvres et les exégèses magistrales [1] de Henry Corbin lui-même. Aussi limiterons-nous notre évocation de ce monde à ce qui est nécessaire pour éclairer notre sujet.

Corbin, dans le prélude à la deuxième édition de *Corps spirituel et Terre céleste* intitulé : Pour une charte de l'imaginal, écrit : « Il y a longtemps... que la philosophie occidentale, disons la philosophie " officielle ", entraînée dans le sillage des sciences positives, n'admet que deux sources du Connaître. Il y a la perception sensible, fournissant les données que l'on appelle empiriques. Et il y a les concepts de l'entendement, le monde des lois régissant ces données empiriques. Certes, la phénoménologie a modifié et dépassé cette gnoséologie simplificatrice. Mais il reste qu'entre les perceptions sensibles et les intuitions ou les catégories de l'intellect, la place est restée vide. Ce qui aurait dû prendre place entre les uns et les autres, et qui ailleurs occupait cette place médiane, à savoir l'imagination active, fut laissé aux poètes. Que cette imagination active dans l'homme (il faudrait dire Imagination agente, comme la philosophie médiévale parlait de l'Intelligence agente) ait sa fonction noétique ou cognitive propre, c'est-à-dire qu'elle nous donne accès à une région et réalité de l'Être qui sans elle nous reste fermée et interdite, c'est ce qu'une philosophie scientifique, rationnelle et raisonnable, ne pouvait envisager. Il était entendu pour elle que l'Imagination ne sécrète que de l'imaginaire, c'est-à-dire de l'irréel, du mythique, du merveilleux, de la fiction, etc. [2]. »

L'essentiel est dit : la fonction médiatrice de l'imagination comme monde autonome d'*Images-Archétypes* entre l'intel-

1. Voir Henry Corbin : *Avicenne et le récit visionnaire,* Berg International, Paris, 1979; *Corps spirituel et Terre céleste,* Buchet/Chastel, Paris, 1979; *l'Imagination créatrice dans le soufisme d'Ibn 'Arabî,* Flammarion, 1976; *Temple et Contemplation,* Flammarion, 1981; *Sohravardî, l'Archange empourpré,* Fayard, 1976; *l'Homme de lumière dans le soufisme iranien,* Éditions Présence, Paris, 1971; *la Philosophie iranienne islamique,* Buchet/Chastel, Paris, 1981.

2. *Op. cit.*, p. 8.

ligible et le sensible, et sa dégradation dans la pensée occidentale où elle sera assimilée aux idées adventices et factices par Descartes. Cependant, pour mieux comprendre les multiples connotations de ce monde, nous citerons un texte extrait du livre de 'Abdorrazzâq Lâhîjî (1662), *Joyau de désir :*

« Les théosophes orientaux et les soufis sont d'accord pour admettre qu'il y a entre le monde intelligible *('âlam-e aqlî)* qui est le monde des Entités pures et le monde sensible qui est le monde des pures entités matérielles, un autre monde dont les habitants possèdent figures et étendues, sans qu'ils aient (pour autant) un corps matériel. Il s'ensuit que les Réalités pures sont dépourvues de matière et d'étendue, tandis que les réalités matérielles pures sont revêtues de matière et d'étendue. Les habitants de cet intermonde sont dépourvus de matière, mais revêtus d'étendue comme les formes imaginatives. Mais alors que les formes imaginatives ont leur réalité dans l'esprit *(dhihn)* et non dans le monde objectif, le monde des *Images-Archétypes ('âlam-e mithâl)* a une réalité objective à l'extérieur [1]. »

Ce monde, étant intermédiaire, est bi-dimensionnel, ce qui le différencie des deux autres : par chacune de ces deux dimensions il symbolise l'univers auquel cette dimension correspond. L'esprit, pour apparaître à la vision du cœur, descend en ce monde et s'y habille de formes et d'étendue; les données sensibles s'y transmuent en symboles par l'organe de l'imagination théophanique. C'est ici, dit 'Abdorrazzâq Lâhîjî, que se matérialisent subtilement les accidents et se corporalisent les résultantes des actes. D'où la qualité subtile, la matière diaphane, docétiste, de son mode d'être qui incita Sohravardî à le qualifier de monde des « images suspendues » : c'est l'empreinte de ce monde que l'on découvre dans les images vues sur les miroirs, les formes polies à l'excès, les sources transparentes, les eaux miroitantes, les mirages flottants, etc. Situé entre deux types d'être sans appartenir à aucun d'eux, mais rendant possible leur interaction et leur simultanéité consubstantielle (où l'on se revêt de forme pour apparaître (esprit) et où l'autre se dépouille

1. *Gôhar-e Morâd*, III, 412, Téhéran, 1377h, pp. 434-436.

de sa matière), il est ce qui soude ces deux modes d'être par l'effet synchronique de la coïncidence.

Sans l'espace propre au mode d'être du symbole il n'y aurait pas eu un monde autonome de l'imaginal : le symbole est le langage de l'âme et le monde parle par symboles[1]. Ainsi, pour Jung : « " Les couches " les plus profondes de l'âme perdent, avec la profondeur et l'obscurité croissantes, leurs particularités individuelles. Elles deviennent de plus en plus collectives à mesure qu'on avance vers le " bas ", c'est-à-dire quand on approche des systèmes fonctionnels autonomes, pour finir par devenir universelles et en même temps s'éteindre dans la matérialité du corps, c'est-à-dire dans les éléments chimiques... C'est pourquoi " au tréfonds ", la psyché et " le monde " sont synonymes. Dans ce sens je dois donner entièrement raison à Kérényi, quand il dit que c'est le monde qui parle par le symbole[2]... »

On peut être d'accord ou non avec Jung sur l'existence de cet *inconscient collectif* qui, à la différence de l'inconscient freudien de nature individuelle et en rapport avec le passé relativement récent de l'individu (encore que Freud ait décelé dans l'inconscient les traces de résidus archaïques se confondant avec la mémoire tribale), est une sorte de rêve cosmique s'articulant dans le langage des mythes, constituant la mémoire antédiluvienne de l'humanité où s'entassent virtuellement les résidus archaïques de la psyché immémoriale de l'homme. Reste que l'important chez Jung est le fait d'avoir montré la différence entre allégorie et symbole et d'avoir lié celui-ci aux « structures » de la psyché elle-même. Ainsi, plus les symboles sont archaïques, plus ils sont chargés de *Numen*, et plus ils sont autonomes par rapport au conscient, plus ils perdent cette qualité numineuse, plus ils deviennent des concepts ou des allégories qui finissent par se confondre avec les faits conscients et empiriques. Les symboles sont la cristallisation des archétypes qui sont eux-mêmes les « organes de la psyché pré-rationnelle ». En soi l'archétype n'a pas de contenu; il est invisible; il peut être comparé au

1. Pour la fonction du symbole, voir aussi Hans Georg Gadamer, *Wahrheit und Methode*, J. C. B. Mohr (Paul Siebeck), Tübingen, 1972, p. 69, et Ernest Cassirer, *op. cit.*, p. 88.

2. *L'Âme et la vie*, Buchet/Chastel, Paris, 1963, p. 62.

champ magnétique de l'aimant[1]. Et lorsqu'il se manifeste, c'est sous forme de symbole, d'où il suit que le symbole est la forme visible d'un archétype invisible. Dépouillés de leur « teneur psychologique », les archétypes peuvent être comparés aux Idées divines, à l'*Imago Dei*, aux « Essences-fixes » (Islam), bref à toutes les formes archétypiques que revêt l'esprit pour apparaître dans ses épiphanies.

Mais le monde imaginal est aussi un monde d'opérations alchimiques où « ont lieu » et ont « leur lieu » « non seulement les visions des prophètes, les visions des mystiques, les événements visionnaires que traverse chaque âme humaine lors de son *exitus* de ce monde... mais aussi les gestes des épopées héroïques et des épopées mystiques, les actes symboliques de tous les rituels d'initiation, les liturgies en général avec leurs symboles... Alors, si l'on prive tout cela de son lieu propre qui est le *Mundus imaginalis*, et de son organe propre qui est l'Imagination active, rien de tout cela n'a " plus de lieu " et par conséquent " n'a plus lieu ". Ce n'est plus que de l'imaginaire et de la fiction[2] ».

Ce « lieu » dont nous parle Corbin est l'endroit où les choses se *transmuent* par une rupture de niveau, par un passage à un autre mode d'être caractérisé épistémologiquement par l'herméneutique elle-même. Car puisque ce monde permet à la connaissance de se hausser au niveau d'une présence gnostique, d'y trouver « son lieu », de s'élever à la vision directe des choses, il rend possible du même coup l'assimilation de la vision et de la connaissance qui définit la gnose, c'est-à-dire l'*illumination*. Selon cette perspective l'Imagination active, médium naturel des symboles, la vision directe des choses et l'herméneutique constituent les aspects indissociables d'un ensemble. Toute connaissance est une vision directe sous le rapport du dévoilement qu'elle opère dans l'âme, et toute vision est une connaissance *dévoilante* dans la mesure où elle est aussi une théologie négative; mais la vision est aussi une projection de l'âme grâce à l'organe de l'imagination active et comme elle est en outre un désabritement

1. Pour plus de détails voir : C. G. Jung : *l'Homme à la recherche de son âme*, Paris, 1962, pp. 60-70; *les Racines de la conscience*, pp. 13-45; *Psychologie de l'inconscient*, Genève, 1963, p. 177.

2. Henry Corbin : *Corps spirituel et Terre céleste*, *op. cit.*, p. 12.

elle équivaut à la possibilité de revoir le monde avec les yeux de l'âme. Cependant, pour revoir le monde avec les yeux de l'âme, il faut avoir au préalable opéré une transmutation de la donnée sensible dans la dimension supra-sensible, si bien que toute vision de l'âme implique d'ores et déjà cet acte de transmutation.

C'est en raison de cette faculté gnostique de la connaissance que les mystiques iraniens ont parlé, par exemple, de la transmutation des facultés de la perception sensible. Ainsi que le dit Sadroddîn Shîrâzî : « Toutes les facultés de l'âme sont devenues comme si elles étaient une faculté unique, laquelle est la puissance de configurer, de typifier *(taswîr, tamthîl)*; son imagination est devenue elle-même une perception sensible du supra-sensible : sa vue imaginative est elle-même comme sa vue sensible. De même son ouïe, son odorat, son goût, son toucher, tous *sens imaginatifs* sont eux-mêmes alors comme des facultés sensibles mais ordonnées au supra-sensible [1]. »

A. LA VISION

Dans la vision des sages, des prophètes et des mystiques, toutes les réalités extérieures deviennent les formes symbolisées des vérités intérieures de l'âme. Un exemple. Le Qorân (VI : 75-79) dit au sujet de la vision d'Abraham : « *De même, Nous faisons voir à Abraham le royaume (Malakût) des cieux et de la terre afin qu'il soit parmi les convaincus. Quand la nuit se fut étendue sur lui (Abraham) vit un astre (mais) quand celui-ci eut disparu, il dit : " Je ne saurais aimer les (astres) disparaissant ". Quand il vit la lune se levant, il s'écria : " Voici mon Seigneur! " (Mais) quand elle disparut il dit : " Certes, si mon Seigneur ne me dirige point, je serai parmi le peuple des Égarés. " Quand il vit le soleil se levant, il s'écria : " Voici mon Seigneur! Ceci est le plus grand "! (Mais) quand il disparut, il s'écria : " Ô mon peuple! Je suis irresponsable de ce que vous associez (au Seigneur); je tourne ma face en hanîz vers celui qui créa (fatâra) les cieux et*

1. Traduit par H. Corbin in *Mundus imaginalis* ou l'imaginaire et l'imaginal in *Cahiers Internationaux du Symbolisme*, 6, Bruxelles, 1969, p. 13.

la terre, et je ne suis point parmi les Associateurs[1]. " »

Les commentateurs nous apprennent que les astres, la lune et le soleil symbolisent respectivement les réalités intérieures de l'âme, à savoir le *sensus communis (hiss moshtarak)*, la faculté imaginative et l'Intelligence[2]. Ainsi l'âme projette ses réalités qui apparaissent revêtues de figures archétypiques symbolisant ces mêmes réalités dont elles sont les formes projetées. Le mystique contemplant ces formes sait par une intuition directe qu'elles sont les figures symbolisées de l'âme, que les phénomènes sensibles perçus ont subi au préalable une transmutation conformément à la teneur symbolique des réalités qu'ils sont censés représenter, mais que, d'autre part, toute vision est aussi une théophanie de l'Être à l'intérieur de l'âme, c'est-à-dire que l'astre, la lune et le soleil sont, en même temps que les réalités projetées de l'âme, les théophanies des Œuvres et des Effets divins. *Vision* implique d'un côté les formes théophaniques manifestées dans les réalités de l'âme, et de l'autre la projection de celles-ci au-dehors, sous le revêtement des figures symbolisées et des formes archétypiques[3]. Ainsi toute vision est en rapport avec la projection des états intérieurs qui, à peine réfléchis à l'extérieur, transforment en symboles les objets sensibles en lesquels ils se manifestent et ce, quels que puissent être les degrés inhérents à ces états intérieurs : *sensus communis*, Imagination ou Intelligence. Les reconnaître comme tels, c'est-à-dire comme formes revêtues de symboles, équivaut à les déchiffrer, à les reconduire aux sources dont elles sont les émanations : d'où la nécessité d'une exégèse, d'une herméneutique qui découle de la structure même du symbole et de la fonction gnostique de l'imagination.

B. L'ESPACE VISIONNAIRE DANS L'ART

L'espace imaginal du symbole se reflète aussi dans le milieu « médiumnique » de la vision dans l'art. François

1. Traduction de Régis Blachère.
2. Pour plus de détails se reporter à notre livre : *Hindouisme et Soufisme*, Éditions de la Différence, Paris, 1979, V, la Vision.
3. *Ibid.*, p. 177.

Cheng, dans son étude pénétrante sur la peinture chinoise, écrit : « Techniquement, dès lors qu'un peintre chinois se met au travail, ses gestes ne sont jamais d'imitation ou de description face à l'objet; ils relèvent de la *projection d'un monde intérieur*[1] où les éléments du monde extérieur sont déjà pleinement assimilés." Avant de peindre un bambou, laisse-le d'abord pousser en toi-même ", conseille Su Tung-po; " Que les monts et les fleuves jaillissent de l'infini du cœur! ", exhorte Wang Yü. (...) Qu'un Kuo Hsi ne prenne son pinceau qu'après avoir brûlé de l'encens et médité jusqu'à être littéralement possédé par le Sacré, qu'un Wang Mo ne puisse peindre qu'en état de complète ivresse, qu'un Wu Tao-Tzu finisse par " disparaître " dans l'ultime espace qu'il vient de dessiner : il s'agit du même rêve, celui de l'homme qui, à travers les phénomènes intériorisés et les souffles domptés, s'accomplit lui-même et, du même coup, réalise son ardent désir de rejoindre l'invisible Origine. Regarder un tableau chinois, ce n'est jamais regarder un objet fini, posé en face; bien au contraire, le spectateur est invité à *participer* au moment secret où, poussé par l'Esprit, l'artiste projette trait à trait son monde intérieur, et par là, à collaborer aux gestes mêmes de la création[2]. »

Cette vision est tantôt un « mirage offert à la contemplation d'une âme solitaire »[3]; tantôt un surgissement de paysages transmués en tissu de rêve où on ne sait lequel des deux est le plus réel, du rêve ou de la réalité; tantôt un sortilège de brume, de montagnes, d'eaux miroitantes, où le dehors et le dedans disparaissent dans la transparence d'un souffle magique en suspens. Bref, c'est cette vision quasi indéfinissable qui fait du peintre et du poète chinois des « voyageurs de l'âme »[4] en quête de la vision contemplative des « Montagnes d'émeraude ». Et Hsüan Chüeh[5] (VIIIe siècle) de chanter :

1. C'est nous qui soulignons.
2. François Cheng : *l'Espace du rêve*, Phébus, Paris, 1980, pp. 9-10.
3. *Ibid.*, p. 130.
4. *Ibid.*, p. 136.
5. *Ibid.*, p. 188.

Clair miroir du cœur, reflet infini
Pourfend le vide aux mondes sans nombres.
Miroitant toutes choses, ombres, lumières.
Perle irradiante : ni dehors ni dedans.

Nous retrouvons cette même vision à l'œuvre dans l'art persan. Par exemple, « en étudiant l'espace des miniatures persanes, on est surpris de constater qu'aucun effort n'y est fait pour explorer la troisième dimension, que les effets de la perspective et d'atmosphère y font tout à fait défaut. Cet espace sans perspective, sans ombre, brillant de l'éclat métallique d'une riche polychromie, dénonce peut-être une influence manichéenne, une sorte de sublimation alchimique des particules de la lumière à partir de la magie de la peinture. L'expression suave des lignes, la précision de l'exécution, de même que l'irisation flamboyante des couleurs, créent dans nos miniatures des harmonies pures, une sorte d'orgie de lumière dont l'effet saisit beaucoup plus par enchantement que par assimilation rationnelle. Cet espace donne l'impression d'un miroir magique où l'âme contemple le rêve de sa propre vision [1] ».

C'est pourquoi l'absence bi-dimensionnelle n'est ni un manque, ni un accident, mais plutôt la reconstruction d'un espace imaginal, visionnaire, dépourvu de la densité inhérente aux objets proprement « matériels », un espace hétérogène où chaque niveau a son articulation, son accent particulier. « Cet espace défiant les lois de l'étendue conceptuelle, de la succession temporelle, du lien causal logique, projette un monde où l'œil passe d'un plan à l'autre sans se soucier des lois de la perspective, où les événements synchroniques, sans lien temporel, apparaissent côte à côte, et où l'œil participe à l'épanouissement d'un monde qui semble être coordonné beaucoup plus par la sympathie magique de la coïncidence que par l'unité synthétique des divers éléments [2]. »

Reconstruire cet espace enchanté équivaut à projeter l'espace de l'âme, ce monde « en suspens » entre le sensible

1. D. Shayegan : « Le devenir iranien et le passé culturel », in *Culture,* l'Unesco, vol. I, n° 4, 1974, p. 59.
2. *Ibid.*

et l'intelligible dont l'image réfléchie sur les eaux miroitantes des mosquées, des jardins, évoque l'image du paradis, ce « huitième climat » de l'âme si cher à l'art persan dont on retrouve les métamorphoses dans toutes les grandes manifestations de la culture iranienne. Si, selon R. Otto, le grand art sacré de l'Occident trouve deux moyens directs pour incarner le « numineux » – l'obscurité et le silence qui créent par la pénombre crépusculaire des hautes voûtes gothiques l'état contemplatif du sublime – , dans l'art persan le numineux trouve son moyen d'expression le plus adéquat dans le vide substantiel des formes épiphaniques, ce vide qui, au dire de H. Corbin, constitue l'essence même du « phénomène du miroir »[1], ce docétisme apparitionnel « qui transfigure plutôt qu'il n'incarne »[2]. Et c'est parce que l'œil perçoit le monde comme le dévoilement des formes de l'âme, qu'il nous protège contre « l'obsession incarnationiste » susceptible de se dégrader en matérialisme historique, puisque entre les deux « il n'y a qu'une courte distance »[3]. Autrement dit, c'est dans cette « courte distance » que s'insère quelque chose comme la transfiguration du monde, cette rupture de niveau qui fait en sorte que le monde se présente beaucoup plus comme l'éclosion spontanée d'une coupole bleue rayonnant à la lisière du désert que comme un objet simplement posé devant nous.

C. UNE GÉOGRAPHIE VISIONNAIRE

Le monde de l'âme a aussi sa géographie, ses continents, ses terres, ses fleuves et ses montagnes. S'aventurer en ce monde étrange où toutes les coordonnées sont différentes de celles qui régissent notre monde physique exige un dévoilement, partant un autre mode de présence. Et c'est de cette manière seulement qu'il sied d'interpréter les terres fabuleuses, le séjour des bienheureux, les cités merveilleuses dont nous parlent les épopées, les mythes et les expériences visionnaires des mystiques – en ayant soin d'ajouter toute-

1. H. Corbin : *En Islam iranien*, Gallimard, Paris, 1971, vol. I, p. XX.
2. *Ibid.*, p. XXI.
3. *Ibid.*

fois que toute compréhension de ce niveau implique nécessairement une herméneutique.

En passant, par exemple, de l'Inde à l'Islam et à l'Iran mazdéen, nous retrouvons des archétypes qui montrent, chacun dans leur contexte, des réalités analogues. L'espace est conçu comme un centre magique où se dresse une montagne cosmique comme le *Meru*, l'*Alborz* ou le *Qâf* (situé au nord plutôt qu'au centre). L'espace naît à partir d'un centre qui, tout en déterminant l'espace en coordonnées spatiales, le qualifie, singularisant et hiérarchisant les étendues, de sorte que l'espace d'un *varṣa* [1] à l'autre va se différencier au gré des personnes et objets qui s'y trouvent. Du reste, nous savons que l'accord symbolique et les correspondances occultes entre les saisons, les espaces singularisés et les couleurs jouent un rôle fondamental dans la topographie sacrée des Chinois [2]. Le centre de cette circonférence est identifié dans le Mazdéisme avec l'âme; l'Islam y supplée par la notion de huitième climat. Les archétypes tels que le *Vara* du Yima dans l'*Avesta* (*Vendidad* II, 21-43), le *Khanîras* [3] où se trouve le germe de la race aryenne, la terre pure de Sukhâvatî [4] (le paradis d'Amida-Bouddha situé à l'ouest qui joue un rôle si essentiel dans le *Jodô* japonais), symbolisent une même réalité : une terre pure affranchie des conditions du monde relatif. Dans l'Inde, le *Jambudvîpa* se divise en neuf *varṣas* dont l'un, le *Bhârata*, représente pour ainsi dire l'espace géographique alors que les autres symbolisent les mondes paradisiaques habités par des êtres fabuleux, exempts des quatre âges.

Ces archétypes représentent aussi la disposition d'une terre conçue à l'image du cosmos, et les centres auxquels se réfèrent certains de ces archétypes dénotent un lieu privilégié, à partir duquel les communications entre les différents plans de réalité peuvent s'effectuer : le centre est le lieu où ciel, terre et espace intermédiaire communiquent et entrent

1. Pays mythique dans la mythologie indienne, voir : *Viṣṇu Purâṇa* II, V, 1-27 et *Vyâsabhâṣya*, III, 25.

2. Marcel Granet : *La Pensée chinoise*, Paris, 1950, pp. 86-114.

3. West Pahlavi Texts, in *Sacred Books of the East*, vol. I, pp. 32-33.

4. *Saddhama – puṇḍarîka*, trad. anglaise de H. Klein, in *Sacred Books of the East*, chap. XII, vol. XXI.

en conjonction grâce à la *rupture de niveau.* La vision topographique du monde devient le modèle terrestre d'un *mandala,* d'un support de méditation, soit sous la forme d'un lotus, d'un *yantra,* ou des schémas iconographiques avec des remparts, des jardins et des divinités comme les *mandalas* tibétains, soit sous la forme géographique des sept *Keshwars* (pays) ou des neuf *varṣas.* Quelles qu'en soient les formes et les structures variées, ces archétypes expriment tous une même réalité, celle de l'espace déterminé, singularisé à partir d'un centre auquel se rapportent toutes les directions qui en émanent. Ce centre est le nombril et l'endroit occulte où s'effectue le contact avec d'autres zones de réalité. Ce centre est homologué avec l'âme de l'homme dans le Mazdéisme, bien que dans d'autres traditions, les paradis terrestres comme la terre pure de Sukhâvatî, le « huitième climat », la terre d'*Uttarakuru* (terre fabuleuse dans la mythologie indienne), ne soient pas tous situés au centre. Il n'en reste pas moins que ces *terres* sont localisées dans des plans d'univers qui transcendent notre monde contingent soumis aux conditions du temps et de l'espace, et qu'elles jouent par rapport à celui-ci le même rôle que le centre par rapport aux coordonnées spatiales.

Dans son *Mantiq ot-Tayr* [1] (la conférence des oiseaux), le poète mystique persan, Farîdoddîn Attâr, raconte l'histoire des oiseaux qui voulaient atteindre le siège de *Sîmorgh* sur le sommet du *Qâf.* Après de longs entretiens, ils entreprirent le voyage en passant à travers les sept vallées de l'épreuve; arrivés au sommet, il ne restait plus que trente oiseaux (en persan, il y a un jeu de mots entre *Sî-morgh* = trente oiseaux et l'oiseau mythique *Sîmorgh*). Là les oiseaux se retrouvèrent eux-mêmes et, au lieu de voir le *Sîmorgh,* ils virent se refléter l'image de trente oiseaux, image de leur propre âme. Le sens symbolique de la marche vers le centre est transparent : pour arriver au centre de soi-même, de son âme (siège de *Sîmorgh*), les oiseaux subissent d'affreuses épreuves et beaucoup périssent en cours de route; mais ceux qui y parviennent s'y retrouvent eux-mêmes, c'est-

1. Éd. Téhéran, 1958. Traduction française « *le Langage des oiseaux* » par Garcin de Tassy, Imprimerie impériale, Paris, 1863.

à-dire atteignent aux mystères de leur propre Soi qui est leur *centre* et le fondement de leur être.

Pénétrer dans ce centre ou dans ces terres fabuleuses équivaut à pénétrer dans un monde non profane, déboucher sur un niveau supérieur de l'être; c'est dépasser aussi sa condition humaine et participer aux modes d'existence subtils et intemporels comme ceux dont jouissent les habitants du *Hûrqalyâ* ou les parfaits qui peuplent les *varṣas* et les terres supraterrestres.

2. Herméneutique et homologie

Les quelques structures, que nous avons dégagées de la vision mytho-poétique de l'homme, constituent une constellation où tout est ordonné à partir de l'expérience originelle de l'Être que nous avons appelée « le centre invisible ». Ce centre invisible est l'axe autour duquel tout évolue; il est ce qui fonde le monde aussi bien que l'homme. Ces structures imposent un certain mode de connaissance où le dévoilement du monde équivaut à une rupture de niveau où vision et connaissance s'unissent dans l'acte transmuant de la gnose. Celle-ci n'est pas une méthode apte à connaître la vérité de la science comme elle le sera à l'aube de la pensée moderne avec Bacon, Descartes et Spinoza, chez qui les méthodes de connaissance – que ce soient l'art de l'invention, le doute ou le *more geometrico* – viendront suppléer à l'expérience originelle de l'Être, mais une saisie immédiate des essences, qui se cachent par-delà les apparences. Et c'est parce que l'homme éprouve le *pathos* de cette nostalgie de l'origine que toute pensée qui y répond est *eo ipso* une pensée en quête de l'origine, et tout sentiment la motivant une commémoration de cette même origine.

Par exemple, à la question de savoir pourquoi faut-il qu'il y ait une pensée plutôt que rien, l'Inde répond : parce qu'il y a délivrance *(mokṣa)*. Et à la question de savoir pourquoi faut-il qu'il y ait délivrance, elle répond : parce qu'il y a renaissance *(karma)*. Il y a renaissance parce qu'il y a inscience *(avidyâ)* et il y a inscience parce qu'il y a douleur existentielle *(duhkha)*. Ce qui met tout ce raisonnement en marche n'est autre que cette *Stimmung* existentielle qui nous met face à face avec l'expérience originelle de l'Être. Le *duhkha* est le terme final de cet enchaînement des causes, de même que le terme initial du processus inverse : « Tout est douleur, tout est éphémère », dit le Bouddha. Le *duhkha* provient de l'inscience *(avidyâ)*, ajoute le fameux compilateur des *Yoga-Sûtra*, Patañjali, mais l'inscience se dissipe par le *yoga* (l'union); le résultat du *yoga* est la gnose *(jñâna)* et la conséquence de celle-ci est la délivrance *(mokṣa)*. C'est ce choc primordial qui met en branle tout le processus, de sorte que la pensée devient un retour à la source, une dé-surimposition de ce qui a été illusoirement surimposé à l'Être.

De même les grands mystiques de l'Islam disent : Je n'ai rien vu que je n'aie vu Dieu auparavant. » C'est l'évidence du divin lui-même qui fonde la réalité des choses et non la méthode déductive du *cogito* ou le principe de la raison suffisante. Ainsi l'herméneutique *(ta'wîl)* découle-t-elle de la condition d'interpellé faite à l'homme; et c'est parce qu'il y a appel qu'il y a aussi mouvement vers ce qui nous appelle – de même qu'il est nécessaire de dévoiler ce qui derrière cet appel reste caché. Vu ainsi, le *ta'wîl* devient en quelque sorte l'essence constitutive de la condition de l'homme, voire l'impulsion qui le meut et, ce faisant, le destine à lui-même.

Ce retour vers soi se traduit, nous venons de le voir, dans toutes les grandes créations de l'esprit traditionnel, par une remontée, remontée qui varie selon les traditions, mais qui n'en constitue pas moins le fonds commun de toutes ces expériences en raison précisément des homologies qu'elle instaure entre l'arc du retour et les degrés ascendants d'une connaissance dévoilante (produite par la théologie négative). Il n'y aurait pas eu de *ta'wîl* si le monde n'était tissé d'un réseau de symboles et si celui-ci, nous transmuant à un autre mode d'être (grâce à la rupture de niveau), ne nous révélait pas le dedans des choses, ne nous permettait pas de voir le monde avec les yeux de l'âme et n'instaurait pas par là même une correspondance entre les aspects extérieurs et intérieurs des choses. Car le *ta'wîl* n'équivaut-il pas à retrouver la coïncidence de l'endroit et de l'envers, du dehors et du dedans des choses dans l'instant magique de leur synchronicité? D'où il résulte que toute herméneutique exige une homologie, voire une analogie de rapport. En mettant en œuvre le *ta'wîl* on déclenche une interprétation qui, grâce à un mouvement ascensionnel, reconduit graduellement à un plan où tous les niveaux situés au même degré symbolisent les uns avec les autres.

En pénétrant le monde de l'imagination on dévoile le temps subtil des coïncidences, l'espace qualitatif des présences et la causalité synchronique des événements où tout devient cause de tout. De même, on dévoile les réalités de son âme, en sorte que le ciel intérieur et le ciel extérieur deviennent les deux aspects d'une même chose. De même aussi, au sens littéral de la lettre sacrée correspond dans l'âme le sens ésotérique de cette même lettre. Ainsi, au sujet du revirement du temps cosmique *(zamân-e âfâqî)* dans le temps psycho-spirituel *(zamân-e onfosî)* qu'opère le *ta'wîl* chez Semnânî, H. Corbin écrit : « Ce revirement du temps signifie le passage à un nouveau plan de conscience; il implique la métamorphose intérieure de l'homme [1]. »

Or, ce sont précisément ces « revirements » qui ont permis à la pensée indienne, par exemple, d'établir des cascades d'homologies à même d'embrasser dans une totalité synthétisante tous les aspects épistémologique, cosmologique, mythologique de l'être. Et c'est parce que la vision gnostique de l'homme implique un *ta'wîl* qu'elle permet aussi la loi des correspondances et que celle-ci facilite le passage d'une structure d'une culture à l'autre, mettant en œuvre une méthode de comparaison axée principalement sur les « analogies de rapports ».

Ces « analogies de rapports » ont été définies par P. Masson-Oussel dans un petit livre écrit dans les années vingt de notre siècle : « Le schème d'intelligibilité propre à la méthode comparative ne consiste ni en identité ni en distinction. Dans le premier cas, il induirait des lois semblables à travers la multiplicité des faits; dans le second cas, il spécifierait l'originalité irréductible des données empiriques. Il aboutirait à une science, ou à une histoire. La philosophie comparée ne sera ni l'un ni l'autre, quoique positive. Son principe sera l'analogie suivant ce qu'on appelle en mathé-

1. *En Islam iranien, op. cit.*, p. 178.

matique une proportion, c'est-à-dire l'égalité de deux rapports : A est à B comme Y à Z. Une telle équivalence s'accommode de l'hétérogénéité aussi grande qu'on voudra entre A et Y entre B et Z. Pour le mettre en évidence, point n'est besoin d'expliciter le contenu intégral des quatre termes; leur connaissance, même sommaire, peut suffire[1]. »

Or, pour mettre en valeur ces analogies et en révéler les structures spécifiques dans leur contexte respectif, il faut qu'à cette connaissance sommaire dont nous parle Masson-Oussel puisse s'ajouter aussi – et c'est ici où la pensée de Masson-Oussel reste trop tributaire de l'histoire – une méthode de compréhension, de *Verstehen* diront les Allemands, capable d'expliciter le contenu de la tradition, c'est-à-dire la façon dont *l'histoire* de l'âme s'est montrée à la conscience de celui qui l'a vécue. D'où la nécessité de recourir à une méthode interprétative.

Cette herméneutique, Henry Corbin la retrouve dans la méthode phénoménologique, plus apte selon lui à comprendre le sens caché des doctrines ésotériques :

« Elle (la phénoménologie) se rattache essentiellement à la devise de la science grecque : *Sôzein ta phaïnomena,* sauver les phénomènes (les apparences). Qu'est-ce à dire? Le phénomène, c'est ce qui se montre, ce qui est apparent et qui dans son apparition montre quelque chose qui ne peut se révéler en lui qu'en restant simultanément caché sous son apparence. Quelque chose se montre dans le phénomène et ne peut s'y montrer qu'en se cachant. Dans les sciences philosophiques et religieuses le *phénomène* s'annonce dans les termes techniques où figure l'élément *phanie,* tiré du grec : épiphanie, théophanie, hiérophanie, etc. Le phénomène, le *phaïnomenon,* c'est le *zâhir,* l'apparent, l'extérieur, l'exotérique. Ce qui se montre dans ce *zâhir,* tout en s'y cachant, c'est le *bâtin,* l'intérieur, l'ésotérique. La phénoménologie consiste à “sauver le phénomène”, sauver l'apparence, en dégageant ou dévoilant le caché qui se montre sous cette apparence. Le *logos* du phénomène, la phénoménologie, c'est donc dire le caché, l'invisible présent sous le visible. C'est laisser se montrer le phénomène tel qu'il se montre

1. P. Masson-Oussel : *la Philosophie comparée,* Paris, 1923, pp. 26-27.

au sujet à qui il se montre. C'est donc une toute autre démarche que celle de l'histoire de la philosophie ou de la critique historique [1]. »

Ce sur quoi débouchaient la méthode compréhensive *(Verstehen)* de Dilthey et de l'école historique allemande [2] puis l'intuition des essences *(Wesensschau)* de Husserl et l'herméneutique de l'ontologie fondamentale de Heidegger dans *Sein und Zeit,* a des ressemblances étonnantes avec ce que les vieux traités de la gnose islamique désignaient comme *Kashf al-Mahjûh,* « le dévoilement de ce qui est caché [3] ». Mais si la phénoménologie montrait bien la perception intuitive des essences, elle ne débouchait pas nécessairement sur l'organe noétique de l'imagination créatrice, pas plus qu'elle ne découvrait les formes docétistes d'un monde visionnaire ou le langage des symboles. C'est pourquoi le « retour aux choses mêmes », l'affranchissement à l'égard des croyances admises, les mises entre parenthèses, le retrait hors des croyances admises que prône Husserl, n'aboutissent pas à la redécouverte du *continent perdu* de l'âme – pas plus que Heidegger analysant les existentiaux de la structure du *Dasein* ne parvient à atteindre le « huitième climat » du monde imaginal. Cependant Heidegger fait un effort immense en montrant que la tâche de la pensée est précisément de désabriter ce qui reste caché sous les couches historiales de l'histoire de l'Être et que, si l'homme a oublié le sens de l'Être, c'est parce que l'Être se laisse oublier en s'abritant toujours davantage sous ses retraits. Mais à ce retrait supplée – et ceci est une des grandes audaces de la pensée heideggérienne – l'effort de la pensée commémorante qui, pensant à rebours du courant de l'historicisme, tente le saut au-dessus de l'abîme afin de découvrir, dans son initiale fraîcheur, ce qui a été soigneusement recouvert par l'histoire des interprétations. Heidegger n'arrive certes pas au monde magique de Novalis, ni aux cités merveilleuses de l'imagination créatrice, mais il nous explique pourquoi il en est ainsi et comment ces cités merveilleuses furent ense-

1. Henry Corbin : *Philosophie iranienne et philosophie comparée,* Académie impériale iranienne de philosophie, Londres, 1977, p. 23.
2. Voir à ce sujet : H. G. Gadamer : *Wahrheit und Methode.*
3. H. Corbin, *op. cit.,* p. 23.

velies sous les sables de l'occultation; pourquoi enfin la tâche de la pensée est de repenser ce qui depuis toujours reste caché dans le fond de la pensée.

3. La trans-mutation des symboles d'une culture à l'autre

Toutes ces grandes structures de l'esprit qui constituent cette communauté d'optique spirituelle dont nous avons parlé plus haut, tissent la trame d'une certaine vision et créent le cadre d'un monde harmonieusement ordonné.

Il est vrai cependant que ce *cadre* se prête à des variantes d'une culture à l'autre, qu'il se traduit par des modes de pensée propres à chacune d'elles. Par exemple, le savant japonais Hajime Nakamura, dans un livre remarquable sur les « Modes de pensée des peuples d'Orient[1] », souligne les grandes différences qui régissent la pensée indienne par rapport à la pensée chinoise ou japonaise : notamment les différences d'approche quant aux concepts des universaux, de la voie négative, de la métaphysique en général. La pensée chinoise, soucieuse des formes concrètes des images et peu sensible à la logique et à l'abstraction vertigineuse des grandes constructions métaphysiques de l'Inde, possède une voie d'approche différente. Il suffit pour s'en convaincre de voir le processus de trans-mutation que subissent les concepts indiens, abstraits, lorsqu'ils se transforment dans l'espace de la pensée chinoise où ils revêtent des formes imagées. Nakamura écrit : « La tendance à exprimer les idées philosophiques et abstraites en images concrètes est particulière au Bouddhisme Zen. L'univers ou le cosmos est exprimé sous forme de *shan, ho, ta-ti,* c'est-à-dire " montagnes, fleuve et la grande terre ". L'ego fondamental de l'être humain est rendu par *ts' ao-yüan i-ti shui,* " une goutte d'eau dans la source ", la nature propre de l'homme par *pen-lai mien-mu,* " visage et œil originels " ou par *pen-ti feng-kuang,* c'est-à-dire " le vent et la lumière de son propre

1. Hajima Nakamura : *Ways of Thinking of Eastern Peoples,* The University Press of Hawaii, Honolulu, 1974.

terroir ". Les mots qui étaient utilisés pour la traduction littérale des termes originaux indiens comme *pen-chio* pour *bodhi* (illumination) ou *chên-ju* pour *tathatâ* (le fait d'être cela – vacuité) n'étant pas conformes à l'esprit chinois, ce sont les expressions concrètes des images comme celles citées plus haut qui furent développées [1]. »

Pourtant, quelles que soient les différences, et elles sont énormes, une même *Stimmung* parcourt tel un frisson sacré toutes ces grandes traditions. Une même éthique de délivrance de l'*homme-sage* s'en dégage, que ce soit le *mokṣa* indien, le *satori* (l'illumination) du Bouddhisme Zen ou la non-action *(wu wei)* du Taoïsme. Bref, un même souffle anime toutes ces visions où la *gnose*, sous toutes ses variantes, détermine tout autant le rapport de l'homme avec la racine de l'Être que le statut paradoxal du sage-libéré qui en a fait pour ainsi dire l'expérience libératrice.

Ces grandes structures de l'esprit – le centre invisible de l'Être, la descente et la remontée, les structures ternaires, le monde imaginal des trans-mutations alchimiques, le mouvement ascendant de la connaissance qui est toujours une voie « négative » – créent une ambiance *sym-pathique* et magico-synchronique, voire (comme le dirait Hâfez) un « climat de l'Être » *(eqlîm-e wojûd)* entre des univers qui communiquent. Et c'est grâce à ce « climat de l'Être » qu'un archétype sort de sa propre constellation, passe à la suivante, s'y réintègre, en subit certes l'influence, mais retrouve sa propre longueur d'onde, acquiert sa dignité, se transforme en son homologue, grâce à la faculté archétypique et synthétisante de l'esprit. Sans doute les noms changent et les apparences se transforment; mais la charge numineuse qui nourrit le symbole en question reste intacte, puisqu'un symbole se substitue à un autre symbole *iso-morphe* sans tomber dans le champ pauvre de l'allégorie, sans perdre la faculté projetante de sa puissance archétypale. Ainsi la montagne cosmique mazdéenne devient l'équivalent « isomorphe » de la montagne psycho-spirituelle *Qâf* à l'ère islamique, le *Var* de *Jamshîd* (la terre mythique dans la cosmologie mazdéenne), le « huitième climat » islamique; le *s'ûnya* (vacuité)

1. *Ibid.*, p. 179.

du Bouddhisme s'identifie avec le *Tao* de la pensée chinoise; l'Amour théophanique dans la gnose de l'Islam devient l'équivalent de l'illusion cosmique *(mâyâ)* indienne grâce à l'œuvre de Dârâ Shokûh; la méditation *(dhyâna)* indienne sous sa forme bouddhiste se transforme en *Chang* du Bouddhisme chinois et plus tard en *Zen* du Bouddhisme japonais.

On pourrait multiplier indéfiniment les exemples : ils prouvent que si de telles trans-mutations sont possibles sans coupure et sans ce traumatisme qui de nos jours s'exprimerait dans des attributions péjoratives telles que « occidentalisation », et surtout sans apparition de formes hybrides de la pensée et de structures syncrétistes aberrantes, cela est dû au fait que ces images se meuvent sur des *longueurs d'ondes comparables,* qu'elles traversent un monde pour entrer dans un monde équivalent – quant à la teneur ontologique des symboles – et qu'elles ne le font pas en effectuant une chute ou en subissant une carence de leur substance magique mais qu'elles se réintègrent, grâce à un mouvement synchronique, dans un monde où leur contenu (quoique modifié par le changement de l'axe culturel), épouse une forme qui reste dans les deux cas structurellement comparable, bénéficiant tous deux (l'image introduite et la forme qu'elle revêt) de la puissance configuratrice de l'esprit. C'est dire que l'échange s'effectue au niveau du symbole. Or tout symbole présuppose un monde de coïncidence où le visible et l'invisible se transmuent l'un dans l'autre. Et comme le symbole véhicule une puissance numineuse découlant de la structure même de l'esprit, c'est-à-dire inhérente au langage *formel* de sa puissance configuratrice, aucune faille ne s'insère dans ce passage, de sorte que le symbole introduit reste, en dépit de sa réinsertion dans un autre ensemble, l'articulation isomorphe de la même réalité.

Ces structures isomorphes ne se répètent pas seulement au niveau des relations interculturelles mais se reflètent aussi aux niveaux multiples d'une même civilisation. Car comme le langage du symbole est polyvalent et polymorphe, il peut soit acquérir des tonalités différentes, c'est-à-dire des homologies aux niveaux hiérarchisés d'un même ensemble (comme les cascades d'homologies dans la pensée indienne), soit – en passant dans un autre contexte – se traduire dans d'autres moules capables d'en véhiculer la charge. Deux exemples : la trans-mutation des idées platoniciennes dans l'angélologie mazdéenne opérée par Sohravardî, et la coïncidence de l'intelligence agente des philosophes avec l'Esprit saint de la révélation prophétique effectuée par Fârâbî, à l'aube de la pensée philosophique en Islam.

Mais ces trans-mutations se réalisent toujours au niveau de la conscience du gnostique, c'est-à-dire au niveau de celui qui en a fait l'expérience grâce à l'herméneutique *(ta'wîl)*. Si Sohrawardî put, par exemple, ressusciter la gnose des anciens mages de l'Iran, c'est parce qu'il réactualisait en lui des symboles non encore périmés : dans l'espace imaginal des trans-mutations ils étaient *contemporains* de ceux qu'exprimaient le néo-platonisme et les symboles qorâniques. D'où il suit que la transformation des symboles s'opère au niveau de la contemporanéité intemporelle de *l'histoire* de l'âme et par la faculté imaginative du mystique : c'est-à-dire dans cet « espace » qui est la projection des réalités intérieures. C'est parce que le mystique réactualise ces symboles, les dévoilant à l'horizon de l'âme par l'herméneutique, qu'il peut les couler dans les moules analogues d'une culture déterminée. Ayant, par conséquent, réalisé l'union de ces symboles en lui-même par le phénomène de coïncidence, il les projette dans son œuvre de sorte que celle-ci devient le *témoin* de cette nouvelle synthèse. Car le « lieu » ou la « forme » où s'opèrent ces transmutations est précisément l'« espace » de l'âme, voire les structures dynamiques de l'archétype et du symbole.

C'est pourquoi toutes les rencontres entre grandes cultures (les relations entre le néo-platonisme, le Mazdéisme et l'Islam en Iran; l'âge d'or des relations indo-islamiques débutant en Inde dès le XVIe siècle sous le règne d'Akbar; l'union du Bouddhisme et du Shintoisme au XVIIe siècle au Japon sous forme de « Shinto à deux branches » *(Ryôbu Shinto)* ou le grand équilibre que devait réaliser la coexistence harmonieuse des trois grandes religions de la Chine : Confucianisme, Taoïsme et Bouddhisme, sous la dynastie des Tang) révèlent une prodigieuse puissance de synthèse. Et cette synthèse est, pour autant que nous puissions en juger à partir des œuvres réalisées, une coïncidence des symboles opérée au niveau des trans-mutations ou de ce que Dârâ Shokûh (XVIIe siècle, traducteur des cinquante Upaniṣads en persan) a appelé le « Confluent des deux océans ». Tous les efforts des grandes traditions asiatiques sont allés dans le sens de la réintégration et de l'union, comme l'attestent la formidable puissance de synthèse de l'Hindouisme ou la grande œuvre d'intégration de la gnose spéculative d'Ibn 'Arabî, du péripatétisme, de la théosophie des lumières *(Ishrâq-Sohravardî)* et des grands thèmes du *Shi'îsme* duodécimain qui devait se réaliser en la personne de Mollâ Sadrâ Shîrâzî au XVIIe siècle en Iran. Tous ces efforts ont empêché qu'aient lieu ces fissures fatales de l'esprit qui devaient aboutir, avec l'Averroïsme latin en Occident, à la cassure entre foi et connaissance, philosophie et religion et provoquer ce mouvement que certains penseurs allemands – nous le verrons au chapitre suivant – ont appelé le nihilisme occidental.

En outre, ces grandes structures de l'esprit révèlent d'autres modalités de présence dans le monde : c'est parce que ces modalités ont été modifiées par le changement brusque de constellation que devait subir l'humanité occidentale des XVe et XVIe siècles que ces structures s'effondrèrent et que, par la perte du monde de l'âme, son *histoire* disparut, cédant la place à l'histoire tout court. Parallèlement, s'écroulèrent la vision hiérarchique du monde, les arcs de la descente et de la remontée, la structure ternaire, la théologie négative et les formes docétistes de l'imagination, de sorte que le progrès unidimensionnel se substitua à la remontée ascensionnelle, l'histoire linéaire et diachronique à l'ascension cyclique et synchronique, les temps et les espaces homogènes de l'étendue géométrique aux temps et espace singularisés des « espaces » de l'âme, la causalité physique à la coïncidence synchronique des symboles et le dualisme du corps et de l'âme à la structure ternaire de l'esprit et, finalement, l'allégorie au symbole. Dépouillé de sa charge numineuse, celui-ci perdit tout contenu psycho-spirituel et descendit au niveau pauvre de l'allégorie, voire du concept, se rapprochant de la nature des particularités et des faits uniques et conscients. Or, la perte du symbole, de même que l'effondrement des grandes structures de l'esprit, changèrent de fond en comble la vision des vieilles civilisations et les relations qu'elles entretenaient entre elles : à partir de l'ère du colonialisme, les grandes civilisations asiatiques vont entrer dans le champ de gravitation de l'Occident pour ne plus en sortir.

Conséquence de cet envoûtement, l'isolement de ces civilisations les unes par rapport aux autres : si Bîrûnî put écrire aux xᵉ et xiᵉ siècles un ouvrage monumental sur l'Inde et si Mîr Fenderskî parvint à compiler au xviiᵉ siècle une anthologie du *Yoga-Vashishta* intitulée *Montakhabât-e Jôq*, à partir du xixᵉ siècle il n'y aura plus de communication entre l'Inde et l'Islam, l'Inde et la Chine, car toutes ces civilisations seront dorénavant braquées vers une direction unique : l'Occident. Ces vieilles civilisations ne communiqueront plus que par le *filtre* des travaux des orientalistes qui, soit dit en passant, projettent tantôt consciemment, tantôt inconsciemment, leurs propres catégories sur les œuvres qu'ils étudient, traduisent ou commentent; et, s'occidentalisant la plupart du temps inconsciemment, elles utiliseront le jargon conceptuel de l'Occident pour définir leurs propres concepts comme pour apprécier ceux de leurs voisins (observation qui se rapporte évidemment à la classe cultivée). Ainsi, lorsque le célèbre philosophe hindou Surendranath Dasgupta parle de « Indian Idealism », il entre déjà – en dépit de sa connaissance prodigieuse et de ses analyses magistrales – dans le champ de la constellation occidentale, puisque idéalisme, subjectivité, objectivité ont des connotations hégéliennes et renvoient à des concepts tout autres que les termes indiens (*vijñânavâdâ*, etc.) qu'ils sont censés traduire. De même pour quantité d'autres concepts tels que fatalisme, panthéisme, islam = démocratie, humanisme..., qui n'ont de sens que dans l'aire culturelle occidentale : nous reviendrons plus loin sur ce point lorsque nous parlerons des mutations conceptuelles.

Chapitre III

LA BRÈCHE FONDAMENTALE

L'émergence de l'âge scientifico-technique au XVIe siècle provoqua un changement si prodigieux de la conscience que l'homme avait de lui-même et de sa place dans le monde qu'on peut voir en elle la deuxième mutation culturelle de l'humanité.

La première, qui constitue selon K. Jaspers l'axe historique de la culture de l'humanité, avait eu lieu entre les VIIe et Ve siècles avant Jésus-Christ dans les trois grands foyers de l'humanité : Grèce des pré-socratiques, Inde des *Upaniṣads* et du Bouddhisme, Chine de Lao Tseu et de Confucius. Époque où la pensée, tout imprégnée de l'aurore des origines, s'éveille de l'océan des causes premières, où le *muthos* et le *logos* respirent encore à l'unisson, ignorant le divorce qui les opposera plus tard et fera croître le second aux dépens du premier, jusqu'à extirper celui-ci de l'horizon de la connaissance. « N'avons-nous pas vu en effet », écrit Schelling dans son *Introduction à la philosophie de la mythologie,* « que la mythologie, une fois née et s'étant emparée complètement de la conscience, devient pour ainsi dire le foyer d'où partent l'une et l'autre (poésie et philosophie) en suivant des directions divergentes, bien que se séparant lentement [1]. » Âge où la pensée est tout autant imprégnée de poésie que la poésie est chargée de pensée : puisant toutes deux à la mémoire des mythes, elles abreuvent le monde de la source vive des origines. Peut-être est-ce en songeant à

1. F. W. Schelling: *Introduction à la philosophie de la mythologie,* trad. S. Jankelevitch, Paris, 1945, tome I, p. 59.

cette source que Heidegger essaiera de reconduire la pensée vers le clair-obscur matinal de la racine de l'Être en disant que la poésie est un fleuve qui remonte parfois vers sa source, c'est-à-dire vers la pensée en tant que pensée commémorante et mémoire *(Andenken)* [1].

La seconde mutation culturelle, qui débuta au XIIIe siècle et n'atteignit son accomplissement qu'à l'âge de l'humanisme, est une tout autre affaire. Tandis que les trésors de l'*axe historique* furent l'héritage d'une grande partie de l'humanité, cette seconde mutation n'eut lieu qu'en un espace déterminé de la terre, dans l'*aire culturelle occidentale.* Là survint un changement qualitatif dans la conscience de l'homme, rupture à laquelle l'autre partie de l'humanité resta fermée et même réfractaire jusqu'à nos jours. Cette seconde mutation historique se résume très bien dans le concept de révolution copernicienne : dans la substitution de l'héliocentrisme au géocentrisme on ne découvrait pas seulement une loi astronomique, mais on chassa l'homme de son foyer. « Je n'ai pas besoin, écrit Alexandre Koyré, d'insister sur l'énorme importance scientifique et philosophique de l'astronomie copernicienne qui, arrachant la terre au centre du monde et la plaçant dans le ciel parmi les planètes, a sapé les fondations mêmes de l'ordre cosmique traditionnel avec sa structure hiérarchique et l'opposition qualitative du domaine céleste de l'être immuable aux régions terrestres ou sublunaires du changement et de la dissolution... Le résultat immédiat de la révolution copernicienne fut de répandre le scepticisme et l'ahurissement dont les vers célèbres de John Donne nous offrent une expression frappante, bien qu'un peu attardée, en nous disant que :

La philosophie nouvelle rend tout incertain,
L'élément du feu est tout à fait éteint;
Le soleil est perdu et la terre; et personne aujourd'hui
Ne peut plus nous dire où chercher celle-ci.
Les hommes confessent franchement que ce monde est fini
Lorsque dans les Planètes et le Firmament

1. Martin Heidegger : *Was heisst Denken*, Max Niemeyer Verlag, Tübingen, 1961, p. 7.

Ils cherchent tant de nouveau; puis voient que celui-ci
Est dissous à nouveau dans les Atomies.
Tout est en morceaux, toute cohérence disparue,
Plus de rapports justes, rien ne s'accorde plus[1]. »

Philosophiquement et psychologiquement les conséquences de ce changement de perspectives furent incalculables. Mais ce changement survint en deux étapes : la première fut le surgissement d'une vision animiste et panthéiste qu'on voit s'épanouir dans la philosophie de la Renaissance et la seconde – qui en est, pour ainsi dire, l'accomplissement –, s'incarne dans les grands systèmes du XVIIe siècle : ceux de Descartes, de Spinoza et de Leibniz.

Déjà la philosophie de la Renaissance avait ébranlé l'ordre hiérarchique du monde tel qu'il était conçu par saint Anselme et saint Thomas. Aux degrés hiérarchisés du monde participant par analogie à l'ordre divin se substituait le déploiement des mondes infinis imaginés par Nicolas de Cues et repris par Giordano Bruno. Ce dernier distingue entre l'Univers et le monde : Dieu, l'Être infini ou l'Univers est le principe, la cause éternelle du monde, la *natura naturans,* et le monde est la totalité de ses effets et ses phénomènes, la *natura naturata.* L'identification de l'Essence de la Divinité avec l'Univers est précisément ce qui donnait au monde son aura magique, constituant ce trait d'animisme qui fut une des caractéristiques les plus séduisantes de la philosophie de la Renaissance : on le retrouve chez tous les grands penseurs de cette époque, aussi bien chez Paracelse et chez Boehme que chez Bruno.

Or, parallèlement à cette vision hylozoïque, on assiste à un « ennoblissement » du concept de matière. Celle-ci acquiert une dignité nouvelle : elle n'est plus le non-être *(me on)* de l'idéalisme grec, ou l'ordre spatio-temporel individualisant le sujet comme chez saint Thomas, mais mère de toutes les formes, principe intrinsèque du développement intérieur du sujet-fini, acte de déploiement dans l'ordre universel. Le monde est forme déployée (non pas émanée analogiquement) de Dieu, qui sous les deux aspects de la *natura naturans* et

1. Alexandre Koyré : *Du monde clos à l'univers infini,* Gallimard, Paris, 1973, pp. 47-48.

de la *natura naturata,* est matière et forme à la fois. Entre Dieu et nature ne s'interpose plus la gradation hiérarchique des mondes singularisés mais l'homogénéité universelle d'une substance primitive présente en toutes choses. A la dépendance de la nature à l'égard de la divinité, succède l'autonomie de la nature s'identifiant à l'Être divin. D'où il suit que la relation du monde à l'endroit de Dieu est celle-là même qui régit le fini par rapport à l'infini : le fini est le monde déployé de l'Être infini, donc fini-infini et sujet-individu qui sous forme de « monade » (Bruno) est un miroir reflétant selon sa capacité tous les autres êtres finis. Idée qui sera reprise par Leibniz.

Le monde est par conséquent un fini-infini, le mode privatif de l'infini absolu et actuel; et toute détermination est une négation [1]. Tandis que pour Aristote l'infini est le potentiel brut et l'actualité *(l'actu)* toujours le fini, pour Nicolas de Cues la substance divine est l'être absolu indéterminé *(ens absolute indeterminatum)* et le monde est infini, non d'une façon absolue mais privative. Cette priorité de l'infini se répète chez Campanella, Descartes, Malebranche, Spinoza; elle est la conséquence directe de l'effondrement hiérarchique des plans du monde : le rapport entre l'Un et le multiple ne peut plus être décrit en termes de théophanie, d'émanation, mais par le truchement du déploiement, du développement. Perspective nouvelle qui ouvre la porte au processus d'un devenir historique. La phrase de Spinoza : *« omnis determinatio est negatio »* est tout aussi éloignée d'Aristote que de la pensée émanationiste des mystiques et des théosophes. En effet, pour les doctrines orientales comme la gnose spéculative de l'Islam ou le Vedânta (par exemple), la nature n'est pas le déroulement *(explicatio)* de ce qui dans la divinité est rassemblé en une unité indivise, de même que la ligne serait le développement du point ou la réalité le développement de la possibilité, mais épiphanie *(mazhar)* ou surimposition *(adhyâsa)* de l'irréel au réel *(vedânta).* Ce n'est que dans un univers homogène, un espace vide où les étoiles et les cieux ne sont plus des reflets des intelligences archangéliques, que le monde peut devenir l'infini privatif

1. Nicolas de Cues : *Œuvres choisies,* Aubier, Paris, 1942.

d'un infini absolu et non plus les épiphanies hiérarchisées d'un univers organique où tous les plans d'être symboliseraient les uns avec les autres, créant les claviers des correspondances de l'analogie universelle. Et si pour l'Antiquité et le Moyen Age l'idéal était la forme parfaite, dorénavant l'évolution commence à prendre ses droits. L'importance qu'on donnait aux formes finies, on l'attribue maintenant aux « variations infinies », aux « transitions perpétuelles ». Ce nouveau rapport trouve son épanouissement dans l'idéalisme allemand [1].

On peut retracer l'idée de l'infini jusqu'au concept de devenir chez Maître Eckhart, pour qui « le devenir de Dieu est son Essence même » *(Gottes Gewerden ist sein Wesen).* Chez Eckhart, en effet, l'idée de déploiement *(Entfaltung)* surgit comme un rapport nouveau entre l'Un et le multiple, rapport qui n'est ni émanation ni évolution aristotélicienne, mais qui, les cumulant toutes deux, porte déjà le germe de la notion du développement qui, chez Nicolas de Cues, sera le rapport du fini et de l'infini. Ce courant mystique, ou ce « panthéisme historico-évolutif » *(entwicklungsgeschichtlicher Pantheismus)* au dire de Heimsoeth [2], traverse comme un courant souterrain le Moyen Age, puis la Renaissance, passant par les théosophes et Nicolas de Cues jusqu'à l'idéalisme allemand.

Mais cet animisme de la nature à la Renaissance, cette unité organique de tout l'univers, disparaît à son tour pour céder la place à une vision mathématique du monde qui, détruisant le concept organique de nature et le rapport immanent Dieu-univers, rétablit de plus belle la transcendance du divin en réduisant cette fois la nature aux lois mathématiques du mouvement mécanique. Dieu devient alors un être tout-puissant n'ayant aucune relation directe avec le monde, tandis que le livre de la nature est décrit en « lettres

1. Pour Hegel, en effet, tout fini est un moment dans le processus infini du devenir de l'esprit. Tout fini aspire à se dépasser dans une synthèse supérieure; chaque négation est l'éclatement d'une limite; c'est pourquoi le fini s'épuise sans cesse dans l'infini, c'est-à-dire dans le processus dialectique de l'Esprit absolu.

2. Heinz Heimsoeth : *Die sechs grossen Themen der Abendländischen Metaphysik,* Darmstadt, 1974, p. 31.

mathématiques ». Cette nouvelle lecture de l'univers provoque le problème de la *méthode* si essentielle, si déterminante pour la pensée moderne – et ce, d'autant plus que les nouvelles tendances partagent une même impulsion, celle de ruiner l'édifice vermoulu du vieux monde scolastique afin de retourner aux phénomènes mêmes de la nature en se dégageant de toutes ces présuppositions traditionnelles, de toute cette « mémoire tribale », qui constituent, selon Bacon, autant d'« idoles mentales » déformant la connaissance empirique des choses.

Que cette méthode soit *ars inveniendi* comme le veut Bacon, le doute radical comme le préconise Descartes, ou *more geometrico* comme le professe Spinoza, cela ne change rien au fond du problème. Le savoir est une domination, il vise le pouvoir et cherche à assujettir le monde afin d'en devenir le maître. Et quant à son rapport avec la nature, cette méthode se veut avant tout une analyse des éléments composant les phénomènes fournis par les perceptions pour en extraire des lois. Si la méthode inductive de Bacon tend à établir les « formes », c'est-à-dire les essences constitutives des choses, celle plus décisive et plus scientifique de Galilée cherche, elle, à connaître les simples unités du mouvement capables de détermination mathématique : avec Galilée, le processus de mathématisation du monde est engagé.

Mais l'unité organique de la philosophie de la Renaissance se transforme avec Descartes en dualité *esprit et matière*, et le monisme en dualisme; et tandis que le sujet-monade était pour les hommes de la Renaissance un microcosme reflétant tous les mondes, il devient avec la pensée moderne un champ de conflits irréconciliables de deux ordres parfaitement hétérogènes. L'immanence présente en toutes choses est à présent la volonté infinie d'un Dieu tout-puissant coupé du reste de la nature et qui n'obéit à aucune nécessité intelligente, sinon à l'arbitraire de sa propre volonté [1]. De même que l'analogie micro-macrocosmique se transforme en dualité esprit-

1. Au reste, c'est contre ce Dieu cartésien indifférent à l'égard du monde que s'insurgea Pascal : « il (Descartes) aurait bien voulu, dans toute sa philosophie, pouvoir se passer de Dieu, mais il n'a pas pu s'empêcher de lui donner une chiquenaude pour mettre le monde en mouvement; après cela il n'a que faire de Dieu ».

matière, de même la matière hylozoïque et animiste devient l'ordre mécanique du mouvement. De même aussi, la théologie négative encore présente chez Nicolas de Cues et Bruno se réduit aux critères cartésiens de « clarté » et de « distinction » : ces derniers penseurs – Nicolas de Cues et Bruno – représentent vraisemblablement, à la veille des temps modernes, une suprême tentative pour dépasser la brèche ouverte par la révolution astronomique du monde; mais leurs constructions s'effondrèrent comme celles du Moyen Age sous la poussée du concept mathématique devant aboutir au dualisme moderne de la pensée européenne.

Ces transformations radicales détruisirent les grandes structures de l'esprit traditionnel et créèrent des rapports tout à fait inédits entre l'homme, Dieu et la nature : afin d'être en mesure d'apprécier la portée de ces bouleversements nous examinerons brièvement, et la nature des nouveaux concepts qui provoquèrent l'effondrement des anciennes structures et l'émergence des problèmes inédits posés par ces nouveaux concepts issus pour la plupart de la nouvelle science de la mécanique.

1. Destruction des grandes structures de l'esprit traditionnel

Le nouveau principe excluait tout renvoi, tout retour des phénomènes sensibles aux forces spirituelles, en sorte que la nature s'en trouvait déspiritualisée [1]. Déspiritualisation qui eut comme première conséquence la disparition de la téléologie.

A. ABSENCE DE TOUTE TÉLÉOLOGIE

Sur ce point précis, assure Windelband, le triomphe du système de Démocrite sur ceux de Platon et d'Aristote fut le plus palpable.

Pour Bacon, le mode téléologique de la connaissance était

1. Pour ces passages, nous nous sommes principalement inspirés de l'analyse remarquable et extrêmement condensée de Wilhelm Windelband : *Lehrbuch der Geschichte der Philosophie*, hrg von Heinz Heimsoeth, J. C. B. Mohr (Paul Siebeck), Tübingen, 1957, pp. 343-365.

en rapport avec les « idoles mentales » et surtout avec les plus dangereuses, les « idoles tribales » : voulant par conséquent *dé-mémoriser* l'homme, il s'attaqua aux sources mêmes de toutes les illusions; non seulement il rejeta la métaphysique qui, en tant que science traditionnelle, s'occupait des causes finales, mais assigna à la physique en tant que science véritable la tâche de connaître exclusivement les causes efficientes. Pour Hobbes, disciple de Galilée, que la science fût celle des causes purement mécaniques était une évidence. Descartes, pour sa part, rejetait toutes les causes finales dans l'explication de la nature et considérait comme une audace qu'on voulût connaître les desseins cachés de Dieu. Quant à Spinoza, il polémiqua ouvertement contre tout l'« anthropomorphisme » de la téléologie : il eût été absurde de parler de fins et de buts là où tout découlait, avec une nécessité éternelle, de Dieu comme une conséquence de sa cause.

Il n'y eut que les néo-platoniciens anglais comme Cudsworth et Henry More qui réagirent, nous dit Windelband, avec l'« éloquence des vieux arguments »; mais ils ne trouvèrent aucun écho. Or la disparition de la téléologie, non seulement enlevait toute réalité à l'arc de la remontée tel qu'il était envisagé dans la plupart des doctrines traditionnelles, mais rendait impossible toute coïncidence entre cause première et fin dernière, infirmant de ce fait cette vision cyclique de l'Être selon laquelle à la descente des émanations correspond, sur le chemin du retour, l'absorption de toutes choses en la divinité. Elle rendait du même coup caduques les deux voies de théologie affirmative et négative qui leur étaient corrélatives. Du coup le temps se dépouillait de tout archétype mythique capable de le diriger vers l'*eschaton* d'une transfiguration finale devenant ainsi un temps *dé-mythisé*, quantitatif – voire le « lieu » sans contenu propre des transitions indéfinies et des changements perpétuels.

B. L'EFFONDREMENT DE LA HIÉRARCHIE ONTOLOGIQUE

Nous avions montré précédemment qu'à la triade corps, âme et esprit correspondaient sur le plan macroscomique les trois mondes des phénomènes sensibles, de l'imagination et de l'esprit, de sorte que les homologies englobaient, grâce à un réseau de sympathie universelle, tous les modes de manifestation. Or c'est à tout ce réseau de relations que s'attaquait la pensée moderne. En excluant le spirituel de l'explication de la nature on extirpe le monde de l'âme qui, en tant qu'intermédiaire entre les deux mondes du corps et de l'esprit, assurait leur communication et servait de courroie de transmission. Les mondes hiérarchisés des néoplatoniciens, la horde des forces supérieures et inférieures, les qualités occultes, les formes substantielles qui faisaient de l'univers une totalité hiérarchique et organique, disparaissent, et dès lors les mondes sublunaires, règnes de l'imperfection, ne s'opposent plus aux sphères célestes : matière et mouvement sont également répartis dans les deux règnes. C'est de ce même principe que procèdent Kepler et Galilée, qui trouve son accomplissement lorsque Newton reconnaît l'identité de cette force présente aussi bien dans la chute d'une pomme que dans la révolution des étoiles. L'univers devient de part en part une seule et même nature et le fondement de l'explication des phénomènes n'est que le principe de la mécanique.

La déspiritualisation mécanique de la nature est grosse de deux autres conséquences : 1) la séparation qualitative de l'homme et de la nature, voire la différence fondamentale entre le dehors et le dedans, entre ici et là-bas qui deviennent deux substances hétérogènes; 2) la dépréciation des qualités sensibles qui n'appartiennent plus à l'ordre des phénomènes de la nature. Le monde vidé de sa substance magique devient une étendue géométrique dont les lois sont mathématiques, et l'homme un *ego* isolé en suspens dans le monde, doublement aliéné par rapport à un Dieu qui devient un concept moral et à une nature qui se *désenchante*. Les deux moitiés de l'homme s'excluent à ce point qu'il ne peut même plus être question, par principe, d'une union entre l'esprit et le corps. La déspiritualisation mécanique de la nature correspond à la théorie dualiste du monde, à cette *brèche fondamentale* qui, opposant le monde intérieur au monde extérieur, trouve son expression philosophique dans le dualisme cartésien de la chose pensante et de la chose étendue. Quant à la dépréciation des qualités sensibles, elle a précipité la mort de la nature que déplorait William Blake : « Puisse le Seigneur nous sauver de cette vision unidimensionnelle et du sommeil newtonien[1]. »

De la littérature épicurienne et sceptique venait l'idée que les couleurs, les odeurs, les goûts, les sensations ne sont pas les qualités réelles des choses, mais leurs signaux dans notre esprit. Vives, Montaigne, Campanella partageaient tous plus ou moins ce point de vue et Hobbes, Galilée et Descartes renouvelaient la doctrine démocritienne « selon laquelle aux différences qualitatives des perceptions correspondaient dans la nature des choses *(in natura rerum)* des différences quantitatives, de sorte que celles-là étaient les modes de représentation mentales de celles-ci[2] ». Pour Descartes, toute qualité sensible se confond avec les représentations obscures et confuses, alors que la conception des déterminations quantitatives du monde extérieur, en raison de leur caractère mathématique, est la seule représentation « claire et distincte ». Descartes établit une distinction nette entre ce qui est clairement conçu et ce qui est confusément senti. Seules les idées claires et distinctes existent pour lui et il refuse aux qualités sensibles toute objectivité. Les sensations ont valeur de signaux; elles nous révèlent confusément ce qui est nuisible ou utile, mais ne sont pas à proprement parler des connaissances, dans la mesure où elles sont relatives au sujet qui les ressent. Ce qu'il y a de coloré dans la couleur, de sonore dans le son, n'est donné qu'à la conscience : dans une lettre à Élisabeth, Descartes écrit : « elles ne sont que des perceptions confuses fruits de ce mélange du corps et de l'esprit qui constitue notre être temporel[3] ».

Ainsi toute connaissance équivaut à distinguer clairement l'essence mathématique des choses, qui apparaît mélangée aux éléments qualitatifs de l'imagination; et cette essence n'est autre que leur nature géométrique comme la forme, la grandeur, la position et le mouvement. Idée que reprend

1. *« May God keep us from single vision and Newton's sleep. »*
2. Windelband, *op. cit.*
3. Descartes : *Œuvres*, Pléiade, p. 458.

John Locke lorsqu'il distingue entre qualités primaires et qualités secondes : les premières sont les qualités inhérentes au corps en tant que telles et les secondes sont celles qui appartiennent à ce corps en vertu de leur action sur les sens. De même, l'idée cartésienne selon laquelle l'ordre corporel physique ne coïncide qu'avec l'ordre mathématique, est reprise par Hobbes dans son *Leviathan* en termes nominalistes : l'espace *(phantasma rei extensis)* et le temps *(phantasma motus)* sont des représentations mentales; et c'est parce que nous pouvons les construire que la théorie mathématique a l'avantage d'être la seule science rationnelle.

Ainsi, la pensée scientifique ne consiste que dans la combinaison des signaux. Ceux-ci sont tantôt involontaires et inconscients dans les perceptions, tantôt volontaires et clairs dans les mots : ce n'est qu'à travers ces derniers que les principes et concepts généraux sont possibles. Notre pensée est une faculté calculatrice des signaux verbaux. Sa vérité se trouve en elle-même : la pensée reste complètement hétérogène au monde extérieur auquel elle se rapporte.

C. UNE CAUSE SANS SUBSTANCE

C'est Galilée qui fut le fondateur de la causalité mécanique. Selon Husserl, Galilée, dans le regard qu'il dirige sur le monde à partir de la géométrie (à partir de ce qui apparaît comme mathématisable), fait abstraction des sujets en tant que personnes : de cette abstraction résulte l'idée d'un « monde-des-corps réellement séparé et fermé sur soi [1] ». Ce fait associé à la mathématisation produit une causalité naturelle close sur elle-même, dans laquelle tout « événement reçoit une détermination univoque et unie ». Le dualisme ultérieur est déjà implicite dans cette façon de voir le monde. Car celui-ci se scinde en deux : un monde corporel et un « monde-du-psychologique [2] ». Si donc le monde doit

1. Edmund Husserl : *la Crise des sciences européennes et phénoménologie transcendantale,* Gallimard, Paris, 1976, trad. P. Gérard Granel, p. 69.
2. *Ibid.*, p. 70.

être en soi un monde rationnel régi par les lois mathématiques, corrélativement la philosophie « doit être édifiée, en tant que théorie rationnelle, unifiée *more geometrico* [1] ». Pourtant Galilée reste, selon Husserl, un *« découvrant »* et *« recouvrant »* à la fois : s'il inaugure l'ère de la mathématisation de la nature, le phénomène d'anticipation incluse dans toute validité naïve du monde lui échappe, de sorte qu'il ne met jamais en question ces « vêtements d'idées » qui venaient se substituer au monde de la vie et de l'« effectivement-éprouvé ». Et c'est précisément « ce vêtement d'idées qui fait que le *sens authentique de la méthode, des formules, des théories* est resté *incompréhensible* et que, dans la naïveté de la méthode à sa naissance il ne fut *jamais* compris [2] ».

Si donc le principe de la mécanique avait dépouillé le monde de toute direction téléologique, le principe de la cause-substance n'en souffrit pas moins puisque, soustrait à tout contenu substantiel, il fut réduit aux lois du mouvement. La cause qui dans la perspective platonico-aristotélicienne se présentait comme *aitia*, c'est-à-dire comme substance dont les effets sont les activités, se modifiait avec Galilée pour devenir un changement d'état, voire les mouvements de substance elle-même et non plus l'être même de la substance. En effet, Galilée cherchait le processus simple du mouvement susceptible d'être déterminé mathématiquement. Le rapport entre l'impact et le contre-impact, le passage du mouvement d'un corpuscule à l'autre, régissent la nature réelle du rapport causal. « A l'égalité mathématique du rapport causal correspond sur le plan de la philosophie, l'égalité métaphysique [3]. » Autant de mouvement dans la cause, autant de mouvement dans l'effet – la somme du mouvement dans la nature demeurant égale. Ce qu'un corps perd en mouvement, l'autre le gagne. Dieu ayant donné, comme le dit Pascal critiquant Descartes, une « chiquenaude à l'univers », s'en est ensuite retiré, d'où l'affirmation de Descartes : « il me semble qu'il est évident qu'il n'y en a (cause) point

1. *Ibid.*, p. 71.
2. *Ibid.*, p. 60.
3. Windelband, *op. cit.*, p. 353.

d'autre que Dieu qui, de sa toute-puissance, a créé la matière avec le mouvement et le repos et qui conserve maintenant, par son concours ordinaire, autant de mouvement et de repos qu'il y a mis en le créant [1] ». D'autre part, tout s'accomplit par les lois du mouvement : l'étendue ayant pour propriétés la divisibilité, la figurabilité, la mobilité, toute division est mouvement de séparation comme toute figurabilité est séparation et union à la fois. « Car j'avoue franchement, ajoute Descartes, que je ne connais point d'autre matière des choses corporelles que celle qui peut être divisée, figurée et mue en toutes sortes de façons, c'est-à-dire celle que les géomètres nomment la quantité et qu'ils prennent pour l'objet de leurs démonstrations; que je ne considère en cette matière que ses divisions, ses figures et ses mouvements; et enfin que, touchant cela, je ne veux rien recevoir pour vrai, sinon ce qui en serait déduit avec tant d'évidence qu'il pourrait tenir lieu d'une démonstration mathématique [2]. »

Mais cette causalité strictement mécanique s'applique aussi aux animaux, « automates » dont les mouvements sont déterminés par le mécanisme du système nerveux : le mouvement n'a pas sa source dans les corps qui sont dépourvus de toute spontanéité intrinsèque; l'âme leur fait absolument défaut; ils ne se meuvent pas mais sont mus par des impulsions extérieures, elles-mêmes mues par d'autres encore, suivant une chaîne causale aboutissant à la « chiquenaude » donnée par Dieu lui-même à la création. La matière n'ayant par conséquent aucune activité spontanée, le monde ne connaît que la loi de la nécessité : animées originellement par une impulsion rectiligne (sans tendance à *remonter* vers quoi que ce soit), les parties de la matière éclatent en tourbillons, forment les étoiles, puis les corps célestes. La science du monde se réduit à un problème de mécanique.

D'autre part, il ne saurait y avoir dans l'univers d'étendue sans corps, c'est-à-dire d'espace vide, ni de corps sans étendue, c'est-à-dire d'atomes. Le monde est illimité, le corps n'a point de centre, sa forme est excentrique et son mouvement centrifuge, car le point est un point mathématique

1. *Principe II*, 36.
2. *Principe II*, 64.

et non ce « centre invisible » de la théophanie du néant dont nous parlions au chapitre I. Quant à l'utilité de la connaissance, l'homme, en découvrant les lois du mouvement, peut devenir le « maître et possesseur de la nature ». Commentant cette représentation de la nature en tant que *res extensa*, Heidegger écrit : « Si unilatérale et sous maint rapport insuffisante que puisse être l'interprétation de la " nature " en tant que *res extensa*, cependant repensée relativement à son contenu métaphysique et mesurée selon la portée de son projet métaphysique, elle constitue pour la première fois cette résolue démarche en vertu de laquelle deviennent possibles la technique moderne de l'énergie mécanique et avec elle métaphysiquement parlant le monde nouveau de son humanité [1]... »

Ainsi, en séparant complètement le monde extérieur du monde intérieur, la pensée moderne rendait impossible toute relation sympathique entre le microcosme et le macrocosme. En rabattant la structure hiérarchique des univers superposés (se refléchissant les uns sur les autres comme des miroirs) au niveau plat de l'étendue géométrique, elle obstruait toute possibilité d'herméneutique ascendante permettant la reconduite de l'extérieur à l'intérieur, de l'exotérique à l'ésotérique – de sorte que s'évanouissaient les richesses du monde de l'âme, et que la faculté noétique de l'imagination active devenait l'organe obscur sécrétant le fictif, les phantasmes et les idées confuses. En dépréciant les qualités sensibles et en les réduisant aux modes subjectifs de la perception, la pensée moderne infirmait toutes ces correspondances occultes qui, grâce aux homologies s'étendant aux sons, aux couleurs, aux formes, englobaient toutes les triades relatives à l'épistémologie, à la mythologie, à la cosmologie, dans une vision totalisante de l'Être. En extirpant la finalité eschatologique et en transformant la causalité en lois du mouvement, elle rendait impossible toute remontée aux sources comme toute descente vers le bas, voire tout rapport entre Dieu et monde. En faisant enfin de la pensée une faculté calculatrice distinguant les choses en vertu des

1. Martin Heidegger : *Nietzsche*, vol. II, Gallimard, Paris, 1971, p. 133. Trad. Pierre Klossowski.

critères de clarté et de distinction, elle éliminait toute possibilité d'une connaissance illuminative et gnostique.

D. LE DUALISME MÉTAPHYSIQUE

Le problème majeur de la pensée après Descartes est le suivant : comment concilier le corps et l'esprit, comment établir un contact épistémologique ou psychologique entre deux entités radicalement opposées? Comment combler, en d'autres termes, le vide qu'a creusé le dualisme cartésien dans l'ensemble organique de la nature? C'est sur ce point que convergent les efforts des penseurs. Les occasionnalistes comme Geulincx et Malebranche, s'inspirant de maintes interférences divines implicites dans la pensée de Descartes, arriveront à considérer Dieu comme le sujet réel de tous les mouvements. Spinoza, étendant les deux attributs cartésiens à la substance unique de la divinité, conclut à leur parallélisme et à leur correspondance – de sorte que Dieu, étant l'unique fond de leur essence, existe tantôt comme étendue, tantôt comme conscience, et que leur lien étant régi par un rapport logico-mathématique, le monde découle nécessairement de Dieu comme une conséquence de sa cause. Leibniz, dépassant et la thèse de la dépendance mécanique et celle du rapport logico-mathématique, réintroduit la téléologie et la finalité, aboutit à la thèse de l'« harmonie préétablie » et fait de l'essence du corps non plus l'étendue mais la force, la *monade.* En somme, la prise en compte de deux entités totalement séparées – un *ego* s'opposant à un *non-ego* – crée une oscillation continuelle entre ces deux pôles antithétiques et les solutions respectives sont, soit la primauté de l'idée donc l'idéalisme, soit la prépondérance de la matière donc le matérialisme. « Les philosophes occidentaux, écrit Alquié, peuvent se classer en deux groupes, ceux qui " coupent " la vision des choses en deux, et ceux qui " recollent ", l'on peut ajouter que le philosophe occidental ne " recolle " que pour couper ailleurs... [1] »

Ces différentes variations sur un thème controversé trou-

1. Cité par Gilbert Durant : *Science de l'homme et Tradition,* Paris, 1975, p. 32.

vèrent cependant une conclusion synthétique dans l'œuvre de Leibniz : « seul l'inventeur du calcul infinitésimal qui avait tout autant de compréhension pour Platon et Aristote que pour Descartes et Spinoza, qui connaissait et respectait tout autant saint Thomas et Duns Scot que Bacon et Hobbes, seul lui pouvait être le créateur de l'harmonie préétablie [1] ». Toute la philosophie de Leibniz a pour but de substituer aux « corpuscules » des entéléchies et d'intégrer dans le système mécanique le concept grec des causes *(aitia) :* comprendre le mécanisme grâce auquel le contenu vivant du monde se réalise. C'est pourquoi Leibniz ne peut plus définir la cause par un Dieu indifférent, ni Dieu par l'*ens perfectissimum* ni la substance par l'attribut immuable de l'être, de même qu'il ne peut déterminer leurs états par le seul moyen des modifications indéfinies des attributs ontologiques : le processus cosmique lui apparaît comme une activité, les substances deviennent des forces agissantes et Dieu lui-même y assume une puissance créatrice. L'essence du corps ne consiste ni dans l'étendue ni dans sa masse, mais dans sa capacité d'agir, dans sa *force.* La substance est, par conséquent, immatérielle et supra-sensible. L'étendue n'est pas identifiable au corps comme chez Descartes, elle n'est pas une présupposition comme chez Newton, mais un produit-force *(Kraftprodukt)* [2], un ordre de *co-existence,* c'est-à-dire pas une réalité absolue mais un *ens mentale.* Il s'en déduit que, si la connaissance claire et distincte conçoit le corps en tant que force, la connaissance obscure et confuse le conçoit comme structure spatiale. Les lois qui se rapportent aux apparences spatiales ne sont ni rationnelles ni géométriques, mais des réalités contingentes. Leur fondement n'est plus la nécessité logique, mais leur finalité. Ce sont des « lois de convenances » qui s'enracinent dans les « choix de la sagesse ». Et si Dieu les a choisies, c'est parce qu'elles conviennent à ses fins.

1. Windelband, *op. cit.,* p. 361.
2. *Ibid.*

E. REPRÉSENTATION ET OBJECTIVITÉ

Avec Leibniz le principe de raison *(principium rationis)* qui, dans l'acte du *cogito* cartésien, obtenait l'évidence d'une certitude et était la lumière naturelle fondant toute la vérité, devient le principe de raison suffisante. La vérité est la concordance de la chose avec l'intellect *(adequatio rei et intellectus)*, et ses critères sont la clarté, c'est-à-dire l'évidence et la distinction. Leibniz intègre les critères cartésiens de la vérité dans un système métaphysique. Dépassant la causalité mécanique, il réintroduit une vision téléologique et identifie la substance à la force, ajoutant que les substances sont des *monades,* c'est-à-dire des points métaphysiques, des atomes de l'univers. Les monades sont sans fenêtres, partant impénétrables. Ce sont des corps simples, sans parties [1]. Chaque monade étant identique au tout est le miroir qui représente tout l'univers [2], de sorte que cette « liaison ou cet accommodement de toutes les choses créées à chacune et chacune à toutes les autres, fait que chaque substance simple a des rapports qui expriment tous les autres et qu'elle est par conséquent un miroir vivant perpétuel de l'univers [3] ». Les états des monades sont des représentations; l'impulsion qui les meut est l'appétition, c'est-à-dire la tendance à passer d'un état à l'autre. Entre les formes les plus passives des représentations inconscientes (petites perceptions) et les formes actives de la perception des idées claires et distinctes, se développe la hiérarchie des états intermédiaires. Sur la ligne qui conduit d'un état à l'autre, chaque monade est un point différent et, par suite, un point de vue différent. Or, il y a une infinité de points de vue, d'où il suit que la différence entre deux monades est contiguë et insensible. Les monades constituent, selon la loi de la continuité – *natura non facit saltum* –, un grand système de développement qui va des monades les plus simples jusqu'à Dieu qui est la monade

1. *Monadologie,* 1-10.
2. *Ibid.,* 62.
3. *Ibid.,* 56.

centrale. Ainsi le principe de parallélisme et de correspondance de Spinoza s'étend, grâce à l'harmonie préétablie, à toutes les substances, et le fond commun de celles-ci reste Dieu lui-même qui créa toutes les substances finies, donna à chacune d'elles son propre contenu, selon son niveau particulier de représentation, et les arrangea de telle façon qu'elles s'harmonisent les unes avec les autres.

Leibniz est sans doute le seul métaphysicien de l'époque qui ait eu une telle vision organique du monde. Il est le premier qui ait dépassé le dualisme cartésien en lui substituant une unité dans la diversité, mais il n'en tira pas pour autant les conséquences d'une science herméneutique. Parce que, d'une part, il accepta les critères cartésiens de la vérité – voire les notions de clarté et de distinction –, et que, d'autre part, il fut l'énonciateur du principe de raison suffisante en tant que principe fondant toute vérité. Mais Leibniz, en appliquant l'idée de représentation incluse dans le concept de la raison fondatrice de Descartes à toutes les substances de l'univers, les dotait aussi de l'*efficacité* – de sorte que la substance apparaissait dans l'unité « de la perception et de l'appétition ». C'est en ce sens, nous dit Heidegger, qu'à partir de Leibniz « la métaphysique de la subjectivité connaît son début décisif[1] ». C'est dire que dans la réinterprétation leibnizienne de l'*energeia* d'Aristote dans le sens de la subjectivité moderne, une « filière historiale[2] » se dégage qui nous montre le rapport secret (d'essence historiale) entre l'*energeia* et la volonté de puissance chez Nietzsche. Reste, selon Heidegger, que deux mille trois cents ans s'écoulèrent avant que la pensée européenne réussisse à découvrir et à poser ce principe simple qu'est le principe de raison – principe découlant lui-même du *cogito* cartésien en tant que « représenté-ité par et pour le sujet ». Cette longue période d'incubation prépara l'épanouissement de la nouvelle vision du monde où le fond *(Grund)* de l'Être, grâce à la double négation de ce principe (*rien* n'est *sans* raison), se pose comme l'objectivité de l'objet dans l'acte de représentation et où le *subjectum* du sujet devient le fond consti-

1. M. Heidegger, *op. cit.*, p. 188.
2. *Ibid.*

tuant cette même représentation. Mais qu'est-ce alors que le principe de raison suffisante?

Dans le *Principe de raison,* Heidegger écrit : « La connaissance passe pour un mode de représentation et la représentation est présentation, pose de quelque chose devant nous. C'est dans et par cette pose que quelque chose que nous rencontrons arrive à tenir debout, à prendre consistance. Cette chose rencontrée qui est amenée à tenir debout dans la représentation est l'objet *(Gegenstand).* Pour Leibniz et pour toute la pensée moderne, le mode d'être de l'étant réside dans l'objectivité des objets *(die Gegenständigkeit der Gegenstände)* [1]. » Mais le principe de raison est aussi *« principium reddendae rationis »,* principe de raison qui doit être rendue, ce qui veut dire que l'acte représentatif, s'il doit être connaissant, apporte à la représentation la raison de la chose rencontrée, c'est-à-dire qu'il la lui rend. Dans la représentation qui connaît, la raison est apportée au moi connaissant [2]. En d'autres termes « quelque chose n'est légitimé comme étant, que s'il est énoncé dans une proposition qui satisfasse au principe de raison, entendu comme principe de fondation *(der Grundsatz der Begründung)* [3] ».

Face à cette genèse de la pensée moderne, qu'en est-il des grandes structures de l'esprit traditionnel? L'Être se réduit-il pour la pensée indienne, chinoise ou islamique, à une objectivité de l'objet? Le monde est-il un réseau abstrait de lois mathématiques? Dieu n'est-il qu'une catégorie impérative de la raison pratique? Ou l'évidence intuitive du *cogito,* donc des idées claires et distinctes? L'homme est-il un *homo faber,* un *homo economicus,* un homme générique ou un *animal laborans?* Qu'est-ce qui fonde la vérité du monde et l'*humanitas* de l'homme?

Ces civilisations n'ont jamais eu de science au sens occidental du terme parce qu'elles n'ont jamais sécularisé le monde, parce qu'elles n'ont pas réussi à déspiritualiser la

1. Martin Heidegger : *Der Satz vom Grund,* Tübingen, 1971, p. 46. Trad. française par André Préau : *le Principe de raison,* Gallimard, Paris, 1962, p. 81.
2. *Ibid.,* p. 45, trad., p. 79.
3. *Ibid.,* p. 47, trad., p. 82.

nature. En outre elles n'ont pas eu de philosophie de l'histoire parce que, pour elles, l'Être ne s'est jamais réduit à une *activité*, à un *processus*. L'apparition du monde a toujours été, dans leur perspective, une éclosion spontanée dont le fond restait sans fondement, voire cette idée de la *lumière noire* dans la gnose spéculative de l'Islam, cet *Œuf d'or (hiraṇyagarbha)* qu'on voit s'épanouir sur les eaux primordiales de la cosmogonie en Inde, ou encore ce lotus qui jaillit du nombril de Viṣṇu à l'aurore d'un nouveau monde, lorsque celui-ci imagine les cycles à venir.

L'Être n'est pas une activité, un devenir, une volonté de puissance, mais un jeu désintéressé qui trouve sa fin dans sa gratuité même. Le monde est un jeu *(lîla)*, un jeu qui par l'office de la *mâyâ* (l'illusion cosmique), surimpose le non-réel à Brahman comme le serpent se fait passer pour la corde. Le monde n'est pas l'objectivité de l'objet et la connaissance n'est pas que représentation. Il n'est pas non plus un réseau abstrait de lois mathématiques, mais une *co-vision* entre Dieu et l'homme. L'homme voit Dieu avec le même œil que Dieu le voit et cette *co-vision* est l'espace où éclôt la présence des deux. « Je n'ai rien vu que je n'aie vu Dieu auparavant », disent les mystiques de l'Islam. C'est l'évidence de la présence du divin lui-même qui fonde la réalité des choses et non l'évidence du *cogito* ou le principe de raison suffisante. La vérité n'est pas une concordance entre la chose et l'intellect ou l'accomplissement de l'esprit à la fin de son mouvement dialectique, mais un dévoilement, une herméneutique, une ouverture au divin qui tout en se dévoilant s'occulte. Ainsi, dans l'*Advaita*, au jeu de la *mâyâ* qui surimpose le monde à Brahman, correspond le dévoilement, c'est-à-dire la *dé-surimposition* de celui qui discrimine *(viveka)* le réel du non-réel. Toute connaissance est valable, disent les Védantins, tant qu'elle n'a pas été contredite. La connaissance rationnelle est légitimée tant que le dévoilement n'en a pas infirmé la validité. Ce n'est pas la raison qui fonde la réalité, quoiqu'elle ait aussi sa raison d'être dans l'acte représentatif de la pensée, mais la *dé-surimposition* qui fait en sorte que l'homme reste ouvert au jeu du monde. Et cette ouverture, il ne peut l'acquérir que s'il a dépassé le niveau représentatif qui oppose subjectivité et objectivité.

Il est intéressant de noter que la philosophie moderne commence par ce que je n'oserai appeler la *dé-mémorisation* de l'homme et qu'elle aboutit à la sécularisation totale du *kosmos* [1]. En s'attaquant aux « idoles mentales » *(idolae mentis)*, Bacon veut substituer à la mémoire collective de l'homme une connaissance pratique orientée vers les fins utiles, une connaissance qui sera *the proficience and advancement of learning* par l'induction. Mais ces *idolae mentis* étaient précisément ce qui constituait la tradition immémoriale de l'homme de même que sa généalogie – j'entends cette filiation spirituelle qui nous rapproche de l'origine et demeure « ce rapport à la source comme l'est d'un bout à l'autre de son cours le fleuve ». C'est ce manque de mémoire que reprochait à Solon le grand prêtre égyptien dans le *Timée* 22a. de Platon : « Solon, Solon, vous autres Grecs, vous êtes perpétuellement enfants, vieux pas un Grec ne l'est. »

Bacon veut réduire l'Esprit à une *tabula rasa*, opération dont se réclame également Patañjali, le fameux compilateur des *Yoga-Sûtra* (recueil fondamental sur le Yoga), lorsqu'il définit le yoga comme *cittavṛttinirodha* [2], c'est-à-dire comme « la suppression de toutes les opérations psycho-mentales ». Mais alors que, pour le premier, cette réduction a pour but de substituer à la pensée mytho-poétique une pensée orientée uniquement vers les phénomènes naturels, pour Patañjali elle consiste à purifier la pensée et à la rendre limpide comme un joyau afin qu'elle reflète la pure lumière de l'esprit *(puruṣa)*. Voilà qui met en lumière une différence fondamentale entre deux mondes qui n'ont ni le même langage ni les mêmes points de référence, et qui montre aussi à quel point, même à l'heure actuelle, lorsque nous pensons dire les mêmes choses, nous n'en reproduisons, trop souvent hélas, que les simagrées, de sorte que nous trouvons des identités là où il n'y a au fond que différences d'optique.

1. Karl Löwith : *Gott, Mensch und Welt in der Metaphysik von Descartes bis zu Nietzsche*, Vandenhoeck, Ruprecht, Göttingen, 1967, pp. 83-88.
2. *Yoga-Sûtra*, I, 2.

F. LES TROIS CHOCS COSMOLOGIQUE, BIOLOGIQUE ET PSYCHOLOGIQUE

Si la brèche fondamentale fut selon Jung un « retrait des projections » ou la destruction des grandes structures de l'esprit traditionnel, il fut aussi pour Freud un « choc cosmologique », c'est-à-dire dans le langage de la psychanalyse une « destruction de cette illusion narcissique [1] » de l'homme.

L'homme n'avait plus de position centrale et stable dans le monde parce que le monde n'était plus lui-même quelque chose de stable, mais un processus historico-spirituel dans le contexte de la philosophie de Hegel, naturel et biologique avec Darwin et Spencer, socio-économique avec Marx. En d'autres termes, l'horizon de l'homme, au lieu de s'ouvrir verticalement vers les sphères célestes, vers les « en-haut » d'où descendaient les messages divins, se heurtait à présent au plan horizontal d'un processus linéaire. La révolution copernicienne avait chassé l'homme de son foyer, le « choc biologique [2] » eut, au dire de Freud, des conséquences plus traumatisantes encore. Car dans son développement, l'homme était arrivé à une position dominante vis-à-vis d'autres règnes de la nature; mais, non content de cette suprématie, il en vint à poser « un gouffre entre sa nature et la leur ». L'homme réalisa que sa généalogie ne remontait plus aux prophètes et aux dieux des temps premiers, mais qu'il descendait des singes anthropoïdes; et que le fondement du monde n'était plus la lumière naturelle de la raison mais une nature aveugle opérant par sélection du plus apte. Enfin, avec le « choc psychologique », il se rendit compte que non seulement son « ego n'était plus maître dans sa propre maison [3] », mais qu'il reposait sur un océan de forces inconscientes et irrationnelles; et que ce qu'il avait coutume d'appeler histoire n'était rien d'autre que la scène tragique où s'affrontaient des instincts irréconciliables. Quant à cette

1. S. Freud : « One of the Difficulties of Psychoanalysis » in : *Character and Culture*, with an Introduction by Philip Rieff, Collier Books, New York, 1963, p. 185.
2. *Ibid.*
3. *Ibid.*, p. 189.

civilisation dont il était si fier, elle n'était qu'un édifice fragile reposant sur le principe de renoncement aux pulsions instinctives, c'est-à-dire capable d'exploser à la première occasion, chose qui arriva avec deux guerres mondiales et qui continue d'exploser de nos jours.

Se mouvant dans un monde en devenir, la science de l'homme n'était plus une science de la totalité – qui avait disparu en une poussière de connaissances nouvelles – ni une science de l'homme – confondu avec les comportements bizarres de l'*homo faber* et de l'*homo economicus* –, mais une science morcelée en domaines, chacun spécialisé dans l'étude d'un aspect de l'étant. Il n'y avait plus une science « essentielle » puisque l'Essence n'avait plus de sens, mais une science des phénomènes, des accidents; et derrière les choses il y avait l'opacité impénétrable d'un être fermé à tout regard : un mur de béton. Plus les sciences se développaient, plus s'obscurcissaient du même coup les arrière-plans abritant l'espace ouvert du monde. Derrière les phénomènes ne restaient visibles que deux concepts hypostasiés en divinités : *Nature* et *Histoire*. Toutes deux agissant par processus et dialectique, de sorte que la nature était tout aussi historique que l'histoire était naturelle.

Mais ces trois chocs furent précédés par un autre ébranlement plus ancien qui trouva son expression au Moyen Age dans la fameuse doctrine de la *double vérité*, elle-même issue de l'influence du philosophe arabe Ibn Roshd, originaire d'Andalousie. C'est lui qui fut indirectement responsable de ce rationalisme qui, bien avant la révolution copernicienne, avait provoqué ces scissions qui devaient aboutir comme nous allons le voir à l'averroïsme politique de Jean de Jandun et de Marsile de Padoue.

2. La double vérité

Dans son petit livre écrit en anglais, *Reason and Revelation in Middle Ages*, Étienne Gilson traite des trois grands thèmes qui ont préoccupé le Moyen Age. Il y eut ceux qui crurent à la primauté de la foi, ceux qui prônèrent l'autorité de la raison, et ceux qui essayèrent de les raccorder ensemble.

Au premier groupe appartiennent les familles des tertulliniens et des augustiniens, au deuxième groupe celle des averroïstes latins, et au troisième groupe enfin celle des thomistes.

Les tertulliniens (de Tertullien, né en 160), furent anti-philosophiques pour ne pas dire anti-rationalistes. Ils sont ceux-là qui, s'appuyant sur les paroles mêmes de saint Paul, s'engagèrent dans une attitude d'opposition radicale envers les philosophes. On en reconnaît les traits tout au long de la pensée médiévale : attitude hostile à l'égard de la pensée grecque, acceptation aveugle des articles de la foi « sans prétendre y faire un choix », encore moins les juger ou les exposer à l'examen critique de la raison, dénonciation virulente de la philosophie dont l'influence pernicieuse est censée être à l'œuvre dans tout mouvement hérétique... Bref, ils se caractérisent par le fanatisme et l'obscurantisme. Heureusement, au sein de cette même lignée, un autre groupe se dégagea qui, s'inspirant également des Évangiles, aboutit à d'autres conclusions. Le représentant le plus parfait de ce groupe fut saint Augustin; c'est pourquoi, dit Gilson, on peut appeler les membres de ce groupe la famille augustinienne. Pour eux la voie la plus sûre pour atteindre Dieu n'est pas celle qui, procédant de la raison, aboutit à la foi, mais au contraire celle dont le point de départ est la foi. Celle qui part de la révélation pour arriver à la raison : cette attitude trouvera sa forme définitive dans la fameuse devise de saint Anselme : *credo ut intelligam* (je crois pour comprendre).

Tous les membres de cette famille, précise Gilson, se ressemblent en vertu de ce principe qu'ils partagent; cependant, s'ils jouissent de la même foi, ils n'utilisent pas de la même façon leur raison. La foi que partagèrent les augustiniens du IVe siècle reste pour l'essentiel identique à celle de saint Anselme au XIe siècle, de saint Bonaventure au XIIe et de Malebranche au XVIIe [1]; mais l'usage qu'ils ont fait de leur raison n'a cessé de varier au long des âges, ce qui explique qu'ils soient restés à l'abri des vicissitudes du temps.

Le second groupe, ou famille des Averroïstes latins, se

1. Étienne Gilson : *Reason and Revelation in the Middle Ages,* Charles Scribner's Sons. New York, 1966, pp. 21-22.

rapporte à l'influence du philosophe arabe originaire d'Andalousie Ibn Roshd, connu sous la forme latinisée d'Averroës. C'est lui qui fut indirectement responsable de ce rationalisme qui, bien avant la révolution copernicienne et la mathématisation galiléenne du monde, prépara le terrain aux fameuses cassures entre foi et connaissance, religion et philosophie. Gilson écrit à son propos : « L'un des efforts les plus originaux tentés par Averroës est celui qu'il fit pour déterminer avec précision les rapports de la philosophie et de la religion. Il constatait la présence d'un grand nombre de sectes philosophiques et théologiques en lutte les unes contre les autres, et dont l'existence même était un danger permanent aussi bien pour la philosophie que pour la religion (...) Averroës attribua tout le mal à ce que l'on autorisait l'accès de la philosophie à des esprits incapables de la comprendre; il voit le remède dans une exacte définition des divers degrés possibles de l'intelligence des textes coraniques, et dans l'interdiction signifiée à chaque esprit de dépasser le degré qui lui convient. Le Coran en effet est la vérité même, puisqu'il résulte d'un miracle de Dieu, mais comme il est destiné à la totalité des hommes, il doit contenir de quoi satisfaire et convaincre tous les esprits. Or il y a trois catégories d'esprits, et trois espèces d'hommes correspondantes [1]. »

1. Il y a les hommes de démonstration qui vérifient la concordance de la Loi et de la Raison, de la religion et de la philosophie, c'est-à-dire la réunion entre ce qu'exige la raison et ce que veut la tradition *(al-jam' bayn al-ma'qûl wa al-manqûl)*. Mais tous les hommes ne sont pas capables de preuve démonstrative, certains ne donnent leur assentiment *(tasdîq)* qu'aux discours dialectiques *(al-aqâwîl al-jadaliyya)*, d'autres qu'aux discours rhétoriques *(khitâbiyya)*; d'où il découle qu'il y a :

2. Une deuxième catégorie qui ne se satisfait que des arguments dialectiques et :

3. Une catégorie d'hommes ordinaires – le commun des mortels – qui se satisfait des arguments rhétoriques faisant appel à l'imagination et aux passions.

1. Étienne Gilson : *la Philosophie au Moyen Age*, Payot, Paris, 1962, pp. 358-359.

On ne doit par conséquent enseigner à la majorité des hommes que les méthodes générales révélées par le Qorân; quant à la méthode démonstrative, elle est l'apanage des savants et des philosophes. Ainsi la concordance de la raison *(ma'qûl)* et de la tradition *(manqûl)* n'est pas celle de deux formations contradictoires, mais celle de deux types différents de représentation de la vérité. Là où le Qorân n'emploie pas la démonstration, ou bien il est en accord avec la conclusion du syllogisme et il n'y a donc pas de difficulté, ou bien il est en désaccord apparent et il faut faire une interprétation *(ta'wîl)* [1] du sens littéral au sens figuré *(majâzî)* selon l'usage de la langue arabe. Il s'ensuit qu'un esprit ne doit jamais s'élever au-dessus du niveau d'interprétation qui lui convient; qu'on doit respecter la situation du vulgaire et ne rien lui révéler de ce qui est réservé aux ordres supérieurs, et qu'il y a finalement trois sortes d'interprétation d'une vérité unique destinée à tous : les trois classifications d'Averroës formaient une hiérarchie ayant au sommet la philosophie en tant que science de la vérité absolue, la théologie comme domaine de l'interprétation dialectique, et en bas de l'échelle la foi comme forme exotérique de la religion; toutes trois étant les interprétations d'un même phénomène : le Livre Saint.

Bien qu'Averroës eût, en éliminant l'espace « imaginal » des *animae caelestes* (âmes motrices des sphères) tel que le préconisait Avicenne, préparé le terrain pour les séparations ultérieures entre foi et connaissance, le philosophe Cordovan n'affirma jamais explicitement que deux conclusions contradictoires pouvaient être simultanément vraies, l'une pour la raison et la philosophie et l'autre pour la foi et la théologie. Mais ce qui de prime abord était les deux niveaux d'une même vérité devint, grâce à l'œuvre des Maîtres des Arts à l'Université de Paris (c'est-à-dire les averroïstes latins des XIIIe et XIVe siècles), deux vérités en rapport avec deux domaines distincts, séparés l'un de l'autre par tout l'antagonisme qui opposera plus tard le corps et l'esprit dans le dualisme métaphysique des temps modernes. Et cette *double*

1. R. Arnaldez : Ibn Rushd in *Encyclopédie de l'Islam,* Layde E. J. Brill & G. P. Maisonneuve, Paris, 1975, p. 936.

vérité était elle-même l'expression d'une tension à l'intérieur de la pensée occidentale, à savoir qu'une vérité peut être théologiquement vraie et non vraie philosophiquement (et vice versa). Cette tension exprimait un antagonisme qui opposa dès l'origine les deux sources d'autorité sous l'égide desquelles devaient s'épanouir la science et la philosophie au Moyen Age : la science hellénique et la tradition judéo-chrétienne.

Ainsi que le remarque H. Plessner : « Les deux traditions – la pensée ontologico-causale grecque et la pensée judéo-chrétienne axée sur la foi – sont restées l'une par rapport à l'autre, en dépit de l'amalgame auquel elles parvinrent très tôt, dans une tension irréconciliable. Car le concept ontologique et le concept nihiliste-créateur – la pensée d'une immanence cosmique et celle d'une transcendance par la grâce – sont incompatibles malgré toutes les réconciliations relatives tentées dans le développement de la théologie chrétienne. Cette incompatibilité constitue l'inquiétude créatrice *(die schöpferische Unruhe)* de l'esprit occidental, son impulsion motrice, le germe de son penchant à formuler ouvertement les problèmes, c'est-à-dire son penchant aux Lumières et son inclination à poser librement la recherche scientifique. La découverte d'une nature et d'une histoire affranchies de Dieu et de toute révélation divine est la fin ultime de son travail et ce qui s'en dégage toujours à nouveau, c'est que toute mise en problème radical est exposée au danger du nihilisme, c'est-à-dire à la puissance non réconciliée, non interprétée et irrémédiable du négatif [1]. »

Cette *tension* évoquée par H. Plessner trouve son expression au Moyen Age dans l'averroïsme latin, notamment dans l'œuvre de Jean de Jandun et Marsile de Padoue. Car, nous apprend Gilson, parmi les membres des averroïstes latins, il faut distinguer les croyants sincères [2] pour qui la révélation chrétienne n'était pas seulement la vérité mais la vérité suprême, ce qui les empêcha de s'identifier totalement à Averroës bien qu'ils ne parvinssent guère à réfuter ses doc-

1. H. Plessner : Uber die Beziehung der Zeit zum Tode in Mensch und Zeit, *Eranos Jahrbuch,* Zürich, 1951, pp. 360-361.
2. E. Gilson : *Reason and Faith..., op. cit.,* p. 54.

trines. Alors que leur philosophie enseignait que le monde est éternel, se mouvant perpétuellement par une nécessité intelligente indifférente à l'égard du destin de l'individu, leur foi de chrétiens les poussait à croire que le monde a été créé librement, par un Dieu dont la « providence paternelle [1] » prend soin même des êtres les plus infimes. Bref, la théologie et la philosophie conduisaient ces hommes à des conclusions inconciliables. Si bien que, pour s'en libérer, quelques-uns de ces Maîtres des Arts de l'Université de Paris en vinrent à déclarer qu'étant en charge d'enseigner la philosophie, ils se borneraient à décrire les conclusions qui découlent des principes de la raison naturelle, tout en sachant que celles-ci ne s'accordent pas toujours avec celles de la théologie, mais qu'ils n'y pouvaient rien car la raison n'a aucune commune mesure avec la foi. Cette doctrine fut appelée la *double vérité.* Les averroïstes essayèrent ainsi d'accommoder leurs croyances religieuses avec leurs convictions philosophiques en s'efforçant de garder tant bien que mal une cloison étanche entre les deux.

Estimer que les doctrines d'Averroës sont irréfutables et être en même temps convaincu que la raison la plus rigoureuse est impuissante devant la sagesse infinie de Dieu n'était pas une tâche facile : le type le plus parfait de ces averroïstes sincères fut, selon Gilson, Siger de Brabant. Mais il y eut d'autres averroïstes tout aussi convaincus qui, eux, n'éprouvèrent aucune difficulté à concilier la philosophie d'Averroës avec leur foi pour la simple raison qu'ils n'en avaient aucune. Pour ces hommes, dit Gilson, le déisme d'Averroës était la philosophie naturelle; quant à la révélation, ils la professaient en termes respectueux dans leurs enseignements, mais ne manquaient aucune occasion pour démontrer le contraire de ce qu'ils étaient censés croire. Vus du dehors, ces averroïstes disaient la même chose que le premier groupe, mais leur ton était différent; aussi, quelque prudents qu'ils aient voulu être, ils réussirent néanmoins à faire passer leur message. Le meilleur exemple de ce groupe est le Français Jean de Jandun, l'associé de Marsile de Padoue dans sa campagne contre la puissance tem-

1. *Ibid.*, p. 56.

porelle du Pape. « Avec Jean de Jandun, dit Gilson, ...adversaire politique de la papauté, et l'un des réfugiés à la cour de Louis de Bavière, nous savons, à n'en pas douter, qu'il situe la vérité du côté de la raison et qu'il se moque simplement de la foi [1]. »

Par exemple, tout en se référant à la création *ex nihilo*, il la considère incompréhensible, puisque, pour la raison, toute création doit partir d'une matière donnée – point de vue qui était d'ailleurs celui des anciens qui n'ont jamais parlé de création *ex nihilo*. « Et ce n'est pas étonnant, commente Jean de Jandun, car on ne peut ni connaître la création en partant de choses sensibles, ni la prouver à partir de notions qui s'accordent avec elles. Et c'est pourquoi les anciens, qui ont tiré toutes leurs connaissances des raisons fondées sur les choses sensibles, ne sont pas arrivés à concevoir un tel genre de production; d'autant plus que la production se produit rarement, qu'il y en a jamais eu qu'une seule, et qu'il s'est écoulé bien du temps depuis [2]. » Ailleurs il ajoute : « Je crois que cela est vrai, mais je ne sais pas le démontrer; tant mieux pour ceux qui savent [3] »; ou encore : « Je dis que Dieu peut le faire; comment, je n'en sais rien; Dieu le sait [4]... » Ainsi apparaît un lien d'ironie et d'incrédulité qui, depuis les Maîtres des Arts du XIIIe siècle de Paris et de Padoue jusqu'aux libertins des XVIIe et XVIIIe siècles, constitue la chaîne ininterrompue d'un scepticisme quasi voltairien où la foi se réduit, si tant est qu'on puisse encore parler de foi, à une incrédulité railleuse : ce que, par exemple, Fontenelle disait au XVIIe siècle dans son *Histoire des oracles* sur l'origine « mythique » de la révélation, les averroïstes latins l'avaient dit quatre siècles avant lui [5].

Les conséquences de cette double vérité furent énormes : elles impliquèrent le conflit initial entre religion et philosophie et, en dépit des efforts de synthèse de saint Thomas d'Aquin visant à accorder la raison avec la foi et à réconcilier

1. E. Gilson : *la Philosophie au Moyen Age*, *op. cit.*, p. 689.
2. Cité par E. Gilson, *ibid.*, p. 690.
3. *Ibid.*
4. *Ibid.*, p. 691.
5. E. Gilson : *Reason and Revelation*, p. 65.

le cosmocentrisme grec avec la vision théo-anthropocentrique chrétienne, cette synthèse resta précaire et s'effondra à la fin du Moyen Age. Elle fut suivie par deux mouvements parallèles : en premier lieu, la séparation progressive entre la matière et l'esprit – déjà implicite dans la séparation augustinienne du corps et de l'âme – et, en deuxième lieu, le nominalisme d'Ockham, grâce auquel la connaissance sensible devint la seule connaissance intuitive certaine tandis que les universaux, les *species intelligibiles*, n'étaient plus rien en dehors de la pensée.

A la fin du Moyen Age émergent deux lignes de développement : une pensée mystique (d'influence néo-platonicienne et en rapport avec la théologie négative) qui, prenant naissance dans Denys pseudo-Aréopagyte, aboutit au panthéisme de Bruno en passant par Jean Scot Érigène, M. Eckhart et Nicolas de Cues; et une pensée empirico-rationaliste qui débouche sur le cartésianisme en passant par Ockham et F. Bacon. Avec ce dernier, la séparation entre religion et philosophie, théorie et praxis est déjà consommée. La philosophie est une connaissance spéculative et opérative, une méthode d'investigation, voire un art d'invention *(ars invieniendi)*. Les traditions et les croyances ne sont que des « idoles mentales [1] », autant d'entraves à la vraie connaissance.

Quant aux destinées de l'averroïsme et de l'avicennisme, qui devaient se réaliser l'un en Occident l'autre en Orient, H. Corbin écrit : « Les noms d'Avicenne et d'Averroës pourraient être pris comme les symboles des destinées spirituelles respectives qui attendaient l'Orient et l'Occident, sans que la divergence de celles-ci soit imputable au seul averroïsme [2]. » Il serait sans doute intéressant de développer ces deux destinées et de voir quelles furent leurs conséquences respectives dans ces deux aires culturelles différentes; malheureusement, ceci déborde de beaucoup le cadre de cette étude. Qu'il nous suffise donc de dire que la cosmologie d'Averroës – de stricte observance péripatéticienne – parvint à détruire la seconde hiérarchie de

1. *Novum Organum*, First Book. 11.
2. *Histoire de la philosophie islamique*, Gallimard, Paris, 1964, p. 343.

l'angélologie avicennienne, notamment celle des *animae caelestes.* Et qu'avec cette élimination disparaissaient du même coup le monde de l'âme, ses symboles, la géographie visionnaire, son espace de transmutation et cette « courroie de transmission » qui assurait la continuité hiérarchique du monde – de sorte que la science de l'herméneutique dont l'objet avait pour but de dévoiler l'espace imaginal se réduisait à une pure technique d'interprétation du sens littéral au sens figuré et n'était plus l'acte gnostique de la théologie négative. Corollairement, Averroës rejeta l'idée avicennienne de l'Intelligence agente comme *Dator formarum,* voire cette Intelligence gnostique qui permettait l'homologie entre l'intellect des philosophes et l'ange de la révélation des prophètes. « Maintenant, dit Henry Corbin, une fois abolie la notion d'*Anima caelestis,* qu'en sera-t-il du principe qui était au fondement de l'anthropologie avicennienne : l'homologie entre *Anima caelestis* et *anima humana?* L'homologie entre le rapport de l'âme humaine avec l'Intelligence angélique active et le rapport de chaque *Anima caelestis* avec l'Intelligence par laquelle la meut son désir? Comment serait-il encore possible, le voyage mystique vers l'Orient en compagnie de Hayy ibn Yaqzân [1]? »

Bref, ce sont toutes les implications de ce monde, leurs récits visionnaires, les formes contemplatives de connaissance, qui s'évanouirent. Et, tandis que l'averroïsme débouchait sur la politique pour s'incarner dans l'anthropologie naturaliste de Machiavel et de Hobbes (car parallèlement à la nouvelle science, au développement de la technique et de l'industrie de la société bourgeoise se dégageait aussi une nouvelle science de la politique conduisant à la domination [2]), l'avicennisme inaugurait le cycle des récits visionnaires qui, d'Avicenne à Sohravardî, devait aboutir à la théosophie de l'école d'Isphahan au XVIIe puis à la gnose de l'école Shaykie au XIXe en Iran.

D'un côté le refoulement progressif de la gnose, la naturalisation de l'homme, l'observation de sa nature instinctive

1. *Ibid.,* pp. 340-341.

2. Max Horkheimer : *le Début de la philosophie bourgeoise de l'histoire,* Payot, Paris, pp. 15-20.

afin d'en connaître les lois, et l'ébauche d'une nouvelle science politique fondée sur la nouvelle vision de l'homme; de l'autre la continuité d'une anthropologie gnostique à l'abri de tout bouleversement socio-scientifique, une politique rudimentaire tributaire de la loi religieuse, et, dans le contexte du Shi'îsme, une politique eschatologique d'attente qui s'accommoda tant bien que mal du système despotique de la dynastie des Safavides à partir du XVIe siècle en Iran [1]. Peut-être la bonne solution eût-elle été un intermédiaire capable de ménager aussi bien la nature mystique de l'homme que son sort ici-bas sans pour autant le confier à l'arbitraire déchaîné des tyrans et des despotes temporels et religieux. Peut-être est-ce ce manque d'expérience de la politique qui empêcha le monde islamique de développer un sens de l'histoire en accord avec les transformations prodigieuses que subit l'humanité à partir des XVe et XVIe siècles... Toujours est-il que les deux destinées averroïste et avicennienne de l'humanité occidentale et orientale méritent d'être approfondies, car elles sont susceptibles d'apporter de nouvelles lumières sur le destin des civilisations non occidentales.

Quant aux conséquences de ces fissures, de cette scission entre l'intellect et la psyché qui est « la maladie » dont souffre l'Occident (G. Tucci), elle fut étudiée par les penseurs allemands dès la fin du XVIIIe siècle, c'est-à-dire à l'époque créatrice de l'idéalisme allemand, en particulier par H. Jacobi, qui forgea même un terme approprié : le *nihilisme.*

3. Le nihilisme

Le fait que le nihilisme ait préoccupé surtout les penseurs allemands est significatif en lui-même. Déjà Hegel, faisant allusion à la mission philosophique des Allemands, écrivait : « Nous avons reçu de la nature la *mission supérieure* d'être les gardiens du feu sacré comme la famille des Eumolpides

1. Se reporter aux œuvres de Muhsin Mahdî sur al-Fârâbî et la philosophie politique en Islam.

à Athènes avait la garde des mystères d'Éleusis et les insulaires de Samothrace la charge de la conservation et du soin d'un culte supérieur, comme jadis l'Esprit de l'univers s'était réservé la nation juive pour la conscience suprême afin qu'il s'élève du milieu d'elle comme un esprit nouveau[1]. » Et de fait une des conséquences de cette mission supérieure fut ce fait incontestable que, par l'avènement du national-socialisme, le peuple allemand dut vivre jusqu'en ses conséquences extrêmes la « maladie du nihilisme ». Même si l'Occident, nous dit L. Landgrebe, est une « unité spirituelle dès son origine », il incombait à l'esprit allemand d'assumer cette grande crise et « de sombrer dans le fin fond de ses profondeurs afin de faire apparaître à l'œil, plus clairement que n'importe quel autre peuple, la *négation* de tout ce qui faisait le fondement de deux mille cinq cents ans de développement[2] ». Jugement sévère, sans doute : et sur la portée de cette maladie incluse dans le destin de l'Occident et sur le sort du peuple qui devait en faire l'expérience traumatisante par cette catastrophe que H. Rauschning a appelée « la révolution du nihilisme ».

Le terme nihilisme aurait été utilisé pour la première fois par Hermann Jacobi dans sa prise de position vis-à-vis de l'idéalisme allemand. Pour Jacobi, la raison *(Vernunft)* de l'idéalisme est une raison qui ne saisit qu'elle-même, dissolvant ainsi toutes les données de l'expérience dans le néant de la subjectivité. Ainsi l'idéalisme ne serait-il rien d'autre que le nihilisme. « Vraiment, mon cher Fichte, écrit Jacobi dans un message daté de 1799, si vous-même ou qui que ce soit préférez nommer *chimérisme* ce que j'opposais à l'*idéalisme* que je vitupérais comme *nihilisme*, voilà qui ne saurait me contrarier[3]. »

Jacobi trouve trace de ce phénomène chez Kant déjà et

1. G. W. F. Hegel : *Leçons sur l'histoire de la philosophie*, I, Gallimard, Idées, Paris, 1954, p. 16.

2. Ludwig Landgrebe : « Zur Überwindung des europäischen Nihilismus » in *Der Nihilismus als Phänomen der Geistesgeschichte in der wissenschaftlichen Diskussion unseres Jahrhunderts*, hrg von Dieter Arendt, Darmstadt, 1974, p. 20.

3. Cité par M. Heidegger : *Nietzsche*, II, Gallimard, Paris, 1971, p. 31. Trad. Pierre Klossowski.

même chez Spinoza; aussi en vient-il à considérer que la façon dont Dieu se révèle dans la métaphysique moderne depuis Spinoza jusqu'à Fichte et Schelling – c'est-à-dire uniquement pour la raison et non pour la foi – porte déjà en soi le nihilisme [1]. Le nihilisme est par conséquent cette fissure qui s'insère entre la foi et la connaissance, thèse féconde qui sera reprise par Franz von Baader. Au reste, Jacobi, critiquant la notion kantienne d'un « général » auquel toute action qui se désire bonne doit se soumettre, sans égard aux nécessités de la nature humaine, sans tenir compte des pulsions, des désirs des hommes, ou d'une finalité quelconque (en d'autres termes, d'un général qui serait déterminé par la forme de la volonté plutôt que par le contenu des sentiments et des penchants), en vient à conclure qu'une telle volonté ne veut rien d'autre en somme que le néant [2]. Selon lui, une volonté qui serait réduite à la seule raison pratique, qui ne s'exprimerait que par l'impératif catégorique sans tenir compte de la « raison du cœur », porterait déjà le germe du nihilisme. L'homme, estime Jacobi, ne devrait pas seulement suivre les catégories de l'entendement et de la raison, mais aussi la voie du cœur; car c'est par la voie du cœur [3] qu'il parvient à effectuer le saut le transportant, par-delà la rationalité, au royaume de la foi et du sentiment qui lui permettent d'échapper au nihilisme et de s'ouvrir au-delà de son emprise.

De fait, cette crise kantienne qui débouchait sur l'abîme d'une mystérieuse *chose en soi* ne recelait-elle pas déjà en elle-même l'absence de tout fondement? Qui pouvait garantir que ces « apparences » construites et projetées par les catégories *a priori* de l'entendement eussent une relation quelconque avec les choses telles qu'elles sont en elles-mêmes? Kant n'avait-il pas arraché à la connaissance ce lien qui l'enracinait au fondement du monde, à ce royaume des Idées qui, pour Platon, était le soleil illuminant de l'Être lui-même? C'est ce danger que ressent Jacobi, danger que décèle également D. Jenish lorsqu'il parle du « nihilisme idéaliste de la

1. Otto Pöggeler : « Hegel und die Anfänge der Nihilismus-Diskussion » in *Der Nihilismus als Phänomen... op. cit.*, p. 312.
2. *Ibid.*, p. 318.
3. *Ibid.*, p. 319.

connaissance humaine[1] » et qu'éprouve H. von Kleist quand, écrivant à Ulrike von Kleist, il affirme : « Cette pensée qu'ici-bas, nous ne savons rien de la vérité, absolument rien, et que ce que nous désignons comme vérité s'appelle tout autre chose après la mort, et que par conséquent tout effort consistant à acquérir une propriété à même de nous suivre dans la tombe est d'emblée vain et stérile, cette pensée-là m'a ébranlé dans le sanctuaire de mon âme *(in dem Heiligtum meiner Seele)*[2]. » C'est aussi cette « chute dans l'abîme » que dénonce, non sans malice, J. G. Herder dans un beau passage destiné à dépeindre l'impression que lui avaient laissée les *Critiques* de Kant : « Nous nous approchons de leur pandémonium et nous débouchons ainsi par les deux " intuitions aveugles " – lesquelles reconnaissent qu'elles ne peuvent rien voir ni donner – comme à travers les gardiennes d'une porte, sur une cour où les " tablettes-fantômes " en suspens avouent elles-mêmes qu'elles sont des ombres objectives et ne savent pas comment les mots tirés des objets peuvent bien se réunir en elles. Un courant de " paralogismes " nous traverse puis parcourt les croisements éventés des " antinomies " pour aboutir à la salle vide de la " raison vide ", où après une attente longue, l'écho vide du "*tu dois*" retentit à partir du néant absolu. L'écho fait résonner à nouveau distinctement le " *Soll* " absolu dans le mot " *Los* "; alors ce qui était inconditionnellement lié grâce à l'absolu devoir suprasensible se délie et se dissout inconditionnellement par l'absolue liberté suprasensible. Ainsi nous dirigeons-nous nus de ce temple vers le législateur et le créateur dans le néant absolu, promu cependant à la dignité grâce au mandat de la raison vide et sans objet. Jeu d'orgueil? Rêve des rêves[3]? »

Mais ce qui pour Jacobi reste un saut à même de dépasser le nihilisme, l'athéisme ou le chimérisme, et qui se révèle pour Herder comme le temple vide des « tablettes-fantômes », devient pour Hegel le principe premier de toute philosophie, eu égard au fait que la tâche la plus importante de la philosophie est de reconnaître la « puissance prodigieuse du néga-

1. *Ibid.*, p. 337.
2. Cité par O. Pöggeler, *op. cit.*, p. 339.
3. Cité par O. Pöggeler, *op. cit.*, pp. 339-340.

tif », voire la négativité incluse dans la dialectique elle-même. Ce qui pour Platon était l'élan, l'*éros* de l'âme dans sa quête de l'amour de la sagesse *(philo-sophia)*, ce qui s'exprimait dans sa méditation en une dialectique ascendante visant à obtenir l'état contemplatif de la vision des Idées, se traduit pour Hegel comme une science *(Wissenschaft)*, c'est-à-dire comme le système de la raison elle-même. Pour lui, la philosophie n'est ni l'amour de la sagesse, ni une aspiration ascendante (encore moins un élan érotique), mais une science effective produite méthodiquement par le travail créateur des concepts, qui se réalise concrètement sur le plan linéaire de l'histoire et qui épouse, de négativité en négativité, dans des tensions sans cesse dépassées qui opposent le fini à l'infini, des synthèses supérieures. S'aliénant à soi-même, puis se réconciliant et se dépassant afin de s'aliéner à nouveau, la philosophie construit le monde par la puissance de la négation elle-même. Ainsi que l'écrit Pöggeler, c'est « dans le médium du nihilisme même que la philosophie est portée à son accomplissement comme science [1] ».

Mais le thème du nihilisme fut repris plus systématiquement par Franz von Baader qui anticipa les thèses bouleversantes de Nietzsche lorsque ce dernier, conscient du travail avancé de la négation de l'esprit, en vint à conclure que « Dieu est mort ». Selon Ernst Benz [2] le nihilisme apparaît dans son acception systématique dans l'œuvre de F. von Baader. Pour celui-ci, la racine spirituelle de la catastrophe occidentale, comme de la révolution française et de Napoléon, réside dans la scission entre la foi et la connaissance telle qu'elle apparaît d'une manière progressive à partir de l'humanisme et de la réforme : cette scission conduit, d'une part, au tournant athéiste des sciences de la nature, et, d'autre part, au tournant anti-scientifique de la théologie qui se fondait préalablement sur les mêmes prémisses et les mêmes dogmes que les sciences. La science se détache tellement de son fondement normatif qu'elle abuse de son intelligence et en vient à mettre en question l'ordre divin lui-même. A

1. *Ibid.*, p. 318.
2. *Le Nihilisme occidental et oriental selon la vision chrétienne.* Passage cité par Gerhard Gloege dans son article « Nihilismus? » in *Der Nihilismus als Phänomen der Geitesgeschichte...*, p. 55.

cet abus destructeur de l'intelligence dans le domaine de la science correspond sur le plan politique la révolution. Et Baader qualifie de nihilisme la phase finale de l'évolution d'une intelligence qui, se fondant exclusivement sur elle-même, n'a que faire de la révélation.

Mais ce nihilisme a pour pendants un piétisme et un obscurantisme qui, tout en étant hostiles à la science, n'en sont pas moins ses complémentaires. L'obscurantisme et le nihilisme sont ainsi des antithèses historiques se déterminant mutuellement; ils sont le résultat final d'une scission où s'accomplit le vrai péché originel de l'Occident chrétien : la cassure de l'unité de la foi et de la connaissance, de la science et de la religion. De cet état de fait découlent, selon Baader, deux conséquences : 1) L'essence interne du nihilisme consiste en ce que l'homme conteste Dieu et, faisant abstraction d'un ordre divin, s'installe lui-même à la place de Dieu. Or, cette puissance nouvellement acquise comporte une impulsion sans borne et continuelle, à même de renverser tout ce qui voudrait se cristalliser dans un ordre quelconque : ainsi, le tournant nihiliste de la pensée moderne a-t-il pour conséquence la souveraineté absolue et inconditionnelle de l'homme – tendance qui développe l'instinct de destruction jusque-là assoupi, et qui « s'identifie à la longue de telle manière au sentiment de l'existence qu'un tel homme (haïssant et anéantissant tout ordre établi) doit le détruire, afin de se maintenir dans la continuité de son être [1] ». D'où il suit que le nihilisme doit aboutir, selon Baader, à deux conclusions : a) la négation de Dieu et du monde transcendant; b) l'avènement du surhomme, lequel, en raison de « sa souveraineté absolue, s'instaure à la place du Dieu détrôné [2] ». 2) La seconde conséquence de cette brisure entre la foi et la connaissance est l'obscurantisme. Un christianisme qui, se réfugiant dans l'obscurantisme, cherche à se protéger contre l'assaut de la connaissance scientifique, ne se contente pas de renforcer une science athée dans sa contestation de la révélation, mais consolide aussi l'hostilité de la religion à l'égard de la science.

Ces deux prévisions de Baader, travaillées par la négation

1. *Ibid.*, p. 56.
2. *Ibid.*

feuerbachienne de tout ordre transcendant et par le déplacement marxiste de l'eschatologie vers l'histoire, trouvent leur plein accomplissement dans l'œuvre de Nietzsche. Ainsi les pressentiments pénétrants de Baader constituent bien, comme l'affirme Benz, l'objet de la prophétie nietzschéenne : la mort de Dieu et l'avènement du surhomme [1].

A. NIETZSCHE ET LE NIHILISME OCCIDENTAL

Dans *la Volonté de puissance*, Nietzsche écrit : « Ce que je raconte, c'est l'histoire des deux prochains siècles. Je décris ce qui viendra, ce qui ne peut manquer de venir : l'*avènement du nihilisme.* Cette histoire peut être dès maintenant contée, car la nécessité elle-même est à l'œuvre. Cet avenir parle déjà par cent signes, ce destin s'annonce de partout; toutes les oreilles sont déjà tendues vers cette musique future. Toute notre civilisation européenne se meut depuis longtemps déjà dans une attente torturante qui croît de lustre en lustre et qui mène à une catastrophe; inquiète, violente, précipitée, elle est un fleuve qui veut arriver *à son terme,* elle ne réfléchit plus, elle redoute de réfléchir [2]. »

Le nihilisme est donc la conséquence nécessaire des jugements de valeur antérieurs. C'est un « germe », une maladie contenue dès le début dans l'esprit de l'Occident. La « catastrophe » est imminente, portée par le destin du nihilisme : « ...les valeurs supérieures *(die obersten Werte) se déprécient.* Les fins manquent; il n'est pas de réponse à cette question : A quoi bon (pourquoi) [3] ».

Quelles sont ces valeurs suprêmes qui se déprécient? En premier lieu, la croyance en un plan divin dans l'histoire, plan qui, s'inspirant d'une révélation originelle, maintenait le cours des choses et auquel le sens du devenir dans le monde se référait, l'histoire étant un stade intermédiaire entre la chute et le jugement dernier. « Jadis, écrit Nietzsche, on cherchait les desseins de Dieu dans l'histoire; puis une finalité inconsciente, par exemple dans l'histoire d'un peuple, le

1. *Ibid.,* p. 57.
2. F. Nietzsche : *la Volonté de puissance,* texte établi par F. Wurzbach et traduit par G. Bianqui, vol. II, Gallimard, Paris. Chap. I, 25, p. 21.
3. *Ibid.,* chap. I, 100, p. 43.

développement de certaines idées. *De nos jours* seulement, grâce à des considérations tirées de l'histoire animale, on a commencé à envisager sous son vrai jour l'histoire de l'humanité : et la première constatation à envisager a été qu'il n'y a jamais eu de plan, ni pour l'homme, ni pour un peuple quelconque. Dans l'ensemble, les hasards les plus grossiers l'ont toujours emporté – ils l'emportent toujours[1]. »

En second lieu, la constatation que rien ne nous autorise à « supposer un au-delà ou un en-soi *(ein Ansich)* des choses qui serait divin, qui serait la morale incarnée[2] ». Si donc tout *en-soi* est démuni de sens, et qu'il n'y a dorénavant plus de morale incarnée dans un au-delà transcendant le monde sensible du devenir, il suit que le monde transcendant lui-même est dépourvu de sens et que toutes les valeurs sur lesquelles était établie la vérité de la religion et de la philosophie sont nécessairement caduques. L'absence de tout sens est liée par conséquent à la mort de Dieu – d'autant que « l'histoire de la philosophie ne saurait donc être l'histoire de la " vérité ", mais celle d'un édifice organique d'erreurs qui s'agglutine au corps et à l'âme et finit par gouverner les *émotions* et les *instincts*[3] ».

La notion de valeur joue un rôle essentiel dans la pensée de Nietzsche : Heidegger a attiré notre attention sur ce point en faisant remarquer que la philosophie antérieure à Nietzsche avait été étrangère à la notion de valeur et que c'est sous son influence que la philosophie, vers la fin du XIXe et au début du XXe siècle, devient une philosophie des valeurs, une phénoménologie des valeurs « de sorte que les valeurs apparaissent comme des choses en soi, que l'on coordonne en systèmes[4] ».

La valeur est ce qui vaut, elle est un mode d'être, elle est en rapport avec une fin, c'est-à-dire un fond *(Grund)*. La valeur est un « point de vue » sur les « conditions nécessaires à la conservation et à la croissance[5] ». Elle répond à un combien, à un *autant*. Elle se rapporte en dernier ressort à

1. *Ibid.*, chap. II, 296, p. 98.
2. *Ibid.*, chap. I, 103, pp. 43-44.
3. *Ibid.*, chap. V, 624, p. 189.
4. Nietzsche, *op. cit.*, p. 81.
5. Nietzsche : *la Volonté de puissance*, chap. II, 270, p. 91.

une échelle de *nombres et de mesures* [1]. La valeur est ce qui conditionne la volonté de puissance, et comme selon Nietzsche les valeurs ne sont que « les résultats de certaines perspectives », il suit que les valeurs deviennent les conditions, les champs visuels de la Volonté de puissance, position qui a été rendue possible parce que l'étant est déjà perspectiviste et qu'il est, comme la monade de Leibniz, une représentation construisant le monde à partir de lui-même. Mais toute représentation est fausse, précise Nietzsche : « Toute croyance, toute opinion est fausse, parce qu'il n'y a pas de " monde vrai ". Il n'y a donc qu'une *apparence perspectiviste* dont l'origine est en nous (dans la mesure où *nous avons besoin* d'un monde rétréci, abrégé, simplifié) [2] »; elle est fausse car étant un point de vue, voire un moyen au service de la vie, elle est devenue « une *mesure* de la valeur de la vie [3] ». Autrement dit, l'homme finit par aimer ces moyens (valeurs) pour eux-mêmes et par oublier que ce sont des moyens, « si bien qu'il les ressent à présent comme des fins, comme la mesure de ses fins [4] ». « Les valeurs, commente Heidegger, sont les conditions des structures de domination à l'intérieur du devenir, c'est-à-dire de la réalité dans son ensemble, dont le caractère fondamental est la Volonté de puissance [5]. » Mais comme l'Être en tant que tel est dépourvu de toute valeur et est l'inconditionné, les valeurs en tant que conditionnées n'existent que par l'unique inconditionné, c'est-à-dire par la Volonté de puissance : elles sont donc *« essentiellement des conditions conditionnées* [6] *»*. Dans la mesure où nous déterminons ce qui est inconditionné en soi-même, c'est-à-dire ce qui est en dehors de la « mesure » inhérente aux valeurs, nous nous engageons dans le processus du nihilisme puisque toute valeur attribuée à tort à ce qui ne souffre en réalité aucune détermination sera supplantée, niée par d'autres : de sorte que le nihilisme se distingue aussi par la faillite progressive des valeurs qui se substituent les unes aux autres.

1. Heidegger : *Nietzsche*, p. 84.
2. *La Volonté de puissance*, chap. V, 627, p. 190.
3. *Ibid.*, chap. IV, 432, p. 135.
4. *Ibid.*
5. *Nietzsche*, p. 88.
6. *Ibid.*, p. 89.

Or le nihilisme a deux phases : le nihilisme passif et le nihilisme actif. Le nihilisme passif est la prise de conscience du fait que « tout est vain [1] ». La vigueur de l'esprit se lasse « au point que les fins et les valeurs antérieures ne lui sont plus adéquates et ne trouvent plus de créance, que la synthèse des valeurs et des fins (sur laquelle repose toute civilisation forte) se dissocie, et que les valeurs isolées se font la guerre : c'est la *décomposition;* tout ce qui réconforte, guérit, calme, anesthésie, passe au premier plan sous divers *déguisements,* religieux ou moraux, ou politiques, ou esthétiques, etc. [2] ».

Mais reconnaître le nihilisme passif comme régression et *décadence* des valeurs métaphysiques, comme effritement des valeurs cosmologiques, comme l'absence de toute *fin,* de toute *totalité* et de toute *unité* (catégories sur lesquelles reposait notre vision du monde), c'est déjà reconnaître le mouvement décadent de l'esprit, c'est en prendre conscience. Et mettre en évidence le caractère substitutif des valeurs, c'est, en fin de compte, apprécier dans toute sa nudité l'absence de toute valeur, de même que le commencement de toute transvaluation des valeurs.

« On est arrivé au sentiment de la *non-valeur* de l'existence quand on a compris qu'elle ne peut s'interpréter dans son ensemble ni à l'aide du concept de "*fin* " ni à l'aide du concept d'" *unité* ", ni à l'aide du concept de " *vérité* ". On n'arrive à rien, on n'atteint rien de la sorte; l'unité globale fait défaut dans la pluralité du devenir : le caractère de l'existence n'est pas d'être "vraie ", mais d'*être fausse...* on n'a plus aucune raison de se persuader qu'il existe un monde *vrai.* Bref, les catégories de "*fin* ", d'" *unité* ", d' " *être* ", grâce auxquelles nous avons donné une valeur au monde, nous les lui retirons [3]. »

Ce retrait des valeurs nous apprend que toute l'histoire du nihilisme consiste à substituer progressivement aux valeurs anciennes d'autres valeurs tout aussi transitoires et fausses : la conscience remplace la révélation, pour être

1. *La Volonté de puissance,* Intr., 8, p. 12.
2. *Ibid.,* chap. II, 277, p. 93.
3. *Ibid.,* chap. I, 111, p. 47.

remplacée à son tour par la raison et ainsi de suite. L'« autorité de conscience, dit Nietzsche, passe à présent au premier plan (plus elle s'émancipe de la théologie, plus la *morale* devient impérative) comme pour compenser l'absence d'une autorité *personnelle.* Ou bien c'est l'autorité de la *raison.* Ou celle de l'*instinct social* (le troupeau). Ou celle de l'*histoire* et de l'esprit immanent qui en exprime la fin et auquel on peut *s'en remettre* [1] ». Autrement dit on pose tout, sauf la Volonté de puissance.

D'autre part, la reconnaissance de ce retrait équivaut aussi à démasquer les métamorphoses nihilistes des valeurs antérieures, à reconnaître la Volonté de puissance à l'œuvre dès le début, à admettre l'*animalitas* de l'homme, l'instance supérieure de son *corps.* Donc à préparer la transvaluation de toutes les valeurs en posant le *surhomme* qui ne veut plus aller au-delà de lui-même, pour atteindre un au-delà du supra-sensible, mais veut exclusivement l'homme en tant que maître absolu à même d'exercer sa Volonté de puissance. Au bout du compte elle équivaut, par conséquent, à déclencher le nihilisme actif, c'est-à-dire le « signe d'une puissance accrue de l'esprit... qui atteint son *maximum* de force relative sous forme de force violente et destructive [2] ».

En d'autres termes, le nihilisme devient actif quand il reconnaît l'impuissance de la Volonté de puissance du passé : celle-ci en tant que nihilisme passif (c'est-à-dire en tant que non-reconnaissance de la Volonté de puissance à l'œuvre) projetait faussement des valeurs comme « fin », « totalité » et « unité » dans l'essence des choses et créait ainsi le monde de « la morale ».

La morale est prise, chez Nietzsche, tantôt au sens de l'ensemble des valeurs constituant l'étant dans sa totalité, tantôt au sens du platonisme et du christianisme, tantôt au sens de l'homme bon s'opposant au mal (ce qui implique que rester en dehors de la morale, c'est se situer « par-delà le bien et le mal »). La morale est ainsi, selon Nietzsche, un monde divisé entre le supra-sensible et le sensible, c'est-à-dire le monde mensonger du platonisme traditionnel. Aussi

1. *Ibid.*, chap. II, 115, p. 49.
2. *Ibid.*, chap. II, 277, p. 93.

a-t-elle toujours déprécié ce monde-ci au profit d'un au-delà fictif, amenant la conclusion : « Ce monde-ci ne vaut rien, il doit y avoir un " monde vrai[1] ". » « Elle a été l'instinct de vengeance des faibles qui voulaient se comporter en *maîtres*. Elle a pris les moyens pour les fins et a rabaissé la puissance de la vie. Elle a été au service de religions nihilistes. Elle a prôné l'extirpation des instincts sensuels et le mépris du corps[2]. » Elle a été elle-même « un cas particulier de l'*immoralité*[3] ». Elle a été sous forme de moralité chrétienne non pas la fin du bonheur terrestre, mais le « malheur terrestre[4] ». Bref, c'est grâce à elle que *« la volonté du néant* a triomphé de *la volonté de vivre*[5] *»*. Et si la morale du troupeau a dominé jusqu'à nos jours c'est « qu'elle était numériquement *plus forte*[6] ».

Ainsi, des deux volontés de puissance en conflit dans l'histoire – celle qui sous forme de nihilisme passif a incarné l'impuissance de la volonté de puissance (sous forme de valeurs se substituant les unes aux autres et en se projetant dans l'essence des choses) et celle qui, reconnaissant le « monde mensonger » de la morale, cherche à inverser l'ordre des choses en transvaluant toutes les valeurs –, c'est la seconde qui finira par triompher. « Parce que le nihilisme, écrit Nietzsche, est l'aboutissement logique de nos valeurs et de nos idéaux les plus hauts – parce qu'il nous a fallu d'abord passer par le nihilisme pour découvrir la *valeur* réelle de ces " valeurs "... Nous aurons besoin, quelque jour, des *valeurs nouvelles*[7]. »

Or, comment peut-on instaurer de nouvelles valeurs? D'abord, en reconnaissant que toutes les « valeurs » sont les résultats des projections de notre vision perspectiviste de la vérité, qu'elles sont projetées à tort dans les choses et qu'elles constituent la *naïveté hyperbolique*[8] de l'homme.

1. *Ibid.*, chap. IV, 413, p. 129.
2. *Ibid.*, chap. IV, 541, p. 168.
3. *Ibid.*, chap. IV, 413, p. 129.
4. *Ibid.*, chap. II, 145, p. 57.
5. *Ibid.*, chap. IV, 413, p. 130.
6. *Ibid.*
7. *Ibid.*, intr. 9, p. 15.
8. *Ibid.*, chap. I, 111, p. 47.

Ensuite, en essayant d'inverser le platonisme traditionnel en reconnaissant les *valeurs* d'ici-bas et la dignité réhabilitée de notre corps tant méprisé. Inversion qui est, selon Heidegger, l'inversion de la primauté du vouloir au détriment de la primauté de la raison : « Dès que l'animalité de l'homme est ramenée à la Volonté de puissance comme à l'essence propre de cette animalité, l'homme devient enfin " l'animal fermement établi "... En revanche, l'homme jusqu'alors qui cherchait sa définition uniquement dans la raison demeure l'animal " non encore établi ". C'est pourquoi, du point de vue nihiliste, " humanisation " signifie faire de l'homme d'abord l'homme par l'inversion de la primauté de la raison en la primauté du corps [1]. » Au reste, Nietzsche lui-même précise : *« La croyance aux catégories de la raison* est la cause du nihilisme, nous avons mesuré la valeur du monde d'après les catégories *qui ne s'appliquent qu'à un monde purement fictif* [2]. *»*

Cette inversion de la primauté de la raison en primauté du corps est illustrée par la position anthropologique de l'homme nietzschéen par rapport à celle qu'il occupait dans la pensée de Descartes. Lisons Heidegger : « Pour Descartes l'homme est sujet au sens de l'ego-ité représentative. Pour Nietzsche l'homme est sujet au sens des impressions et des affects donnés en tant que " dernier factum ", soit brièvement dit, du *corps.* C'est dans cette régression au corps en tant que ligne de conduite métaphysique que s'accomplit toute interprétation du monde [3]. » Or, cet établissement de l'homme en tant que corps – corps qui englobe l'âme, la raison et est en même temps la source fondatrice de toute nouvelle échelle de valeurs – signifie l'affirmation absolue du surhomme. « Ce n'est que là où l'étant en tant que tel est Volonté de puissance, là où l'étant dans sa totalité est Éternel Retour du Même, que l'inversion nihiliste de l'homme, tel qu'il fut jusqu'alors, en surhomme *peut* s'accomplir; là il *faut* que le surhomme soit érigé par l'inconditionnée

1. *Nietzsche,* pp. 245-246.
2. *La Volonté de puissance,* chap. I, 111, p. 47.
3. *Nietzsche,* p. 152.

subjectivité de la Volonté de puissance en tant que le suprême sujet d'elle-même [1]. »

C'est pourquoi, selon Heidegger, Nietzsche représente la fin et l'achèvement de la métaphysique, car par cette *fin* il faut entendre cette inversion du platonisme qui reste un des projets les plus fondamentaux de Nietzsche [2].

B. LE NIHILISME POST-NIETZSCHÉEN ET LA PÉRIODE DE L'ENTRE-DEUX

Mais si le nihilisme est la négation de la foi, ne serait-il pas lui-même voué à aboutir à une foi, c'est-à-dire à la foi en l'absence de toute foi? C'est cette contradiction implicite dans la pensée de Nietzsche que soulève Wolfgang Müller-Lauter [3].

Le fait d'avoir démasqué que les valeurs sont au point de vue psychologique « les résultats de certaines perspectives » projetées, d'avoir admis qu'il n'y a rien dans la vie qui ait une valeur « en dehors du degré de la puissance (admis même que la vie elle-même est Volonté de puissance) », et d'avoir interprété toute la marche de l'histoire comme une « déviation de l'humanité de ses instincts fondamentaux », débouche-t-il nécessairement sur la négation du nihilisme? Si le nihilisme nie la croyance en Dieu et en ses valeurs culturelles, s'il dénonce l'absence de tout sens du devenir en lui substituant la croyance en la non-valeur, peut-il aussi nier cette dernière croyance? Et cette seconde négation est-elle possible? Que résulterait-il de la non-croyance en une incroyance? Force est de constater, ajoute Müller-Lauter, que non seulement le nihilisme ne s'est guère épuisé lui-même après Nietzsche, mais que les ombres mêmes qu'il

1. M. Heidegger : *Nietzsche*, p. 246.

2. Cependant pour autant que Nietzsche conçoit la valeur en tant que condition, il pense (dit Heidegger, *ibid.*, p. 180) « l'Être absolument dans le sens platonicien et métaphysique – même en tant qu'invertisseur du platonisme, même en tant qu'antimétaphysicien ».

3. Wolfgang Müller-Lauter : « Zarathustras Schatten hat lange Beine » (L'ombre de Zarathoustra a de longues jambes), in *Der Nihilismus als Phänomen*, *op. cit.*, p. 171.

projetait sont devenues encore plus longues et plus sombres [1]. Sans doute cette extension du nihilisme était-elle déjà annoncée par la prophétie nietzschéenne du nihilisme actif, néanmoins Nietzsche n'a pas poussé jusqu'à ses conséquences extrêmes la dialectique négative incluse dans la première négation même du nihilisme : il incombait, selon Müller-Lauter, à Dostoïevski – l'homologue russe (la Chrétienté orientale) de Nietzsche – d'en avoir tiré toutes les conséquences dans la figure paradoxale de Stavroguine, le héros du roman des *Démons* (les Possédés).

Pour mesurer tout le développement du nihilisme après Nietzsche, Müller-Lauter se réfère à l'ouvrage de H. Rauschning intitulé *Masques et métamorphoses du nihilisme*, dans lequel celui-ci décrit les métamorphoses du nihilisme après Nietzsche dans les grandes crises que provoquèrent les deux guerres mondiales. Si, au tournant du siècle, la contestation nihiliste avait pour objet l'affranchissement de l'homme de tout ordre collectif et répressif, l'élargissement sans bornes de l'humanité et l'affirmation sans limites de l'individu, la génération qui suivit la Première Guerre mondiale avait en revanche éprouvé l'expérience de la non-réalité, l'absence de toute existence singulière, et surtout la faillite de toutes les valeurs que la génération précédente considérait comme le sens ultime de la vie. C'est pourquoi elle aspirait à s'intégrer, à partir du non-sens de toute existence individuelle, dans une totalité susceptible de donner un sens à la vie [2]. Ainsi, au lieu d'une croyance en la possibilité d'une réalisation sans entraves de l'homme, apparut une volonté de croire à un être objectif qui fût en mesure de donner un sens à l'existence, et s'incarner dans des Totalités collectives comme l'État, le Peuple, la Race ou la Classe révolutionnaire. Pour cette seconde génération du nihilisme, le bonheur ne venait pas de la libération, mais était au contraire cette félicité que procurent l'obligation, le devoir, l'intégration, la soumission et le sacrifice de son moi. Quant à la troisième génération issue

1. *Ibid.*, p. 172.
2. *Masken und Metamorphosen des Nihilismus*, cité par Müller-Lauter, *op. cit.*, pp. 172-174.

de la Seconde Guerre mondiale, elle fit l'expérience de la déception, de la désillusion issues de la banqueroute des ordres collectifs : État, Peuple, Nation, Classe, Race, ne sont à présent que les boîtes vides d'une vie épuisée jusqu'à l'os. Par conséquent, au moment où l'homme renonçait à s'interroger, non seulement sur le sens et les valeurs objectives s'incarnant dans les ordres collectifs, mais encore sur ces valeurs qu'il était censé instaurer à partir de sa propre liberté, « l'étape véritable et finale du nihilisme est atteinte », dit Rauschning, par la « dé-réalisation » *(Ent-wirklichung)* de toute réalité. L'homme vit de la sorte sans « unité interne, sous l'effet des impulsions, des instants, des *quanta* de volonté et des sensations, sans succession, sans lien, sans durée ».

Cette période de l'*entre-deux*, résultat de deux négations – de l'ordre collectif tout autant que de l'ordre individuel – peut se définir par le *weder-noch :* ni... ni. « Ni le Dieu du Christ... ni le dieu des philosophes » n'intéressent l'homme de notre temps qui ne combat « ni l'un ni l'autre » et qui ne tire profit « ni de discuter ni de réfuter ». L'homme d'aujourd'hui ne cherche plus « ni à comprendre le monde à partir de lui-même... ni à être un homme sans une assurance métaphysique ». Il n'y a pour lui « ni bien, ni mal, ni responsabilité, ni culpabilité, ni lien avec un ordre, ni devoir [1] ». C'est pourquoi il ne peut être au fond « ni un réformateur, ni un révolutionnaire », car il n'est « ni moral, ni immoral... ni pessimiste, ni optimiste, ni concerné par l'homme et son destin, ni par l'évolution et le processus historique. Il ne prend parti ni pour l'un ni pour l'autre; étant dans un état d'absence de tout sens et de valeur, il ne les considère ni comme un gain ni comme une perte [2] ». Car la troisième génération du nihilisme post-nietzschéen vit dans une double négation : la négation de ce que les générations précédentes voulaient coûte que coûte sauver (c'est-à-dire la croyance en l'autonomie créatrice du soi), et la négation de la croyance en la possibilité de s'intégrer dans les structures collectives capables de récupérer le moi désintégré des individus. Ainsi

1. *Ibid.*, p. 174.
2. *Ibid.*, p. 175.

cette troisième étape du nihilisme n'est rien d'autre que le déploiement dialectique de la mort de Dieu, laquelle détermine depuis Nietzsche la conscience européenne. Mais cette troisième étape est-elle parvenue à sa fin? Existe-t-il aussi pour elle la possibilité d'un « troisième pas »? En tant que vérité voilée, ce « troisième pas » est déjà implicite dans le dégagement de la présente génération, puisque le doute même concernant l'existence de Dieu est devenu sans objet *(Gegenstandlos).* On ne doute plus, car à vrai dire, le doute lui-même devient sans objet. On n'est ni sceptique, ni agnostique, ni anarchiste, parce que toutes ces attitudes présupposent l'existence de quelque chose qui aurait pu être autrement. L'homme d'aujourd'hui non seulement est dépossédé de tout sol ferme sous ses pieds, mais il sait, en outre, qu'il ne peut en avoir [1]. Il nie tout autant l'« absolutisation » des puissances créatrices de l'homme que celle non moins illusoire des ordres collectifs. Pourtant il absolutise l'absence de tout sens, c'est-à-dire l'*absurde.* La dialectique du nihilisme peut-elle s'arrêter à ce point, ou doit-elle également nier cette dernière absolutisation?

Pour Müller-Lauter, le nihilisme « n'atteindra sa forme vraiment extrême que lorsque l'absolutisation du Néant elle-même sera niée », c'est-à-dire lorsque le Néant, négateur lui-même, sera mis en question. Et il ajoute que cette forme extrême du nihilisme est déjà présente chez Dostoïevski.

Le nihilisme russe a des racines profondes dans l'âme de ce peuple puisque, selon Berdiaev, il s'agit d'un phénomène surgi du contexte propre de l'orthodoxie – en quelque sorte la version inversée de la spiritualité russe, une manière d'ascétisme dépourvu de toute grâce divine [2]. En d'autres termes, il est la forme négative de la vision messianique et eschatologique du peuple russe, et procède du schisme des *Raskolnikis* au XVIIe siècle. Car c'est de la branche extrémiste de ce mouvement que naquit la négation typiquement russe *netovchtina* [3] qui marqua tellement le caractère des nihilistes comme Tchernychewsky, Dobrolioubov et Pissarev

1. *Ibid.*, p. 176.
2. N. Berdiaev : *les Sources et le sens du communisme russe*, Paris, 1951, pp. 83-85.
3. N. Berdiaev : *l'Idée russe*, Paris, pp. 200-202.

et qui, plus tard, grâce à l'apport des idées socialistes et marxistes, se métamorphosa en anarchisme et en bolchevisme. Or tout ce drame proprement russe s'incarne dans l'œuvre de Dostoïevski et surtout dans son roman prophétique, *les Démons,* où le destin de l'orthodoxie, de même que le danger de l'état totalitaire, se trouve préfiguré. En ce sens Dostoïevski est bien, au même titre que Nietzsche, un des prophètes apocalyptiques des temps modernes : il incarne plus que tout autre, cette *« hystérie métaphysique »* [1] qui fut l'aspect le plus inquiétant, le plus créateur et le plus tragique du génie russe.

Il n'est pas étonnant que la source d'inspiration des deux penseurs les plus angoissés de la deuxième moitié du XIXe siècle (situés aux deux extrémités occidentale et orientale de la Chrétienté) ait été leur rencontre respective avec les deux formes occidentale et orientale du nihilisme européen. Si le nihilisme allemand aboutit au Troisième Reich et si Hitler personnifie pour certains penseurs allemands l'esprit du nihilisme comme autrefois Napoléon symbolisa le *Weltgeist* pour Hegel, le nihilisme russe débouche, lui, sur le bolchevisme. Dans un cas comme dans l'autre, l'homme est réduit, soit à la biologie (la croyance en l'existence d'une race supérieure), soit à l'appartenance sociale (l'idée utopique d'une classe en charge de sauver l'humanité) : c'est-à-dire à une idée générique et abstraite de l'homme dénué de toute humanité.

Prophètes tragiques de leur temps, Nietzsche et Dostoïevski ont prévu avec une lucidité effroyable les avatars monstrueux d'un monde privé de l'esprit. Le nihilisme russe suscite chez les héros de Dostoïevski comme Ivan, Stavroguine, une dialectique négative niant aussi bien Dieu que le monde, aussi bien la foi que l'athéisme, pour aboutir, en passant par la légende du Grand Inquisiteur, à la négation de toute négation – impasse dont Dostoïevski se libère en faisant un saut dans l'orthodoxie du peuple russe, porteur de Dieu. Pour le penseur allemand, au contraire, l'issue de la mort de Dieu ne peut être que l'affirmation de la volonté de puissance, c'est-à-dire la volonté explosive d'un sur-

1. N. Berdiaev : *l'Esprit de Dostoïevski,* Paris, 1929, p. 17.

homme qui n'est que l'image renversée du Christ, voire l'antéchrist. Aussi, tandis que l'interprétation fallacieuse de Nietzsche fait de lui l'un des inspirateurs involontaires du national-socialisme, le cri d'alarme de Dostoïevski s'évanouit-il dans le vacarme des nihilistes et des anarchistes russes aboutissant, avec le stalinisme et le Goulag, au règne incontestable du Grand Inquisiteur.

Prophètes tragiques d'âges lugubres, ils représentent respectivement l'hystérie métaphysique du peuple russe (Berdiaev) et le point explosif de la volonté faustienne de l'Occident. Mais ils ont vu ce que nous autres Orientaux sommes incapables de comprendre : « là où les Dieux sont absents règnent les fantômes » (Novalis) [1]. Revenons à Stavroguine – peut-être, mais d'une façon inquiétante, la figure la plus attirante de la littérature mondiale (Th. Mann) : c'est lui qui incarne le mieux l'ambivalence du nihilisme extrême. Lisons les *Carnets des Démons* avec Müller-Lauter.

« Peut-on encore, étant civilisé, c'est-à-dire Européen, croire absolument en la divinité du Fils de Dieu, Jésus-Christ [2]?... » Autrement dit : peut-on croire à la science en même temps que l'on croit en Dieu? Si oui, on aboutit, soit à la négation de l'une et de l'autre, soit à la *philosophie de la bonne digestion*, nous dit Dostoïevski. La philosophie de la bonne digestion est l'aspect inconscient de la négation, et de la science et de la foi; elle est une inconscience totale, une incapacité à saisir que nous n'avons ni celle-ci ni celle-là. Car science et foi restent incompatibles puisque l'athéisme est implicite dans la science. Or, si la foi n'existe pas tout est possible, parce que « les principes moraux sont donnés par la révélation. Détruisez ne fût-ce que quelque chose de la foi – et la base morale du christianisme s'écroule car tout est lié [3]... ». « On ne peut rester chrétien sans croire à l'Immaculée Conception [4]. » Si la foi n'existe pas tout est permis et Netschaev a raison, il faut tout brûler : « ou bien la foi, ou

1. Voir Daryush Shayegan : « Transmutation et mutation en tant que phénomènes de rencontre dans le dialogue des civilisations », *op. cit.*, pp. 359-360.
2. *Carnet des Démons*, Gallimard, éditions de la Pléiade, p. 957.
3. *Ibid.*, p. 951.
4. *Ibid.*, p. 954.

bien brûler[1] ». La solution tierce est la tiédeur, c'est-à-dire l'entre-deux. L'alternative qui permet de sortir de ce dilemme revêt ainsi deux formes inconsciente et consciente. Si on croit à l'une comme à l'autre on arrive à la *philosophie de la bonne digestion*, c'est-à-dire à l'inconscience des masses; mais si on ne croit ni à l'une ni à l'autre on ne peut pas du même coup les nier toutes les deux, car cette double négation exigerait une troisième solution en laquelle on croirait et à partir de laquelle on opérerait la négation. Ainsi, remarque Müller-Lauter, « il n'y a pas une troisième solution à côté de la croyance et de la croyance en l'incroyance, alors croyance comme incroyance sont également mises en question, c'est-à-dire mises en suspens ». Dans le roman de Dostoïevski, ce paradoxe est exprimé dans une phrase courte et pénétrante. Stavroguine, nous dit Kirilov (lui-même une autre variante du nihilisme), est dévoré par une idée : « quand il croit, il ne croit pas qu'il croit. Quand il ne croit pas, il ne croit pas qu'il ne croit pas ». Ainsi, conclut Müller-Lauter, le nihilisme du questionnement atteint son apothéose : « Croyance comme incroyance restent en suspens. » A l'encontre des tergiversations religieuses d'un autre héros, Major Maximovitch, qui croyait à la tombée de la nuit et redevenait non-croyant sitôt que le jour se levait, faisant ainsi « osciller la pendule de la croyance et de l'incroyance à la façon du mauvais infini de Hegel[2] », Stavroguine ne chancelle point : dans son questionnement, croyance comme incroyance ne sont ni réconciliées ni carrément niées, mais mises en suspens, la contradiction n'est ni dissoute ni dépassée, mais reste ouverte au questionnement lui-même.

Par rapport à cette forme extrême du nihilisme qui découle de la dialectique négative de Stavroguine, la troisième génération post-nietzschéenne (qui débouchait sur la phase du *weder-noch*, c'est-à-dire sur l'entre-deux) peut être interprétée elle-même, selon Rauschning, comme une sorte d'*absolutisation de l'incroyance* car elle se présente dans sa négativité comme une certitude. Rien n'est sûr, et pourtant on ne doute pas de la certitude de cette affirmation. Mais

1. *Ibid.*, p. 956.
2. Müller-Lauter, *op. cit.*, p. 180.

la dialectique négative va encore plus loin : si rien n'est certain, alors l'absurdité incluse dans la phase du *weder-noch* est incertaine elle aussi. Parvenu à la frontière du *ni... ni*, on ne peut que se mettre en suspens en questionnant tout ce qui était dialectiquement nié, y compris cette assurance dernière issue de la double négation.

Par conséquent, la dernière phase du nihilisme reste plus ou moins une phase de l'entre-deux : la mise en suspens des deux négations dont nous parle Müller-Lauter décrit une phase d'épuisement qui, n'étant pas tout à fait consommée, reste implicite. C'est le temps de l'*absurde* car l'absurde, nous dit Camus, dépend autant de l'homme que du monde. Il est pour le moment leur seul lien [1], c'est-à-dire qu'il résulte de la confrontation entre l'exigence de clarté de l'homme et l'opacité du monde.

La dernière phase du nihilisme se présente donc, soit sous forme de puissance de dissolution et de destruction aboutissant à la rage autodestructrice (le nihilisme actif évoqué par Nietzsche), soit sous forme d'un « temps de la détresse » (la *dürftige Zeit* de Heidegger), c'est-à-dire un temps marqué d'un double manque et d'une double négation : le « ne plus » des dieux enfuis et le « pas encore » de la divinité à venir.

Les réactions diverses que nous voyons aujourd'hui se dessiner vont de la révolte à la négation et de celle-ci au saut du dépassement. Dans son livre *les Vagabonds de l'Occident*, Jean Brun signale la prolifération des grands refus (« les anti et les contre »), comme « les anti-pièces, les anti-poèmes, les anti-mémoires, les anti-romans, les anti-humanistes, les anti-Œdipe, l'anti-art, l'anti-psychiatrie qui fleurissent en même temps que les contre-cultures [2] ». Viennent ensuite les fuites qui, selon lui, revêtent quatre formes : 1) Politique et sexualité : dans ce contexte libération sexuelle et révolution deviennent les « deux aspects d'une seule et même réalité [3] ». 2) Les hallucinogènes et les voyages psychédéliques comme pour Timothy Leary et la *Beat generation*.

1. *Le Mythe de Sysiphe*, p. 40.
2. Jean Brun : *les Vagabonds de l'Occident*, Paris, 1976, p. 79.
3. *Ibid.*, p. 141.

3) Les religions asiatiques et le *Zen* en particulier comme pour A. Watts et les adhérents à la contre-culture. 4) Les différentes formes du marxisme. Autrement dit : érotisme, psychédélisme, *Zen* et marxisme. Soit, conclut Jean Brun, « le voyage par le sexe, la drogue, le *satori* (illumination) et la révolution[1] ».

A ces deux tendances nous pourrions en ajouter une troisième : l'effort des grands penseurs pour tenter un saut audacieux par-dessus l'abîme du Néant. Les philosophes qui risquent ce saut choisissent, nous dit W. Weischedel, des moyens extra-philosophiques : « l'expérience de la foi, l'expérience de la transcendance, l'expérience de l'Appel de l'Être[2] ». Leur vision s'inspire en effet beaucoup plus d'une expérience originelle de l'Être et de la transcendance que d'une interrogation proprement philosophique : ainsi de l'héroïque plongée de Heidegger dans l'abîme de l'Être pour y repenser, grâce à la pensée commémorante, ce qui reste impensé dans le Retrait de l'Être; ainsi du saut de Jaspers par-delà l'abîme du Néant pour retrouver la foi philosophique; ainsi du doute radical de Tillich (aboutissant à la foi chrétienne) dont la théologie philosophique n'est, en réalité, selon Weischedel, qu'« une théologie déguisée de révélation[3] »...

Commentant la phrase de Nietzsche « Dieu est mort », Heidegger écrit : « Penser Dieu en tant que valeur, fût-elle même la plus haute, n'est pas Dieu... Donc Dieu n'est pas mort, sa divinité *(Gottheit)* vit toujours, puisqu'elle est plus proche de la pensée que de la foi[4]. » La dernière phase du nihilisme coïncide avec le commencement d'une nouvelle expérience numineuse visant à retrouver la *divinité* par-delà ses noms et ses représentations symboliques.

1. *Ibid.*, p. 154.
2. Wilhelm Weischedel : « Philosophische Theologie im Schatten des Nihilismus! » in *Der Nihilismus als Phänomen...*, *op. cit.*, p. 164.
3. *Ibid.*, p. 162.
4. Cité par Weischedel, *op. cit.*, p. 163.

Chapitre IV

ENTRE L'AGONIE DES DIEUX ET LEUR MORT IMMINENTE

OU LA DESTINÉE HISTORIQUE DES CIVILISATIONS TRADITIONNELLES

1. La double illusion

Les civilisations non occidentales sont-elles au « temps de la détresse », entre le *ne plus* des dieux enfuis et le *pas encore* de la divinité qui va venir? *Pas encore!* En sont-elles au stade du nihilisme actif, qui sous sa forme violente et destructrice préparera un jour la transvaluation de toutes les valeurs? *Pas encore!* En sont-elles au stade de l'entre-deux *(weder noch)* entendu au sens de la dialectique de la double négation ou de celle, encore plus radicale, de la mise en suspens de la croyance comme de l'incroyance? *Pas encore!* En sont-elles au stade de l'absurde, ou au stade de l'absence totale de la divinité qui par son absence même provoque, ou plutôt annonce la projection imminente d'une nouvelle expérience numineuse? *Pas encore!*

Mais alors, où donc en sont-elles, elles qui doivent bien être quelque part? Leur pensée s'abreuve-t-elle à la « Niche aux lumières prophétiques » qui, selon le Qorân (XXIV : 35), constitue le fond même de la mémoire? *Plus jamais!* En sont-elles à l'heure où les vieux symboles des religions disaient sans défaillance les mêmes vérités? *Plus jamais!* Car le « monde » où elles vivent aujourd'hui, même quand il est censé reproduire, re-projeter l'ancien ordre des choses comme dans la revendication iranienne d'un monde islamique ressuscité est, quoi qu'on dise, un *monde aux miroirs brisés* qui déforment d'office, et antérieurement à toute prise de conscience, les lumières qui se réfléchissent sur eux. Où donc en sont-elles? Elles sont entre le *pas encore* et le *plus jamais,* c'est-à-dire entre un événement qui se prépare mais n'est pas ouvertement déclaré et un ordre qui s'effrite, n'étant *pas encore* tout à fait effondré, et qui surtout ne se renouvellera *plus jamais* sous sa forme originelle; entre un nihilisme corrosif dont l'avènement reste voilé et une religion dépérissante dont la faillite imminente et le non-renouvellement ultérieur restent tout autant voilés. Elles sont donc entre l'*agonie des dieux et leur mort imminente.* Mais si l'Occident reste, lui aussi, entre le « pas encore » des deux côtés (au stade de l'entre-deux), quelle différence y a-t-il entre sa transition et la leur?

Dans le contexte des civilisations non occidentales, le *sous-développement,* tout en ayant l'apparence d'une préservation illusoire des valeurs spirituelles d'une culture, devient un obstacle à la lucidité que réclame cette prise de conscience qui vient de la dernière phase du nihilisme. Le préfixe *sous* devient un *plus* par rapport aux valeurs de l'esprit, mais un *moins* par rapport à cette prise de conscience. D'une part, ces civilisations se laissent entraîner par le mouvement irréversible d'une histoire à laquelle elles n'ont pas participé; d'autre part, elles restent privées de la prise de conscience que cette histoire porte en elle, de sorte que la *double négation* de la dialectique négative incluse dans la période de l'entre-deux se traduit par la *double illusion :* elles pensent pénétrer l'âme de la pensée faustienne, voire la rejeter, et conserver du même coup leur identité culturelle ou, poussant plus loin, ressusciter leur religion passée. Ne maîtrisant ni ne niant l'un, et ne conservant ni ne ressuscitant l'autre, elles aboutissent elles aussi à la période de transition, *mais avec cette différence qu'à la lucidité pathologique du refus qui caractérise la conscience occidentale s'oppose une inconscience, tant à l'égard des dernières métamorphoses de l'Occident que vis-à-vis des trésors de la mémoire traditionnelle*[1]. Certes, la conservation relative

1. D. Shayegan : « Transmutation et mutation... », *op. cit.*

qu'assure la lente agonie des dieux aurait pu être un patrimoine, au cas où ces civilisations se seraient montrées capables de surgir hors de la tyrannie de l'histoire; mais comme un tel dépassement n'est guère possible, le danger qui les menace est d'autant plus accablant qu'elles restent réfractaires à la lucidité que révèle l'excès même de cette histoire.

La *double illusion* qui les caractérise se traduit d'une part comme occidentalisation passive et inconsciente, et d'autre part comme aliénation progressive (et tout autant inconsciente). Les deux formes d'inconscience qui reflètent cette double illusion (laquelle prend la déchéance des valeurs pour un redressement et les manques pour des gains acquis) masquent le gouffre sur lequel repose la fragilité de ces rêves où les désirs sont pris pour des réalités.

Comparons cette période de l'entre-deux avec celle que nous annoncent les prophètes des âges modernes. Si nous nous reportons à l'évaluation nietzschéenne du nihilisme, nous en sommes au stade du nihilisme passif, où « la synthèse des valeurs et des fins sur laquelle reposait toute civilisation forte » se dissocie, mais avec cette nuance que cette décomposition n'est point reconnue comme telle, c'est-à-dire que le phénomène de substitution des valeurs à l'œuvre dans tout mouvement régressif de l'esprit n'a pas surgi à la conscience, de sorte que son action reste voilée. Si l'on se rapporte à la dialectique de la double négation de l'entre-deux, les deux négations y apparaissent, comme nous venons de le dire, sous forme de double illusion. Si nous prenons l'idée heideggerienne du *ne plus* des dieux enfuis et du *pas encore* de la divinité qui doit venir, stade qui se traduit par le « temps de la détresse », nous en sommes à l'agonie, puisque notre entre-deux ne se situe pas entre la fuite et la résurgence des dieux, mais entre leur agonie et leur mort imminente, compte tenu que nos dieux n'ont pas complètement fui et qu'ils traversent aujourd'hui les dernières étapes de leur déclin. Si nous considérons la dialectique négative telle qu'elle se développe dans les *Carnets des Démons* de Dostoïevski, la double illusion n'aboutit pas comme chez Stavroguine à la mise en suspens de la négation et de la non-négation, de la croyance et de l'incroyance mais, pour reprendre l'expression de Dostoïevski, à la *« philosophie de la bonne digestion »* – philosophie qui, du fait de l'inconscience lymphatique qu'elle évoque, exprime on ne peut mieux cette double inconscience à laquelle nous nous sommes déjà référés. Cette double négation nous rend vulnérables et nous place, même lorsque nous passons à l'offensive, dans une situation désavantageuse et paralysante puisque, du moment que *« ce plus inquiétant de tous les hôtes*[1] *»* (nihilisme) est à nos portes, le processus est engagé. L'issue alors n'est point dans la fuite mais dans un face-à-face avec le problème – d'autant que toute fuite, quelque romantique et sincère qu'elle puisse être, est fatalement récupérée par un discours socio-politique toujours prêt à dégénérer en fausse conscience.

C'est probablement cette non-reconnaissance du mouvement planétaire auquel nous sommes soumis (et dont nous consommons copieusement tous les sous-produits) qui nous met en dehors du circuit à même de nous faire connaître, et l'effort des forces négatives qui agissent dans le sens de la désintégration, et celui des forces positives qui tendent à dépasser cette impasse. Cette non-reconnaissance équivaut à rester aveugle aux signes que dénonce l'excès même de l'histoire; elle équivaut à se bercer de fausses illusions et à se complaire dans une situation où nous n'éprouvons ni l'enthousiasme mystique d'un Rûmî, ni l'inquiétant sentiment de l'absurde que dénonce l'humour noir d'un Kafka; où nous ne bénéficions ni du monde magique d'un miniaturiste comme Behzâd, ni ne ressentons le tourment obsédé d'un Van Gogh; où nous ne jouissons ni de la solitude intime de la contemplation ni ne souffrons de l'isolement qu'inflige une « foule solitaire »; où nous ne nous haussons ni à ce renoncement qu'engendre la gratuité du regard contemplatif sur le monde, ni à la révolte faustienne qui brave son destin; où en fin de compte nous ne parvenons ni à cette sérénité que procure la négation de tout-autre-que-Dieu, ni à la puissance prodigieuse du négatif qui nie ce monde-ci tout autant que l'autre.

1. Phrase de Nietzsche citée par M. Heidegger dans *Nietzsche, op. cit.*, p. 47.

Car à ce stade-là où forme et contenu restent dans un état de tension irréconciliable, toute attitude, toute pensée et tout comportement sont l'incubation des potentialités non actualisées des formes en devenir dont les structures définitives sont imprévisibles. Ils sont une sorte de matière passive, manipulable, une proie facile pour ces prédateurs dynamiques que sont les « idéologies » qui, sous forme de paquets tout faits, envahissent ces terrains vierges, y trouvent un milieu propice à toutes sortes de croissances et de mutations, à la création de monstres de Frankenstein dont la démesure, l'exagération, l'outrance, deviennent les traits naturels. Tout ce qui en Occident s'exprimait sous réserve d'un doute acquiert dans ce contexte la dignité d'un absolu, tout ce qui était à l'état d'ébauche revêt l'accentuation d'un trait définitif, et tout ce qui était prudence devient témérité dogmatique.

Mais le monstre de Frankenstein est l'ombre de Frankenstein lui-même : cette ombre symbolise les refoulements de l'inconscient occidental qui, s'incarnant sous forme de structures réductionnistes, assaillent et contaminent tout le milieu ambiant de la pensée, de l'art et du goût engendrant, au contact des civilisations non immunisées, d'étranges métamorphoses. Par exemple, ce qui en Occident est censé être une architecture fonctionnelle, devient chez nous des espaces et des volumes de cauchemar : une « pétrodollarchitecture » caricaturant de façon grotesque un mouvement d'avant-garde. Toutes les formes mutantes auxquelles nous nous trouvons confrontés, tous les composés insolites qui restent brouillés dans nos têtes et qui déforment nos évaluations, tant dans le domaine de la pensée que dans celui du goût et des jugements esthétiques, proviennent de ces confusions des contextes. Celles-ci sont en quelque sorte le point de rencontre des déchets de deux mondes, le lieu où, loin de se neutraliser dans un tout insipide, ils se salissent mutuellement en vomissant l'un sur l'autre.

Sans doute, dans le cas particulier de l'Iran, la révolution religieuse introduisit une coupure, un renversement brutal de l'échelle des valeurs. Mais cette coupure, tout en changeant les apparences, tout en substituant au goût criard du passé une sobriété à volonté ascétique, et à l'apathie stérilisante d'autrefois le déchaînement de la rage du martyre, n'en révéla pas moins que ce qui au stade antérieur demeurait des formes mutantes *passives* infestant la pensée et le goût, peut, récupéré par une idéologie totalitaire, devenir des formes *agressives* tout aussi aliénées, tout aussi inauthentiques que les précédentes – mais plus intolérantes : entre les deux phases il n'y a pas de solution de continuité mais l'actualisation agressive de ce qui demeurait latent.

Les discours de la télévision, de la radio, utilisaient exactement le même jargon, les mêmes emphases, les mêmes propos tonitruants, le même style hyperbolique, les mêmes prétentions grandiloquentes, avec cette différence qu'on renversait tous les slogans et tous les points de référence et qu'on croyait, ce faisant, changer les moules de la pensée qui demeuraient pourtant identiques. La structure interne de l'*ordre* [1], le style et la forme restaient strictement les mêmes, sauf qu'ils étaient à présent moins sophitisqués et en un certain sens moins professionnels. La coupure récupérait les *formes*, en chassait les parfums prétendus nocifs, inversait les contenus, mais ne pouvait changer la structure des formes mutantes pour la simple raison que celles-ci étaient devenues partie intégrante et inconsciente de notre vision du monde et qu'elles reflétaient cette double illusion dont nous avons déjà parlé.

2. L'occidentalisation inconsciente, forme a priori de la vision du monde

Il est significatif de constater que les grands débats qui, depuis dix ans, préludaient à la révolution islamique iranienne étaient obsessionnellement braqués sur un thème unique : l'occidentalisation ou, selon Gilbert Lazard, « l'occidentalite [2] ». L'équivalent persan de ce terme *(gharb-zadegî)* avait été forgé par Ahmad Fardîd, une sorte de chaman-philosophe qui, fidèle à la tradition orale de Socrate, ne

1. Un exemple : à la visée pan-iranienne de l'ancien régime se substituait la visée pan-islamique du nouveau.
2. *Nouvelles persanes,* Édition Phebus, Paris, 1980, p. 143.

daignait jamais « coucher » une ligne sur le papier de peur qu'on ne trahisse sa pensée (à moins qu'il ait été, simplement, incapable d'écrire). Mais c'est l'écrivain Al-Ahmad qui mit ce terme en vogue en écrivant un petit traité qui s'intitulait justement *« gharb-zadegî »*. Traduit littéralement en persan, ce terme signifie recevoir un coup de l'Occident, de même que le mot composé *âftâb-zadegî* signifie recevoir un coup de soleil : il s'agit donc d'un terme particulièrement péjoratif... Cependant, recevoir un coup d'Occident pourrait aussi vouloir dire que nous reçûmes l'histoire, et les valeurs occidentales à sa suite, comme une avalanche sur nos têtes : ce thème fut repris par les différentes formations intellectuelles du pays, chacune suivant sa tendance propre.

Il y avait en premier lieu le petit groupe qu'on peut désigner comme les « guénoniens islamo-iraniens[1] ». Ceux-ci avaient fait pour la plupart leurs études en Europe et aux États-Unis, s'étaient inspirés de l'œuvre de Guénon, s'en étaient nourris, l'avaient trouvée fascinante, donc apte à résoudre les dilemmes de notre condition d'hommes appartenant à une aire culturelle traditionnelle. Pour eux l'Occident représentait les forces sataniques, et l'Orient le lever des lumières primordiales. Cette interprétation, si elle avait été prise au sens symbolique où l'entendait Sohravardî (qui envisageait l'Occident au sens métaphysique de la *phusis* matérielle et de l'exil de l'expatriement – *ghorbat* – , l'Orient au sens du Grand Rocher du Sinaï mystique – le pays de l'Ange – , et le passage de l'un à l'autre comme un voyage initiatique au-dedans du microcosme humain – les prophètes de ton être – , voyage visant à atteindre, grâce à l'illumination matinale de la gnose – l'Orient – , la vision de l'Ange[2]), ce point de vue aurait eu un sens. Mais cette attitude consistait à opposer une fin de non-recevoir à toutes les valeurs qui avaient été créées depuis le Moyen Age en

1. Nous avons appartenu nous-mêmes à ce groupe comme au groupe des heideggeriens islamisants; nous fûmes aussi dupes qu'eux de l'attirance nostalgique du passé, mais notre incursion constante dans la genèse de la pensée occidentale nous écarta de ce groupe et nous fit réaliser ce fait indéniable que cinq siècles de sécularisation n'ont pas été vains.
2. Shihâboddîn Yahyâ Sohravardî : *l'Archange empourpré*, Fayard, Paris, 1976, pp. 273-287, trad. et commenté par Henry Corbin.

Occident *géographique*, à nier en somme l'histoire des cinq derniers siècles. Les livres issus de ce courant exaltaient l'identité culturelle, les valeurs inaliénables de la tradition, l'opposant au scientisme et au rationalisme de l'Occident. Ainsi la devise : retournez à vos propres sources et à votre mémoire, était présentée comme le remède infaillible contre le mal de l'occidentalisation, et se transformait en mots d'ordre et en slogans à la mode. Au reste les exhortateurs à la recréation des valeurs traditionnelles s'inspiraient souvent des critiques que les penseurs occidentaux avaient formulées à l'égard de leur propre civilisation. Ainsi les formes diverses de la contestation des années soixante, que ce soient la critique marcusienne des sociétés post-industrielles, la contre-culture américaine ou la révolution de Mai 1968, avaient un grand écho en Iran où l'on se disait : du moment que les occidentaux attaquent si allégrement leurs propres aberrations, pourquoi n'en ferions-nous pas autant en nous débarrassant de leur influence et en nous réfugiant au sein de notre propre tradition? Et ce repli semblait d'autant plus souhaitable que l'Islam, à l'encontre du Christianisme, n'avait guère transigé avec l'esprit du temps, ne s'était pas égaré dans des compromis sociologiques et représentait ainsi en marge de la société une réserve spirituelle immense avec, sous la forme du Shî'isme, une promesse infaillible d'apocalypse.

Il y avait en deuxième lieu le groupe des heideggeriens islamisants. Ceux-là, qui restaient, à l'instar du maître de Freiburg, à l'écoute de la *dispensation de l'Être* se dérobant dans l'histoire, arrivaient à cette conclusion que l'occidentalisation révélait le point ultime de l'oubli de l'Être. Oubli se traduisant dans les catégories de la pensée islamique par l'envahissement de la supra-conscience ou l'âme pacifiée *(al-nafs al-motma'yanna)* par l'infra-conscience (ou l'âme qui ordonne le mal) *(al-nafs al-ammâra)*. Dans ce contexte, la censure politique, les droits de l'homme, les éternels principes de 1789 n'émanaient pas de la *lumen naturalis* de la raison éclairée, mais étaient au contraire les censures qu'exerçait une raison abêtie et obscurcissante sur l'âme pacifiée. On inversait le problème et on niait toute l'émancipation de l'homme. Et plus tard, lorsque la révolution battit son plein et que la voix d'*Allâh Akbar* se mit à résonner dans les rues de la capitale, ces mêmes heideggeriens en vinrent à conclure que l'âge de l'attente arrivait à sa fin, que le point final de « l'après-demain » *(pas fardâ)* de l'Être allait peut-être rejoindre le point initial de l'« avant-hier » *(parî-rûz)*, c'est-à-dire de son commencement.

Heidegger est sans doute un des penseurs les plus fascinants de notre temps, et la rigueur d'une pensée qui n'a cessé de repenser inlassablement le destin de l'Occident ne peut que séduire celui qui s'ouvre à la problématique de son ontologie fondamentale ou à son fameux Retour. Mais transposée dans un contexte culturel différent et détachée du cordon ombilical qui l'unit à la généalogie de l'Occident lui-même, sa pensée ne peut susciter que des métamorphoses étranges; c'est pourquoi il me semble que la critique que lui adresse T. Adorno dans sa *Dialectique négative* confirme le danger d'une mythologisation de la philosophie de Heidegger plutôt que le danger de sa pensée elle-même. Adorno dit : « L'histoire du penser est, aussi loin qu'on puisse le suivre, dialectique de l'*Aufklärung*. C'est pourquoi Heidegger, de façon assez résolue, ne s'arrête pas, comme cela aurait peut-être pu le séduire dans sa jeunesse, à une quelconque de ces étapes, mais se précipite avec une machine à remonter le temps à la Wells, dans l'abîme de l'archaïsme dans lequel tout peut tout être et tout signifier. Il tend la main au mythe; mais même le sien reste un mythe du XXe siècle, illusion, comme l'histoire l'a démasqué et qui devient éclatante par le caractère absolument inconciliable du mythe avec la figure rationalisée de la réalité dans laquelle toute conscience se trouve prise [1]. » La recherche du mythe ou de l'origine de la pensée n'appauvrit pas la dialectique de l'*Aufklärung* mais en révèle au contraire les injonctions à travers l'histoire; elle devient une « machine à remonter le temps » dans un contexte où l'histoire n'a jamais existé, où « l'abîme de l'archaïsme » agit encore avec toute la magie d'un envoûtement collectif.

En troisième lieu il y avait les islamisants idéologues comme

1. Théodor W. Adorno : *Dialectique négative*, Payot, Paris, 1978, p. 99, trad. par le groupe de traduction du collège de philosophie.

'Alî Sharî'atî pour qui l'occidentalisation était la méconnaissance des vraies forces motrices de l'histoire. A ses yeux la faiblesse des occidentalisés ne venait pas du fait qu'à l'instar des occidentaux ils hypostasiaient l'histoire et les valeurs occidentales qui y étaient contenues mais qu'ils ignoraient le fait que l'Islam est aussi une idéologie. Selon lui l'Islam n'est pas une culture passive attendant son heure dans l'antichambre de l'histoire, mais bel et bien une force agissant dans l'histoire et pour l'histoire, une force qui, faisant du martyre le cœur et le moteur de grands bouleversements, préparait, grâce à l'action héroïque de l'intellectuel engagé, l'avènement de la parousie de l'Imâm. Sharî'atî dit dans son livre *Eslâm shenâsî :* « Je cherche l'Islam de la justice et de ceux qui guident les hommes et non l'Islam du califat et de l'aristocratie héréditaire; l'Islam de la liberté de la conscience, du mouvement et non l'Islam de l'esclavage, de l'inconscience et de l'inertie; l'Islam *mojâhed* (militant) et non l'Islam passivement spirituel. Le Shî'isme d''Alî et non celui des Safavides, l'Islam du sang de Hoseyn et non l'Islam des larmes de Hoseyn. » Dans ce contexte, l'occidentalisation est la non-reconnaissance du fait que l'Islam est une force vive dans l'histoire et non une immense réserve culturelle gisant en marge de la société, capable tout au plus d'enrichir l'horizon spirituel de l'âme.

Il est intéressant de noter que la plupart des *mollâs* restèrent à l'abri de ces débats délirants et que ceux qui participèrent à ces « questions maudites » avaient reçu une formation occidentale – y compris Sharî'atî lui-même. Les *mollâs* se laissèrent imprégner de tous ces débats qui alimentaient régulièrement les médias : journaux, revues et débats télévisés. Ces idées en l'air trouvèrent leur chemin dans la République islamique, tantôt sous une forme, tantôt sous une autre. Khomeynî en fit largement usage; non seulement il utilisa le terme *« gharb-zadegî »* au sens des guénoniens et des heideggeriens à la fois, mais admit, sans l'affirmer expressément, la fonction idéologique de la religion, lorsqu'il identifia le « prolétaire » du marxisme avec la notion éthique du déshérité *(mostaz'af)* islamique et invita ces derniers à s'unir contre les « orgueilleux » *(mostakbar)* du monde : ainsi « prolétaires de tous pays unissez-vous » devenait « déshérités du monde unissez-vous contre les orgueilleux », c'est-à-dire contre l'Occident et les occidentalisés de l'intérieur.

Mais le groupe le plus influent de toutes ces formations intellectuelles fut sans doute celui de la gauche au sens large, embrassant aussi bien le parti *tûdeh* que les marxistes-léninistes dits les *fadâyân-e khalq*, en passant par les « gauchistes intellectuels ». Si le marxisme est devenu une doctrine, ou plutôt une idéologie populaire dans le Tiers Monde, ce succès s'est toujours effectué au détriment de son contenu théorique. Le marxisme est le produit de la pensée occidentale et son lien avec l'idéalisme allemand est profond. Si, avec Hegel, l'être devenait l'activité et la production *(Erzeugen)*, pour Marx cette activité se traduisait, non par les métamorphoses d'un « fantôme métaphysique », mais sous forme d'une *praxis* historico-sociale essentiellement dialectique, par laquelle le sujet transformait le monde en se transformant lui-même. Pour un vrai marxiste, dès lors, toutes les créations de l'esprit iranien (j'entends les constructions vertigineuses de la gnose spéculative, la procession dramatique des intelligences archangéliques, l'univers imaginal des formes docétistes telles qu'elles furent développées dans notre théosophie et dans les modèles les plus parfaits de notre art, ainsi que l'Islam lui-même) ne pouvaient être que les formes aristocratiques, féodales et esclavagistes d'une société caractérisée par son mépris pour le travail producteur.

Dès lors l'idéologie ou la *superstructure* reflétait les rapports socio-économiques d'une société hiérarchisée où les différents échelons sociaux trouvaient leur contrepartie idéologique dans la gradation angélologique des mondes superposés, où le processus de la création n'était pas une théophanie de l'Être se brisant sur les miroirs multicolores du monde mais une action, un processus, voire une production. L'univers, pour la pensée iranienne, en revanche, était le reflet d'une auto-contemplation de l'Être et non l'interaction des conditions socio-économiques. Cette différence de vue est capitale puisqu'elle peut vicier à l'origine toute tentative de réconciliation entre deux points de vue ontologiquement contradictoires.

Le marxisme pratiqué en Iran est une sorte d'amalgame épais axé sur les vulgarisations les plus médiocres de l'œuvre de Marx. Une grande partie de la culture des intellectuels de gauche s'inspire notamment des mauvaises traductions des sources de seconde main en persan. En outre, le marxisme ne parvint à nous qu'à travers le filtre du léninisme et des œuvres soviétiques, lesquels représentent déjà une vulgarisation de l'œuvre originelle de Marx. Or le problème du marxisme ne peut être éclairci que dans son contexte propre, autrement dit dans ses rapports avec les trois sources qui l'ont nourri : l'idéalisme allemand, le socialisme français et l'économisme anglais. Le marxisme est une pensée éminemment européenne, philosophiquement liée à la problématique ontologique de l'Être qui, des pré-socratiques jusqu'à Heidegger, a été le fondement de toute la pensée occidentale. Que Marx ait pu faire dévier l'Esprit absolu de Hegel vers la dimension socio-économique d'une praxis dialectique, implique au préalable toute la puissance prodigieuse du négatif, de sorte que le marxisme reste, comme l'a dit Sartre, au moins indépassable dans le domaine social. Or ce qui préoccupe les intellectuels du Tiers Monde en général, ce ne sont pas les thèmes sophistiqués de la philosophie ni les créations « fumeuses » d'une sagesse orientale vis-à-vis de laquelle ils se sentent de plus en plus aliénés, mais le problème social de la lutte des classes qui, à l'échelle mondiale, s'est transposé au niveau de la lutte des sous-développés contre les sur-développés, des colonisés contre les colonisateurs, de l'indépendance nationale contre l'impérialisme. Par sa critique radicale du capitalisme, du libéralisme et des monopoles, le marxisme a préparé le chemin d'une libération hors de la sphère de l'Occident lui-même. Puisque le capitalisme est condamné historiquement et qu'il s'identifie à l'Occident bourgeois, le marxisme est, par conséquent, ce *raccourci* qui permet d'effectuer un bond en avant contournant la bourgeoisie capitaliste, en prenant refuge dans le rôle messianique du prolétariat (peu importe que celui-ci existe effectivement dans ces pays, on le créera de toutes pièces s'il le faut), lequel s'offre comme instrument grâce auquel on obtiendra le but eschatologique de l'histoire par une révolution mondiale. Dans ce contexte, l'occidentalisation ne s'identifie qu'à la bourgeoisie et au rôle « maléfique » que celle-ci assume dans l'histoire : rôle maléfique qui devient, pour nos marxistes terriblement simplificateurs, celui de l'Occident tout entier.

Ainsi donc ces tendances, quelle qu'ait été leur source idéologique, s'accordaient sur un point : l'aspect négatif de l'occidentalisation, décrite comme une catastrophe cosmique, une malédiction du ciel, un envahissement des ténèbres sataniques, ou un asservissement de l'homme. Cependant, le fait même que ces questions étaient posées par des intellectuels ayant un accès direct ou indirect aux sources de la culture occidentale, montrait que la mise en question du problème était « occidentale » en elle-même et que *l'occidentalisation conditionnait la réponse qu'on devait lui apporter.* L'occidentalisation était présente dans notre façon d'appréhender les choses, dans les catégories qui façonnaient les moules de notre mode perceptif et contre lesquelles nous voulions nous insurger; son emprise se faisait invisiblement sentir dans notre manière d'être-dans-le-monde. Quoi que nous disions, quoi que nous fassions, nous ne pouvions nous libérer de sa puissance, nous ne pouvions revenir au point zéro de l'histoire afin de refaire, à partir de ce point neutre, le monde à notre propre image, le meubler selon nos souhaits et nos sollicitudes. En quelque lieu que nous nous trouvions, nous étions déjà conditionnés par le contenu formel de la phase de l'occidentalisation qui lui correspondait. Dès lors s'attaquer au problème de l'occidentalisation n'équivalait pas à nier ce qui était si insidieusement ancré dans la structure perceptive de notre esprit, ni à renchérir sur un mal dont nous ignorions le mécanisme, mais à reconnaître cette forme *a priori* qui structurait notre vision du monde. Et pour ce faire, il fallait prendre de la distance par rapport au foyer qui la projetait; afin d'effectuer cette distanciation, il fallait mettre ce foyer en perspective, le voir dans l'enchaînement de son processus; et pour saisir cet enchaînement, il fallait en définitive retracer les maillons de sa genèse dans l'histoire. Ainsi, de fil en aiguille, pourrions-nous nous représenter les métamorphoses de ce mouvement dont les dernières formes, en raison de son extension sur notre planète, étaient devenues partie intégrante de notre perception du monde.

Il y a un lien homogène entre le mouvement de l'histoire et les formes de conscience que celui-ci assumait dans la vision des grands penseurs. L'histoire de la philosophie et la philosophie de l'histoire étant, au dire de Hegel, une seule et même chose, cette correspondance restait homogène du côté occidental car elle émanait d'un même contexte culturel, tandis que, par rapport à notre conscience appartenant à une constellation culturelle différente, cette adéquation était insuffisante, voire hétérogène – puisque, entre notre monde et celui de l'Occident, s'interposait le passage de l'homme religieux à l'*homo faber* et que ce passage, étant une *rupture épistémologique,* impliquait une différenciation qualitative aussi bien du côté de l'occidental qui devait *ré-apprendre* la vision mytho-symbolique du monde en recourant peut-être à l'herméneutique ou à la voie phénoménologique, que du côté du non occidental qui devait *désapprendre* sa façon de voir en reconnaissant la puissance destructrice du négatif et en *démontant* les structures dont il subissait l'impact.

L'occidentalisation venait du fait que, n'étant pas conscients du passage inéluctable que nous avions effectué en nous immergeant dans le réseau planétaire du monde, nous ne nous rendions pas compte de cette hétérogénéité latente et que nous cherchions les causes du décalage dans les faits extérieurs plutôt que de les replacer dans les structures de notre esprit. Ainsi « l'occidentalite » se présentait, en dernier ressort, comme une conscience *doublement fausse,* déformant autant les idées imposées que nous estimions reconnaître à leur juste valeur que celles nous appartenant en propre au nom desquelles nous voulions nous débarrasser des premières. Et comme la genèse de ce processus n'avait aucun rapport avec la généalogie de notre propre mémoire et que, d'autre part, le fondement de la subjectivité et la base anthropologique qui le constituaient étaient, depuis plusieurs siècles, par rapport à notre position théo-anthropocentrique dans le monde, une déviation essentielle, un déplacement radical du problème ontologique, nous ne pouvions en connaître les rouages sans une attitude critique à son égard; nous ne pouvions que le subir et c'est cette *soumission passive à la tyrannie d'une structure s'imposant d'emblée à notre esprit qui constituait en propre l'occidentalisation.*

Cette situation ambivalente avait pour conséquence que nous restions en suspens entre deux mondes qui nous échappaient. Nous étions réduits à la tâche, pour utiliser un exemple musical, de jouer un air modal sur un instrument destiné à la musique harmonique. Nous nous trouvions, quant à la forme des catégories perceptives, au niveau du réseau planétaire de l'homme moderne, tandis que par rapport au contenu de cette forme nous en étions restés au niveau de la religion, c'est-à-dire que nous puisions toujours à la substance magico-religieuse de notre mémoire collective. Si donc la forme dominante des dernières métamorphoses de la pensée occidentale était une structure idéologique réductionniste (nous laissons de côté le mouvement de dépassement qui se traduit chez les grands penseurs) et que celle-ci était en outre une fausse conscience, notre rencontre inéluctable avec elle ne nous inculquait pas seulement cette fausse conscience comme une chose déjà acquise sous forme d'un « paquet idéologique » mais nous conduisait aussi à fausser la portée de notre propre héritage spirituel. A la fausse conscience déjà inculquée à notre esprit par cette structure idéologisée et *inconsciente* s'ajoutait l'hétérogénéité de la forme et du contenu, c'est-à-dire une nouvelle fausse conscience, voire l'irruption d'un contenu étranger dans une forme inadéquate à le contenir : de sorte que le résultat était toujours des formes hybrides et mutantes qui ne s'accommodaient ni de l'esprit de la forme imposée ni du contenu de la culture qui s'y exprimait en se déformant. Cette double « fausse conscience » se traduisait inévitablement sous forme d'une double illusion : l'occidentalisation inconsciente suivie de l'aliénation inéluctable à l'endroit de sa propre tradition. Cette dernière était ainsi l'effet complémentaire du premier phénomène, voire le résultat logique de l'occidentalisation; mais celle-ci demeurait inconsciente dans la mesure où nous ne savions pas que nous étions occidentalisés dans notre façon même d'appréhender et d'évaluer les choses.

Cette occidentalisation inconsciente se traduisait dans les domaines de la pensée, de l'art, des comportements sociaux, de même que dans la typologie de l'homme qui devait incarner cette manière d'être dans le monde : dans le domaine de la pensée nous avions affaire à une pensée sans objet, voire sans fondement; dans le domaine de l'art nous étions confrontés à un art sans « lieu »; dans le domaine de la typologie anthropologique nous rencontrions un homme qui était l'image inversée de celle qui avait été notre idéal; dans les comportements sociaux, enfin, nous avions à faire face à une attitude absurde qui n'était pas celle dont nous parlaient les auteurs de la période de l'entre-deux, mais à une sorte d'absurde singulier qui était le produit du chevauchement *criard* de niveaux de cultures incompatibles les uns avec les autres.

3. Une pensée sans objet

Dans une société traditionnelle où la mémoire collective reste vivante, la pensée n'est guère une mise en question des prémisses pré-établies, mais un acte de commémoration. En d'autres termes, cette mémoire est pareille à une source vive où chacun puise selon ses besoins et les capacités qui lui sont dévolues. De plus, l'alphabétisation de l'ère gutenbergienne (au dire de M. Mc Luhan), n'ayant pas encore réprimé l'ouïe au profit de la vue, la tradition orale joue un grand rôle et la synesthésie reste plus opérative. Les valeurs traditionnelles, communautaires, exercent une fonction essentielle dans l'éducation : penser dans ce contexte n'est point mettre à nu les questions mais les raccorder aux réponses qui sont données d'avance. Toute attitude n'a de légitimité que si elle est garantie par une norme préétablie, toute pensée est déjà conditionnée par les solutions proposées par les anciens sages et les vieux maîtres, toute situation conflictuelle se range *eo ipso* dans des moules qui sont culturellement prévisibles. C'est pourquoi l'accumulation du savoir consiste à apprendre les choses par cœur, méthode à mettre en rapport avec la fonction commémorative de la pensée, puisque toute pensée n'est en somme que l'actualisation de ce qui gît dans le creuset commun. Nombreux sont, d'autre part, ceux qui connaissent par cœur une quantité appréciable de poèmes, de proverbes et de préceptes moraux; et nombreux sont aussi ceux qui les utilisent, afin d'illustrer la « norme » d'action de tel comportement, la réponse à tel doute, l'issue de telle situation conflictuelle. Mettre à profit les trésors de la mémoire collective équivaut ainsi à commémorer, c'est-à-dire à penser. C'est pourquoi ces gens pensent en « clichés », en schèmes préétablis mettant à profit telle citation de tel poète, tel propos de tel sage, de tel mystique, citation qui reste toujours conforme à la situation en question. Et, plus l'autorité de l'auteur que l'on cite est enracinée, reconnue par la tradition, plus la parole a de portée et plus aussi s'éclipse et s'efface l'originalité de la personne qui parle – donc de l'individu en général – puisque, dans l'horizon de cette vision transpersonnelle, celle-ci n'a qu'une réalité relative dans la mesure où son seul rôle est de servir de véhicule à une vérité dont elle n'est que la courroie de transmission. D'ailleurs, toute référence au « je » est un signe d'indécence pour ne pas dire de prétention; car le but n'est guère d'être différent, original, irréductible à tout modèle préconçu, mais de servir de médiation entre une action et son modèle : il vise avant toute chose à réintégrer le sujet ou la personne dans un tracé qui, préalablement à toute prise de position, détermine les voies de la pensée et de l'action.

Ainsi chaque être reste un maillon de consonance dans la chaîne totale des relations, où toute dissonance, tout acte déviant de l'ensemble, toute innovation personnelle, sont une atteinte à « l'harmonie préétablie », voire un acte de désunion et par là même une affirmation de son propre ego. Et comme tous les besoins moraux et spirituels des hommes sont censés être résolus et déterminés par avance, tout effort véridique de la pensée équivaudrait dans ce contexte à raccorder à nouveau ce qui avait été provisoirement perturbé. Ainsi, dans le *Mathnavî* de Jalâloddîn Rûmî, Moïse, choqué par les effusions naïves d'un berger qui faisait les louanges de son Seigneur selon son langage pastoral, le réprimande et, ce faisant, l'ébranle dans la spontanéité naïve de sa foi – d'où l'amer reproche de Dieu : « Tu es venu pour raccorder et non pour désunir. »

Mais lorsque la pensée dévie du cours naturel de la mémoire collective, elle devient rebelle, explosive et, pareille à l'eau détournée du lit de la rivière, elle cherche coûte que coûte de nouveaux débouchés. Or la pensée occidentale a quitté son lit familier depuis plusieurs siècles, d'où son impétuosité inquiétante, d'où son effort ininterrompu pour rechercher de nouveaux horizons : curieuse de tout problème inédit apte à assouvir sa soif inextinguible, à donner une réponse adéquate à des questions qu'elle ne cesse de se poser à elle-même, elle est riche, différenciée, novatrice, audacieuse et sans repos. Pour toute pensée à la recherche de nouveaux fondements, le mouvement, le changement, l'évolution deviennent des lois quasi naturelles : tout problème, si épineux soit-il, mérite qu'on l'approfondisse, tout sujet est digne d'être analysé et débattu, toute question vaut la peine d'être posée; rien n'est vain, même la vanité de l'effort; rien n'est trop simple, rien n'est à l'abri de l'intrusion de la pensée. La pensée qui cherche sans repos est pareille à l'Esprit absolu de Hegel qui, dans sa vertigineuse odyssée, parcourt les étapes de l'histoire pour prendre conscience de lui-même; qui jamais ne se repose et qui ne connaît d'autre loi que celle du mouvement ininterrompu. Tout émerveillement dans le jeu contemplatif du monde l'agace, toute gratuité en dehors de son devenir productif lui reste inaccessible, tout abandon à la féconde paresse de soi-même lui répugne.

C'est pourquoi la pensée chercheuse est aussi audacieuse; elle n'a pas peur de se jeter dans le gouffre du néant, d'abattre les idoles à coups de marteau; elle ne recule pas devant le risque du saut; elle est libre de l'emprise du passé comme de la mémoire de la tradition. Elle n'a pas peur non plus des chutes puisque toute chute équivaut pour elle à se relancer dans une autre aventure. Elle est ainsi seule et tragique. La folie des hauteurs est la loi de ses sauts désespérés, la répétition absurde son destin, la lutte infatigable sa mission supérieure. Pareille à Sisyphe, elle ne se lasse jamais des chutes et des reprises.

C'est parce qu'elle cherche et bouge sans cesse qu'elle a aussi une *histoire*. Mieux encore : l'histoire se déduit des métamorphoses de cette pensée qui, ayant délaissé le lit familier de la vieille mémoire, n'a cessé depuis de rechercher un nouvel abri, quitte à l'abandonner pour le suivant et ce dernier pour un autre. C'est pourquoi elle a une philosophie de l'histoire qui se confond avec le mouvement incessant d'une pensée en quête de nouveaux fondements. Et c'est parce que la pensée occidentale est ouverte à toutes les questions que l'occidental est un « intellectuel » et non un sage; et qu'il est, d'autre part, aisé d'établir un contact avec l'intellectuel puisque celui-ci s'intéresse à tout et qu'il est naïf. Il est naïf car il prend tout au sérieux : les superstitions les plus primitives, les rites les plus périmés, les langues les plus désuètes. Tout lui est intéressant et digne d'être étudié dans la mesure où cela se rapporte au phénomène humain. Et quant à ce fameux phénomène humain, chacun a sur lui une idée : il est tantôt cet aspect lointain qui nous vient de la préhistoire, des singes anthropoïdes, de l'Australopithèque, de l'homme de Néanderthal ou de Cro-Magnon, tantôt l'homme créé à l'image de Dieu, tantôt l'*animal laborans* qui transformera un jour la face du monde. Il est en fin de compte un être indéfinissable, car il n'entre dans aucune catégorie et s'évapore en une nuée de définitions contradictoires. L'intellectuel est naïf car il n'arrive pas à transcender sa vision, à jeter un regard contemplatif sur le jeu du monde, et s'étouffe par manque d'air et de rire sous l'exubérance luxuriante de sa propre dialectique.

Vis-à-vis de cette pensée laborieuse et dynamique, notre pauvre monde, à l'exception des grands trésors spirituels du passé, n'a rien à offrir. Que peut-on opposer à cet homme entreprenant qui exploite si judicieusement les sous-sols, explore les espaces sidéraux, fait des miracles grâce à la science? Le mythe de l'homme parfait, du libéré-vivant, les paradoxes inspirés de l'illumination soudaine? Oui, sans doute! Au reste, nombreux sont les « vagabonds de l'Occident » qui, fascinés par ces images des hommes-mages, parcourent les quatre coins du monde à la recherche des gourous, des sages, des sorciers, en s'affublant de toutes sortes de frocs de pèlerins susceptibles de hâter l'illumination. Qu'oppose-t-on pourtant, en dehors de ces « images traditionnelles », à l'homme occidental? L'homme révolutionnaire tiers-mondiste, le militant islamique? Mais ces derniers prototypes ne sont-ils pas les images inversées de cet homme dont on veut se débarrasser coûte que coûte, que l'on veut combattre, contre qui on a du ressentiment? Ne sont-ils pas l'ombre de l'homme même que l'on veut supplanter, ne représentent-ils pas des valeurs de seconde main?

Sans doute ne faisons-nous qu'emprunter des valeurs de seconde main, mais un laps de temps s'étant écoulé entre l'introduction de ces valeurs et leur adoption; ce décalage présente, outre l'absence de toute mise en perspective, de toute faculté critique et de toute adéquation entre les deux contextes, un clivage de niveau de conscience. Et comme, d'autre part, ces valeurs s'associent aux atavismes, aux résidus de nos idoles mentales, les résultats, hélas, ne sont pas des synthèses mais une sorte de soupe épaisse qui se caractérise par l'emphase, l'exagération, et surtout par l'*inflation* des concepts et des mots. Celle-ci a lieu quand les mots, déviant de leur sens originel, expriment une pensée qui, étant hors de tout contexte, tourne autour d'elle-même, sans s'accrocher à un fondement quelconque. Nous disons que cette pensée est sans objet, n'étant ni en rapport ontologique avec le contexte d'où elle tire sa forme, ni en rapport substantiel avec la mémoire d'où lui vient son contenu. De sorte que s'insérant, comme nous le disions plus haut, dans une forme inadéquate à la contenir, elle reste au point de la coïncidence d'une double aliénation qui se reflète dans la double illusion.

La pensée ne peut être créatrice que si elle est soit « commémorante » (c'est-à-dire si elle puise comme le disent les penseurs iraniens à la *« Niche aux lumières prophétiques »*) soit tout à fait libre, c'est-à-dire que, quittant le lit familier de la mémoire, elle se précipite contre vents et marées pour retrouver à chaque reprise un fond qui lui échappe. Dans l'état actuel nous n'avons ni cet élan capable de nous jeter à rebours vers la *« Niche aux lumières prophétiques »*, ni assez de liberté et de détermination pour renouveler, sans nous épuiser, la tâche monotone de Sisyphe. Bannis de l'un et non prêts pour l'autre, nous sommes à tous les égards dans la phase de l'entre-deux, et c'est cette instabilité qui nous rend si vulnérables aux chocs et qui rend si imprévisibles nos réactions. Nous tombons d'un excès dans l'autre : de Lao Tseu à Marx, du code viril de la chevalerie des Samouraï à l'agressivité économique, du miracle économique à la république islamique. Dans un monde où les forces créatrices deviennent passives, toutes les configurations sont possibles, y compris les plus invraisemblables.

C'est ainsi que, mêlant tant bien que mal les éléments les plus hétéroclites dans un concept hybride, nous arrivons, pour ne citer que quelques exemples, à ces identités fulgurantes : Islam = démocratie, ablution rituelle = hygiène, ou prière = gymnastique. Mais que peuvent bien signifier ces identifications? Prenons l'exemple de l'ablution rituelle ramenée à l'hygiène. L'ablution est un acte symbolique qui n'a de sens que si la prière est un rituel susceptible de nous intégrer à un ordre sacré : s'il se trouve que par l'ablution on se lave aussi les mains et les pieds, ceci n'est pas le but principal, car on peut faire l'ablution en Islam avec une pierre ou une motte de terre en l'absence d'eau puisque l'ablution est d'abord un acte de purification intérieure. Ce qui frappe dans ces identifications est ceci : c'est toujours la signification sécularisée qui rabat le symbole religieux à son propre niveau et le justifie. En ravalant l'ablution à une hygiène on la réduit à un acte de purification physique, liquidant ainsi un symbole au profit d'un concept moderne censé le justifier. Mais cette opération réductionniste entraîne une autre conséquence : l'apparition d'une troisième entité, *l'ablution-hygiène,* qui n'est à proprement parler ni l'hygiène ni le rituel mais *une forme nouvelle dont l'objet reste en suspens entre deux contextes indéfinis, cette zone d'indéfinition étant le lieu où elle acquiert sa vérité et sa raison d'être.* Cette zone, du fait qu'elle est une carence par rapport à l'un comme à l'autre sens, est désinvestie de son pouvoir de suggestion et de symbolisation, d'où l'inflation des sens et la carence du contenu, d'où aussi l'apparition de la forme mutante qui est le point de conjonction et de perversion de deux sens, c'est-à-dire l'enchevêtrement furieux de deux caricatures.

Si les relations entre les grandes civilisations traditionnelles s'effectuaient autrefois, comme nous l'avons vu au chapitre II, 3, grâce à l'espace imaginal des trans-mutations par le truchement duquel un symbole se substituait à un autre symbole *iso-morphe* sans tomber dans le champ pauvre de l'allégorie, sans perdre pour autant la faculté configuratrice de sa puissance archétypale, dans le cas précis des concepts hybrides, nous n'avons plus affaire à une trans-mutation mais à l'apparition des *mutations.* Car dans ce cas précis l'imaginal devient l'imaginaire tout court, c'est-à-dire des phantasmes primaires qui s'accompagnent de l'instrumentalisation de la ratio. Le contenu symbolique du rite, dans notre exemple concernant l'ablution, s'accommode d'une structure réductionniste qui l'extrait de la constellation à laquelle il appartenait pour l'insérer dans le champ de sa propre gravitation; et ceci d'autant plus que cette structure réductionniste est inconsciente, c'est-à-dire qu'elle est devenue une forme *a priori* du mode perceptif.

Il en va de même de l'identification marxisme = Islam, laquelle donne lieu à cette engeance singulière des marxistes islamiques. Dans la rencontre de ces deux choses, une doctrine idéologique et une religion, l'homogénéité structurelle de l'expérience métaphysique de même que la communauté d'optique spirituelle font défaut : l'une (le marxisme) est dualiste et réductionniste, tandis que l'autre pré-suppose une structure ternaire; l'une a une conception linéaire du temps, tandis que l'autre envisage toute chose dans la perspective cyclique de la descente et de la remontée.

Car, nous dit Mohammad Arkoun : «... Le Coran fait un usage vertical du vocabulaire, obligeant ainsi le lecteur à accomplir un constant mouvement ascendant et descendant à travers quatre sphères de signification, elles-mêmes dominées par Dieu [1]. » Les quatre sphères de signification sont respectivement : 1. Sphère du Mystère *(ghayb),* 2. Sphère de l'eschatologie *(âkhira),* 3. Sphère des Cieux, 4. Terre objets terrestres [2] : ainsi on voit comment, suivant la descente de la révélation, « on va du moins perceptible au plus perceptible, de l'infini au fini, du perdurable au périssable », de sorte que la révélation « imprègne les réalités de ce monde en suggérant à l'homme l'existence du Mystère *(ghayb),* en lui dévoilant la condition de l'Autre vie *(âkhira)* et en lui montrant les merveilles des cieux et de la terre ». Tout le savoir *('ilm)* ainsi révélé a donc pour fonction d'enrichir le

1. M. Arkoun : *le Coran,* trad. Kasimirski, Garnier-Flammarion, Paris, 1970. Préface, p. 16.
2. *Ibid.,* p. 17.

regard intérieur *(qalb, lubb, 'aql)* et « de diriger vers le haut les prières... les pensées... et les actions... de l'homme[1] ».

Il s'en déduit qu'on ne peut extraire un concept qorânique et l'insérer dans un autre contexte sans brouiller du même coup ce réseau de significations qui n'a de sens que dans la perspective de la descente et de la remontée, car toute chose, dans la mesure où elle est orientée vers l'*âkhira*, c'est-à-dire vers la résurrection et la remontée, acquiert sa vraie valeur et son vrai sens et s'intègre dans la topographie totale de l'univers qorânique. Déviée de cette dimension eschatologique, elle n'a aucun sens, aucune charge numineuse. C'est pourquoi aucun tri n'est possible à l'intérieur de ce réseau serré qui se présente comme un tout indissociable. Y déceler des réminiscences de lutte de classes, ou Dieu sait quel autre impératif de l'histoire, c'est se leurrer, c'est méconnaître tout autant la portée du Qorân que trahir l'univers dialectique de Marx; c'est, en d'autres termes, créer ces formes mutantes, ces monstres de Frankenstein qui restent en suspens entre deux concepts indéfinis et où l'imaginaire, le fictif, échappant à tout contexte et tout contrôle, se déchaînent furieusement, créant des fantaisies les plus imprévisibles, les plus inconséquentes, les plus aberrantes.

Les autres civilisations traditionnelles sont soumises à la même règle. Pour un Hindou croyant, par exemple, qui médite au bord du Gange, les avatars de Viṣṇu ou les exploits de S'iva ont probablement beaucoup plus de vérité actuelle que ne l'a pour un Français la guerre de succession d'Espagne sous Louis XIV. La connaissance empirico-objective est pour un Hindou tout aussi illusoire par rapport à la réalité de l'Être inconditionné *(brahman)* que ne l'est la faculté magique de l'imagination pour un rationaliste cartésien. Les pulsions et les instincts qui déterminent de nos jours l'anthropologie moderne sont autant de mobiles appartenant à l'infraconscience dont un musulman gnostique ou un Hindou auront soin de se libérer. Car la délivrance de l'homme consiste précisément à consumer cet « inconscient » que le Yoga, par exemple, reconnaît comme étant le réservoir d'impressions subliminales *(vâsanâ)* dont l'homme hérite grâce à son

1. *Ibid.*, pp. 16-17.

karma lors de ses pérégrinations dans la roue des renaissances *(saṃsâra)*. La grandeur de l'homme ne consiste pas à affirmer sa volonté de puissance mais à s'en défaire. D'ailleurs tout l'*ethos* de l'Orient indien, aussi bien que ceux islamique ou chinois, tend soit à la renonciation, soit à l'action désintéressée comme l'idéal de la *Bhagavad Gîtâ*, soit à la Non-action comme dans le Taoïsme. L'image de l'homme ne s'éparpille pas dans une poussière de *ismes* ayant chacun ses valeurs, ses critères de vérité, sa conception du monde, mais dans une vision synthétisante de l'humain englobant dans sa totalité tous les plans de l'Être. L'homme n'est pas un sujet isolé en suspens sur l'abîme du néant, un sujet n'ayant pour tout bien que sa liberté, mais un microcosme polydimensionnel en correspondance magique et sympathique avec tous les degrés de l'existence. Le monde n'est pas un *projet* de la raison ou un réseau de lois mathématico-physiques, mais une présence à une totalité qui ne se révèle pas dans l'objectivité des objets mais dans une éclosion spontanée qui est dévoilement.

De même qu'on ne peut dissocier les concepts qorâniques de leur contexte propre, de même on ne peut opérer un tri à l'intérieur de la pensée occidentale elle-même. Toute civilisation, toute vision du monde, forme un ensemble dont toutes les parties s'accordent dans un tout organique. « Qui donc sait, nous dit Oswald Spengler, qu'entre le calcul différentiel et le principe dynastique du temps de Louis XIV, entre la forme de la polis antique et la géométrie euclidienne, entre la perspective spatiale de la peinture à l'huile en Occident et la conquête de l'espace par le chemin de fer, le téléphone et les armes à feu, entre la musique instrumentale contrapunctique et le système économique du crédit, il y a une profonde connexion de la forme [1]? »

Cette connexion de la forme *(Zusammenhang der Form)*, si profonde entre les différents aspects d'une civilisation, détermine l'esprit, les catégories spatio-temporelles; bref, l'ensemble organique d'une culture. Dans une civilisation où la pensée mytho-poétique conserve encore sa charge

1. Oswald Spengher : *le Déclin de l'Occident*, trad. française de M. Tazerout, 1re partie, Paris, 1948, p. 19.

numineuse, comme les cultures traditionnelles d'autrefois, les catégories de temps, d'espace, de causalité sont qualitatives et obéissent beaucoup plus aux structures symboliques de l'esprit qu'aux lois « claires et distinctes » de la raison. Dans les relations actuelles des civilisations c'est cette « connexion de la forme » reliant en un bloc organique les différents aspects de la civilisation occidentale qui, sous forme idéologique, s'intègre inconsciemment à la structure de notre esprit et conditionne préalablement notre regard, devenant une sorte de lunettes à travers lesquelles nous voyons le monde. Que les valeurs séculaires des civilisations asiatiques ne jouissent plus de leur vigueur d'autrefois, ni du prestige qu'elles avaient naguère à nos yeux, ressort clairement de l'état décadent de leur situation actuelle; mais il n'empêche qu'il subsiste des vestiges de croyances, d'images et de catégories « magiques » du voir et du sentir qui restent refoulées dans les coins obscurs de la pensée. On ne change pas l'âme d'un peuple du jour au lendemain. Il persiste, qu'on le veuille ou non, quelque résidu de l'idée de l'*humanitas* telle que la concevaient les Musulmans, les Hindous ou les Japonais, qui sont parmi les asiatiques les plus technicisés.

Ces vestiges affleurent souvent la surface, affectent nos réactions, influencent nos pensées, dirigent notre comportement affectif. C'est sur le plan affectif que nous restons le plus irréductibles. Entre ce que nous croyons croire et ce que nous sentons, existe souvent une telle dichotomie que le choc, loin de susciter une nouvelle synthèse, un nouvel épanouissement des forces créatrices, engendre plutôt un état proche de la schizophrénie. C'est ce comportement schizophrénique, visible dans les manifestations de nos arts, nos œuvres et notre littérature, qui trahit le plus profondément l'état symptomatique de la transition que nous sommes en train de traverser. Car, outre qu'il produit un état voisin de la confusion, il paralyse aussi nos forces créatrices. Il les paralyse parce que le défi qui nous menace reste sans alternative. Nous n'avons plus de *choix*, nous ne pouvons refuser cet état. Il s'annonce comme la voie par excellence, et nous ne pouvons plus nous en détourner parce que nous craignons de rester en arrière et d'attendre indéfiniment dans l'antichambre du mouvement historique. Le défi contemporain s'annonce comme l'appel de l'histoire, comme *le seul destin à accomplir.* Même lorsque, éveillant furieusement nos « idoles mentales », nous nous jetons à bride abattue dans une aventure censée nous libérer de l'emprise de l'Occident, nous tombons dans son piège parce que notre ressentiment aveugle paralyse toute attitude vraiment critique à son égard.

Ainsi, ce qui s'impose à nous n'est pas une partie d'un ensemble où nous pourrions à la rigueur choisir ceux d'entre les éléments qui nous conviendraient le mieux, mais une structure, *un tout articulé* qui ne souffre aucun tri. Les parties ne vont pas sans le tout et celui-ci a sa logique, sa loi et ses catégories. Nous commençons déjà à penser en termes d'histoire, nous parlons du progrès, du retard des pays en voie de développement, du revenu par tête d'habitant; nous commençons à planifier, à programmer, nous subissons l'attrait fascinant des ordinateurs; nous aspirons à la puissance, aux débouchés du marché, aux armes nucléaires. Nous projetons déjà l'alphabétisation des masses.

Mais alors, que deviennent ces *habitus*, ces croyances séculaires, cette mémoire que nous portons? Notre héritage est-il capable de rectifier le cours des événements, de laisser un champ libre à la vie intérieure? Peut-être oui, d'une façon inconsciente : le cri du sang, l'impact de la culture, les atavismes agissent, mais dans les zones irrationnelles des affects et des instincts. Ils entravent nos prévisions trop optimistes, dévient nos programmes trop enthousiastes, bloquent nos performances trop hardies. En somme, une partie de notre être refuse opiniâtrement ce que l'autre a assumé, tant et si bien que nous arrivons souvent à des résultats médiocres sur le plan des performances techniques et intellectuelles. Sans doute ne sommes-nous pas encore assez « technicisés » : il n'y a pas en nous une adéquation entre la « choséité » de la chose et nos modes d'action. Peut-être quelque vestige de la pensée mytho-poétique transmue-t-il les contours des choses et nous les présente-t-il beaucoup plus sous forme de « jouet » que d'objet fonctionnel. Voilà pourquoi nous restons (à l'exception du Japon) si mal assurés dans nos performances techniques.

Il est intéressant de noter que la langue persane (on pourrait en dire autant de l'arabe) est impuissante à véhiculer l'énorme vocabulaire conceptuel des sciences humaines occidentales (sans parler des sciences de la nature); désespérés, nous en imputons la faute à son indigence. Sous l'influence de mauvaises traductions qui ont nourri plusieurs générations d'intellectuels, émerge une langue de traduction, tandis que, d'autre part, apparaît un langage parlé qui ressemble étrangement aux films doublés. Or, depuis la révolution islamique, nous tombons dans l'excès inverse qui est le processus d'arabisation forcenée d'une langue dont il nous a fallu plusieurs siècles pour reconstituer la teneur originelle. Si le génie de la langue persane a été de véhiculer l'épopée sonore de Ferdawsî, l'exaltation mystique de Rûmî, les paradoxes inspirés des grands mystiques et la polyvalence magique du verbe de Hâfez, cette langue est restée fidèle à son vrai message. Il suffit pour s'en convaincre de jeter un regard sur les hauteurs auxquelles parvient Hâfez dans ses *ghazals* (odes), où l'élan de la pensée en harmonie avec le langage converge vers cette dialectique d'ascension qui est comme la résonance de l'écho de l'âme sur tous les registres de l'Être. Analysant la structure des odes de Hâfez nous disions :

« On a l'impression en le lisant que le poète a un œil " à facettes multiples ", le monde ne se déroule pas devant ses yeux en une succession logique d'idées mais semble plutôt s'ouvrir en une éclosion simultanée. Chaque distique est un tout complet, un monde à l'intérieur du *ghazal*, il n'est pas chronologiquement lié au suivant mais lui est synchroniquement consubstantiel. Il est comme un monde à l'intérieur d'un monde plus grand, lequel s'intègre au *Dîvân* tout entier et celui-ci à la vision cosmique du poète. Ainsi de distique en distique, les mêmes tonalités s'amplifient dans des registres prolongés motivant des coïncidences synchroniques, provoquant des correspondances magiques à tous les niveaux. Tout cercle concentrique sert de miroir à celui dans lequel il est immédiatement contenu, de sorte que nous assistons à un jeu de *miroirs superposés* suggérant en quelque sorte les théophanies de l'effusion divine, mais avec cette nuance près qu'ils traduisent sous forme de dévoilement ce qui pour les philosophes et les théosophes s'exprime en catégories conceptuelles dans la hiérarchie ontologique du monde. Ce rayonnement des plans de visions simultanées permet de répéter horizontalement à tout niveau de structure une révolution de sens pareille à ces ondes concentriques qui se propagent sur la surface de l'eau à partir d'une pulsion initiale. Ces ondes sont reprises verticalement à d'autres registres qui en amplifient indéfiniment la résonance, et comme tout registre renvoie à tous les autres, il se crée des ondes de résonance se répercutant à tous niveaux, à toute octave, créant, grâce aux correspondances, la stupéfiante polyphonie d'un verbe qui touche tout cœur pour peu qu'il veuille bien s'y prêter [1]. »

Si la langue persane permet de telles envolées dans son domaine, il n'est pas étonnant que, transposée sur un autre registre, celui des sciences humaines occidentales, elle ne puisse satisfaire nos besoins : l'esprit qui la reflète est confus, il est une pensée sans objet. Les mots, sujet, objet, si importants pour la philosophie occidentale puisqu'ils marquent un moment décisif (chap. III, 1, e) où la pensée devient représentation des objets dans l'acte du *cogito*, n'ont pas d'équivalents dans notre langue. Nous avons beau chercher des synonymes comme *'ayn* (le concret), *dhihn* (mental, abstrait), *'âlim* (connaissant), et *ma'lûm* (connu), *âfâqî* (mode d'être horizontal et physique) et *anfosî* (mode d'être intérieur, psychique), tous ces mots renvoient à d'autres « harmoniques » faussant la portée des concepts très précis que sont l'objectivité et la subjectivité. Ces derniers sont les résultats de cette brèche fondamentale dont nous avons parlé au chapitre III; brèche qui ne fut jamais vécue dans notre pensée comme une scission à l'intérieur de notre « conscience malheureuse », mais qui, par l'impact planétaire de l'occidentalisation du monde, nous piégea dans son champ magnétique sans que nous ayons pu opérer intérieurement la prise de conscience correspondante.

Or, les mots les plus intraduisibles d'une langue sont précisément ceux qui importent le plus, car ils constituent un mode de sentir et de voir inhérent à l'esprit de cette langue;

1. D. Shayegan : « La topographie visionnaire de Hâfez de Shîrâz » in *l'Herméneutique permanente* ou le *Buisson ardent*, Cahiers de l'Université Saint-Jean de Jérusalem, Berg International, Paris, 1981, pp. 120-121.

ce sont eux qui constituent, selon Jacques Maritain, les « titres de noblesse métaphysiques » d'un peuple. Si le persan résiste à tel point à de tels assauts, à de telles entorses aux lois fondamentales qui le constituent, la raison en est que son génie s'exprime dans une dimension qui n'est pas la logique des sciences humaines occidentales : sa répugnance est un signe d'incompatibilité ontologique plutôt que d'insuffisance matérielle. Les liens entre la langue et la pensée sont révélateurs. Ce n'est que lorsque nous parviendrons à séparer les contextes respectifs embrouillés dans nos têtes, en nous défaisant des rafistolages et des collages qui engluent notre pensée, en objectivant les *images-croyances* qui obstruent notre faculté critique, en reconnaissant à leur juste valeur ces structures de l'esprit traditionnel qui perdurent, quoi qu'on en dise et quoi qu'on en pense, dans une constellation tout autre que les infra et super-structures des idéologies qui nous séduisent; ce n'est finalement que lorsque nous pourrons prendre une distance à l'égard de notre propre héritage et à l'égard de l'esprit de l'Occident que notre langue nous suivra dans cette nouvelle aventure. Peut-être nous ouvrira-t-elle alors d'autres portes, d'autres perspectives que celles dans lesquelles nous nous sommes murés.

4. Un art sans « lieu »

Peut-on parler de l'art comme d'un phénomène isolé n'ayant aucun rapport avec les autres manifestations de l'esprit? Non, sans doute. Quand l'esprit souffle et devient actif, il se meut dans tous les domaines et aucun art ne peut surgir qu'il n'ait été soutenu par un essor correspondant dans les autres domaines de l'esprit.

Constat qui n'entraîne pas que tout artiste est conscient de ce qu'il fait; mais il y a là comme l'éclosion d'une *atmosphère*, d'un climat favorable où s'épanouissent, s'enrichissant les unes les autres, toutes les manifestations de l'esprit. C'est alors que nous parlons de l'esprit du temps, et peu importe que celui-ci soit le « destin de l'Être » ou les conditions dialectiques d'une période de l'histoire. Ainsi l'art européen moderne n'est pas un phénomène isolé dans l'ensemble de la culture occidentale contemporaine : il y a une connexion organique entre les différentes révolutions qui s'accomplissent dans tous les domaines de la connaissance.

Dans un article sur *l'art et le temps* [1], Erich Neumann avance qu'à une époque déterminée tous les créateurs sont mus vers une même direction, imprégnés d'un même esprit; ils semblent, en d'autres termes, répondre à un même appel encore qu'ils obéissent à des impulsions inconnues. Cette convergence de direction, Neumann la nomme « esprit du temps » *(Zeitgeist).* Plus tard nous cherchons à percer son mystère, à établir des liens de causalité, à mettre en évidence ses implications; mais toutes nos explications restent partielles, au point que le moins présomptueux est de conclure à l'instar de Neumann que « ce qui se fait jour dans la philosophie, la poésie, la peinture, la musique comme dans la science et la politique et qui s'impose aussi aux nombreux individus créateurs, marquant de leur sceau l'esprit du temps, est transpersonnel et inconscient [2] ». Cette force *transpersonnelle* constitue pour ainsi dire le « lieu » d'où émane la vérité d'une époque. Que ce « lieu », en tant que vérité transpersonnelle, ait changé au cours de l'histoire et que, parallèlement à son déplacement, aient « eu lieu » également dans la pensée et la philosophie des changements qualitatifs correspondants, ressort assez bien de l'étude évolutive de l'histoire de la pensée. Ainsi, nous dit Neumann, le réalisme qui émergea dans la peinture de la Renaissance et domina pendant des siècles l'art occidental, possédait une signification excédant des considérations du genre : mobilité de la figure, perspective, plasticité et couleurs. L'art de la Renaissance n'abandonna pas par hasard le symbolisme médiéval pour reproduire le monde objectif extérieur; ce qui eut lieu – et ceci est un phénomène décisif – fut l'émergence de l'Archétype-Terre [3] en opposition avec l'Archétype du ciel qui avait dominé tout le Moyen Age. En d'autres termes, ce réalisme fut l'expression symbolique

1. Erich Neumann : « Kunst und Zeit », in *Eranos Jahrbuch,* Zurich, 1951, pp. 12-57.
2. *Ibid.*, p. 26.
3. *Ibid.*, p 22.

d'une révolution qui s'opérait dans la structure archétypale de l'inconscient; et, de même que dans la philosophie il y avait un rapport entre l'ennoblissement de la matière et l'intérêt croissant que revêtaient le sensible, le corps et les instincts naturels de l'homme; de même qu'une méthode empirico-objective se substituait aux idoles mentales de la mémoire tribale; de même la peinture hollandaise ne se réduisit pas à la représentation du monde extérieur naturel mais fut d'abord la glorification de ce monde-ci en tant qu'opposé à l'autre, ou encore : « La découverte de la sainteté de ce monde-ci comme beauté et vitalité, l'éloge de la vie dans ce monde matériel et de l'homme terrestre en opposition à l'éloge du Ciel qui jusqu'à présent passait pour le monde réel [1]. »

Ce conflit, on le voit à merveille, dit Neumann, dans l'œuvre de Jérome Bosch. « Il s'en tint consciemment aux anciens canons médiévaux, mais sous sa main le monde se transforma. Il se " démonisa ", se " gnosticisa " et tout devint tentation, et, dans le désespoir paranoïaque de sa conscience ascétique et moyenâgeuse, il vécut tout autour de lui la revivification de l'Archétype-Terre qui étincelait démoniaquement dans toutes les couleurs [2]. » Satan sous forme d'un hibou s'est tenu dès le commencement au cœur de la création, transformant ainsi la terre en paradis terrestre : dans son effort de représenter ce monde infesté de démons sous le déguisement de couleurs chatoyantes tentatrices, Bosch fait en sorte que « la terre triomphe finalement sur son archétype médiéval [3] ».

Les effets de l'émergence de ce nouvel archétype devenu une des composantes du nouveau canon culturel s'étendent jusqu'à la révolution française et le matérialisme philosophique. Mais cet archétype se désintègre dans la psyché pour céder la place aux deux archétypes du Diable et de la Mère-terrible [4] qui marquent une phase de dissolution totale survenue dans les temps modernes, c'est-à-dire le règne de la *nigredo,* des ténèbres, de la *materia prima.* Si

1. *Ibid.*
2. *Ibid.*, p. 23.
3. *Ibid.*
4. *Ibid.*, p. 38.

l'Archétype-Terre put tenir pendant des siècles dans les canons culturels régnants, le processus de désintégration des formes extérieures n'en débuta pas moins avec les impressionnistes; car ce changement, dit Neumann, « commença à partir du monde extérieur, lequel perdit de plus en plus son caractère-objet [1] ». Le symbole psychique remplaça la réalité extérieure et nous assistâmes à une sorte de nouvelle *participation mystique* par laquelle le moi de l'individu se désintégrait dans le flot de l'inconscient. De Dostoïevski à Proust, Kafka et Joyce, on constate une dissolution de plus en plus nette du style, de l'œuvre composée, de la personnalité humaine. Les personnages de Dostoïevski ne sont pas des « individus plastiques » mais des mouvements psychiques, ils ne révèlent pas un homme unique mais la puissance numineuse du monde intérieur [2]. Le *Loup des steppes* de Hermann Hesse n'est pas seulement un loup et un homme mais une poussière d'âmes éparpillées.

C'est, par conséquent, le règne du chaos des formes, des forces de l'inconscient, des ténèbres; le règne d'un monde où les épiphanies psychiques remplacent la réalité du monde objectif, où la désintégration de tout ce qui était bon jusqu'alors entraîne aussi l'annihilation de tout ce qui était considéré comme réel. La « dissonance (selon Thomas Mann-Dr Faustus) devient l'expression de ce qui est haut, solennel, pieux... tandis que la consonance, l'harmonie deviennent l'image de l'enfer, de la banalité, des lieux communs [3] ». Le beau est abandonné en faveur du *vrai,* c'est-à-dire du *laid* [4]. Et le caractère dissonant ne transmet pas seulement son contenu négatif à notre conscience mais provoque à sa suite une désintégration générale des formes. L'unité de temps, d'action, de lieu, de caractère, la plasticité de l'individu disparaissent et on voit poindre l'autre aspect des choses *(die andere Seite),* soit les deux archétypes du Diable et de la Mère-terrible.

Ce chaos se traduit dans la peinture moderne par un mélange de réalités psychiques et de formes décomposées

1. *Ibid.*, p. 43.
2. *Ibid.*, p. 39.
3. *Ibid.*, p. 37.
4. *Ibid.*, pp. 37-38.

de la matière : des cubes, des cercles, des taches de couleurs, des membres épars du corps humain, des vestiges de souvenirs s'unissent dans la masse confuse d'un monde désintégré où le dynamisme remplace la composition, où l'énergie de la forme et des couleurs se substitue à l'illusion de la réalité extérieure, où l'amorphe remplace le conventionnel, et où l'abîme et l'angoisse de l'âme ébranlent le fondement même du confort de la vie quotidienne[1]. « Les hommes se démonisent et les choses s'humanisent, un visage se désintègre en formes et couleurs, une tache de couleur regarde avec un œil humain[2]. » Toutes les choses se déplacent tantôt dans la banalité, tantôt dans l'abîme de la douleur cosmique, tantôt dans la transfiguration mystique de la couleur : si nous mélangeons tous ces fragments chaotiques avec ce qui est intelligible, n'aboutissons-nous pas à la représentation de la vie comme elle est en réalité[3]? L'enfer n'est plus une possibilité lointaine, une conception étrangère, nous y sommes plongés; nous subissons tous plus ou moins, consciemment ou inconsciemment, ces lois de transformation qui aboutissent à l'enfer pour passer grâce à cet enfer au-delà de son emprise[4].

Ainsi tout le chaos de l'art moderne répète ce symbolisme archaïque de l'humanité que l'on décrivait autrefois comme une « descente aux enfers » : de même que les primitifs vivaient dans un monde de projection de l'esprit, de même l'art moderne semble être retourné à la phase primordiale de l'exorcisme[5]. C'est pourquoi, nous dit Neumann, l'art moderne vit entre le *Chaos et l'Archétype (zwischen Chaos und Urbild)*[6], c'est-à-dire dans la période de l'entre-deux. Et de même que dans le domaine de la pensée, le nihilisme, par la dialectique de la double négation, débouchait sur la période de l'entre-deux *(weder noch)* qui est la fin d'une chose et l'émergence imminente d'une vérité nouvelle, de même dans l'art nous restons en suspens entre le chaos –

1. *Ibid.*, p. 44.
2. *Ibid.*
3. *Ibid.*, p. 44.
4. *Ibid.*, p. 46.
5. *Ibid.*, p. 47.
6. *Ibid.*

c'est-à-dire la dissolution totale caractérisée par la dissonance, la *nigredo*, Satan, et la Mère-terrible – et l'émergence d'une nouvelle structure archétypale à même d'intégrer l'art dans de nouveaux canons culturels.

Il est étrange que des penseurs aussi variés puissent arriver tous par des voies différentes (psychologie des profondeurs, philosophie) à la même conclusion, à cette phase qui reste en suspens entre un monde qui disparaît et un autre qui doit surgir à partir des cendres du précédent. Voilà qui explique pourquoi des peintres comme Cézanne, Van Gogh, Klee, Picasso, sont des individus appelés à recréer solitairement le monde à partir des forces obscures du chaos. La tâche de l'artiste moderne devient un combat avec le démon, une conquête prométhéenne. Dans un univers privé de formes, démuni de symboles, réduit aux forces de l'inconscient, l'artiste doit réorganiser un monde d'où sont bannis les structures et les canons culturels. C'est en ce sens que l'artiste devient la vérité inexprimée d'une période : « Chaque fois que l'inconscient collectif s'incarne dans le vécu et se marie à l'esprit du temps, note Jung, cela engendre un acte créateur qui concerne toute une époque; cette œuvre est alors dans le sens le plus profond un message adressé à tous les contemporains [1]. » L'inconscient collectif peut procurer cette compensation « par le truchement d'un poète ou d'un visionnaire qui exprime l'inexprimé d'une époque et qui suscite, par l'image et l'action, ce que les besoins incompris de tous attendaient, pour le bien comme pour le mal, pour le salut d'une époque comme pour sa destruction [2] ».

Mais cette désintégration, d'autre part, met l'homme occidental en contact avec les cultures archaïques : il en arrive ainsi à l'assimilation simultanée et plus ou moins heureuse, de toutes les cultures de l'humanité qui se fondent dans son expérience intérieure.

« Le medecine-man africain et le chaman sibérien acquièrent pour nous la même dignité que Moïse et le Bouddha, une fresque aztèque se range à côté d'un paysage chinois

1. C. G. Jung : *Problèmes de l'âme moderne*, trad. Yves Lehay, Paris, 1960, p. 341.
2. *Ibid.*

et d'une sculpture égyptienne, les Upaniṣads à côté de la Bible et du Livre des Mutations (I. Ching)[1]. » De même que dans l'art nous assistons à l'apparition d'un espace bi-dimensionnel de la mosaïque (qui permet selon Mc Luhan une synesthésie tactile de tous les sens de sorte que l'homme d'aujourd'hui sous l'influence de l'électronique *se retribalise*, se plongeant dans un environnement d'informations simultanées), de même les prolongements de tous les sens et leur résonance interstructurelle créent un champ unique d'expérience permettant leur accession à une « conscience collective[2] ». Tous ces bouleversements – aussi bien dans le sens d'une intégration collective des cultures de l'humanité que dans le sens d'une individuation des artistes qui en font l'expérience intérieure au prix d'une carrière souvent proche d'un calvaire – ont pour résultat qu'une nouvelle théophanie du sacré s'annonce et que la totalité psychique de l'homme, nous dit Neumann, prend forme autour d'un centre mystérieux, le *« mandala »*. La structure primordiale de l'art moderne, avec toute sa variété, se déploie autour d'un centre invisible (voir chap. I, 1), « lequel en tant que chaos et ténèbres, en tant que numineux et transformant, contient un nouveau déclin du monde mais aussi un monde nouveau[3] ». L'art moderne reste quelque part entre le Chaos et l'Archétype.

Mais qu'en est-il pendant ce temps de l'art dans nos pays? L'art y a-t-il subi ce même processus de désintégration? Sans doute l'esprit du temps nous est imposé comme l'est aussi cette « connexion de la forme », dont parlait Spengler. Cependant, jusqu'à peu, l'art de l'Orient était resté traditionnel. Par Art traditionnel, nous entendons la pérennité d'une *mémoire* qui sauvegarde les structures de l'esprit et dont l'ensemble constitue ce qu'on appelle les *« canons culturels »*. Les modèles et les formes s'y répètent dans l'uniformité d'une vision qui ne se renouvelle pas dans ses apparences extérieures mais dans sa sève, puisque les artistes qui reproduisent depuis des siècles les mêmes images et les mêmes

1. E. Neumann, *op. cit.*, p. 51.
2. Marshall Mc Luhan : *la Galaxie Gutenberg*, 2 vol., Idées, Gallimard, Paris, 1972.
3. E. Neumann, *op. cit.*, p. 55.

modèles les enrichissent de toute l'expérience de leur vécu spirituel. Il ne s'agit pas tant d'innover, que de rester fidèle à la « mémoire ». Et cette fidélité se traduit par l'effacement de l'individualité dans un tout qui le dépasse. D'où le voile d'anonymat qui enveloppe les grandes créations artistiques de l'Asie; d'où aussi l'importance de l'expérience spirituelle de l'homme. Car n'ont accès à la mémoire que ceux qui commémorent et ne peuvent commémorer que ceux qui dévoilent. Dévoiler veut dire s'ouvrir au mystère; et toute ouverture implique l'éclosion d'un monde qui est aussi celui que l'artiste porte en lui-même. L'ouverture du monde correspond à la vision qu'a l'artiste de la vérité, et celle-ci ne s'épanouit pas comme objet déterminé, cercle ou cube, ou comme tourments d'un monde solidifié par l'artifice humain, mais comme coupole bleue rayonnant à la lisière du désert, vide ineffable dans le paysage chinois, fleur d'or s'ouvrant sur les eaux premières, sourire mystérieux qui se dessine sur les lèvres d'un Boddhisattva. C'est ainsi que la vision imaginative des formes docetistes joue un rôle majeur dans l'art persan.

Mais depuis que les canons culturels s'écroulent, depuis que les coupoles bleues s'ensevelissent sous le sable du désert et que les sourires meurent sur les lèvres des Bouddhas, l'Orient a-t-il un art digne des créations de son passé? Sans doute certains arts traditionnels persistent ici et là, sans doute tout n'a-t-il pas disparu, cependant les trésors de l'art traditionnel sont relégués au dernier plan. Nos artistes veulent aussi jouer leur rôle de Prométhée et dompter le démon de la tentation. Mais ont-ils derrière eux ce long effritement des valeurs, ce nihilisme, ce chaos des formes désintégrées, cette aliénation qui ne sont pas seulement des concepts vides et abstraits mais les conditions concrètes d'une vie réduite à la nudité de son néant? Ont-ils élaboré la mécanique quantique? Ont-ils déplié le cœur de la matière? Ont-ils objectivé la nature en cercles et en cubes? Non! Quel sera donc cet art qui ne jouit ni de la mémoire de la tradition ni de la dynamique dissolvante d'une volonté de puissance? Il sera comme nos autres manifestations de l'esprit dans un stade de l'entre-deux : il ne sera ni motivé par la divine folie de Van Gogh ni par la sérénité magique de nos anciens miniaturistes; il imitera soit les formes du passé sans pénétrer l'esprit qui les anime, ou les formes avant-garde d'un art à l'esprit duquel il reste fermé.

Considérons l'architecture. Celle que nous avons vu apparaître dans notre pays n'est ni occidentale ni orientale. Elle est une profanation et de l'espace fonctionnel de l'art moderne et de l'espace organique de l'esprit traditionnel. Ainsi le Persan considérait autrefois sa demeure comme un lieu replié sur lui-même, comme une coquille perlière, une retraite, un havre de contemplation, et il avait toujours soin de séparer l'espace du dehors et celui du dedans par des couloirs qui servaient de filtre. L'entrée dans les maisons traditionnelles de l'Iran était une sorte d'initiation aux espaces intérieurs, une pénétration vers le centre. Or les maisons dites modernes, loin d'abriter ces espaces intimes imprégnés de discrétion et de pudeur qu'affectionne tant le Persan, en exposent, au contraire, tous les boyaux, en sorte que l'espace du dedans devient une excroissance monstrueuse du dehors. Il est remarquable que l'éclatement de l'espace mental ait pris pour cible première ce qui était au cœur même de l'âme de ce pays : son sens de l'espace. Cet « espace » était le lieu où s'épiphanisait la mémoire. Car, outre que cet espace créait dans le monde de l'art un « médium », en harmonie avec nos façons de voir et de sentir, vibrant pour ainsi dire au diapason avec les états émotifs de nos comportements, il permettait aussi que nous disposions d'un « monde » où l'espace du cœur (ce *hawây-e del* dont nous parle Hâfez) rejoignait le climat de l'Être et où l'imagination trouvait un milieu naturel d'épanouissement. Ainsi, grâce à cet espace, un lien organique s'instaurait, d'une part, avec le monde imaginal des mystiques et des théosophes – voire avec le « huitième climat » *(Jâbalqâ, hûrqalyâ)* – et, d'autre part, cet espace servait d'épiphanie aux configurations de l'âme, rendant ainsi possible, par l'herméneutique *(ta'wîl)*, un accès à d'autres modes de présence : l'art reproduisait *spatialement* ce qui, au niveau de l'imaginal, configurait la topographie même de l'Être. En d'autres termes, cet espace permettait, dans le monde de la pensée, la « science angélique » des correspondances et en répercutait les résonances dans les niveaux multiples de l'art, tant dans le domaine des miniatures, des tapis, des sculptures de plâtre, que dans les espaces clos des jardins persans et des chambres voûtées des maisons, reconstituant le climat intime de cette coquille perlière dont nous avons parlé plus haut.

L'éclatement de cet espace fit disparaître le lien avec ce monde organique, c'est-à-dire avec ce *jardin-paradis* dont nous étions les dépositaires et qui projetait notre propre « monde ». A présent le « lieu » de notre art n'émane plus de cet « espace » imaginal et docétiste propre à l'art traditionnel. Et, n'ayant pas vécu intérieurement la dissolution des formes et le chaos de la *nigredo*, nous ne nous trouvons pas non plus entre le Chaos et l'Archétype, mais quelque part entre un « lieu » en voie de désintégration (n'étant pas arrivé à son terme) et un autre qui n'a pas encore surgi à la conscience : autrement dit dans un *« non-lieu »*, caricature de l'*u-topie*, le *non-lieu* de l'imaginal. Par conséquent nos poètes ne sont ni Hâfez, ni Rilke, ni T. S. Eliot, nos peintres ni Behzâd, ni Matisse, ni Picasso, nos penseurs ni Sohravardî, ni Mollâ Sadrâ, ni Nietzsche, ni Heidegger, mais des poètes, des penseurs et des artistes de l'entre-deux.

5. Un sage à l'envers

L'idée du sage à l'envers est liée, comme les concepts d'une pensée sans objet et d'un art sans lieu, au stade de l'entre-deux où une nouvelle typologie d'homme émerge qui, se situant à la limite de l'enchevêtrement de deux types d'hommes représentant deux niveaux de conscience, ne se trouve pas bien « dans sa peau ». Sans doute l'étude de ce nouveau concept d'homme, de même que les comportements étranges qui le caractérisent, mériterait à elle seule une investigation psycho-sociologique en rapport avec les contextes culturels dont il est issu, car les formes mutantes d'occidentalisation ne peuvent pas ne pas influencer son mode perceptif et sa façon d'être-dans-le-monde.

Mais cet homme singulier, à quoi ressemble-t-il? Est-il l'équivalent du bourgeois ou du petit-bourgeois comme le veulent les marxistes? Évidemment non! Car la bourgeoisie est un phénomène authentique qui a ses valeurs, son éthique de comportement axée sur le travail sanctifié, sur la conscience professionnelle, sur l'ascétisme du devoir, ainsi que nous le rappelle Max Weber. Est-il un prolétaire? Pas plus! L'idée de prolétariat a énormément évolué dans les sociétés industrielles et contrairement aux prévisions de Marx, le prolétariat ne semble plus être dépositaire de cette mission eschatologique que lui attribuait le penseur allemand : il apparaît aujourd'hui plus soucieux de gains sociaux que du renversement total de l'ordre établi. D'autre part, la conscience de classe – nous ne disons pas de l'ordre [1] – est un phénomène nouveau dans ces sociétés où l'éthique religieuse a aussi son mot à dire. Est-il donc le croyant simple, le sage-mystique, l'homme-parfait dont s'enorgueillissaient autrefois ces civilisations? Non! Mais alors qu'est-il donc, puisqu'il est bien quelque chose?

Ici aussi nous débouchons une fois de plus sur la région de l'entre-deux : puisque l'homme en question reste au point de conjonction de niveaux de conscience incompatibles. Il demeure « oriental » dans son comportement émotif, qui, à bien des égards, régit ses rapports avec ses semblables, dans l'éthique de chevalerie dont il fait preuve à certaines occasions et surtout dans la structure émotionnelle de son comportement psychique où la sym-pathie, l'empathie restent des traits dominants. Mais ayant transgressé ce contexte culturel, et se trouvant plongé dans le champ des revendications sociales, il utilise le jargon socio-marxiste flottant dans l'air du temps, où la lutte des classes, même quand elle revêt la forme religieuse des « déshérités », est présupposée dans toute évaluation, où l'histoire, même quand elle est identifiée au cœur du martyr, est hypostasiée en force religieuse, où enfin la technique comme moyen de domination et de coercition est acceptée, sinon consommée, sans qu'on veuille faire un effort dans le sens de la compréhension de ce qui constitue l'essence même de la technique. Par conséquent, cet homme nouveau doit *réunir dans une synthèse impossible le détachement avec le goût du profit, le renoncement avec la domination, la délivrance avec la performance et, de nos*

1. Quant aux distinctions de ces deux notions nous envoyons aux analyses de Monnerot. Jules Monnerot : *Sociologie de la révolution*, Fayard, Paris, 1969.

jours, avec la mission historique de révolutionner le monde grâce au zèle du néophyte.

C'est pourquoi il représente un champ de conflit entre des forces irréconciliables qui sont d'autant plus pénibles que les motivations contradictoires qui les animent restent inconscientes. Certes, on pourrait en dire autant de l'homme occidental qui ensevelit sa misère existentielle sous des substituts en provenance du progrès, de l'accroissement du pouvoir d'achat, d'une meilleure répartition des richesses et du système des sécurités sociales; pourtant la *différence* est essentielle. Car cet homme, outre le fait qu'il est accablé par la même misère, sollicité par les mêmes appâts, est en plus harcelé par d'autres appels, ceux qui dans son contexte culturel ont gardé encore d'irrésistibles attraits. Émotivement il appartient à un autre monde riche de contenu humain, que ce soit dans ses relations avec les autres, dans les rites religieux où il s'unit à ses coreligionnaires, dans les mœurs et les coutumes que lui infuse ce monde empathique – compte tenu du fait que le côté *pathétique* du sacré a dans ces sociétés des accents autrement émouvants que la forme sécularisée et ordonnée des religions du dimanche que nous voyons en Occident; mais il n'empêche qu'à côté de cette vie émotionnelle intense il baigne aussi dans un réseau de relations planétaires; que les médias, les gadgets sont à sa portée immédiate; que les idées en l'air s'infiltrent dans sa pensée, s'enracinent dans son esprit, modifient son système axiologique, altèrent son regard et font en sorte qu'il voit son propre monde et le monde environnant avec un regard tout autre que celui de son compatriote d'il y a cent ans.

D'où son attitude ambivalente à l'égard du progrès et de la science : attitude qui oscille entre l'admiration paralysante et l'agressivité négatrice. Entre ce regard nouveau et celui, pur, que jetait son frère d'il y a cent ans, quelque chose s'est inséré, un élément nouveau s'est introduit : l'effritement des structures organiques d'un « monde », qui autrefois restaient, en dépit de l'usure, plus ou moins intactes dans l'ordre objectif du dehors, mais qui, à présent, s'effondrent les unes après les autres. Les mosquées qu'il voit ne sont plus les coupoles bleues mais des espaces acrobatiquement aménagés qui ressemblent aux garages; la maison qu'il habite n'est plus une coquille perlière dans laquelle le dehors et le dedans restaient séparés par un système de filtrage mais un espace fragmenté, déchiré; les livres qu'il lit ne reflètent plus les valeurs cristallisées d'une culture homogène mais sont le collage d'idées décousues où tout se mêle à tout dans un tohu-bohu, d'où se dégage une odeur forte de mauvaises traductions, d'œuvres mal assimilées, d'idées non digérées, de visions morcelées, de mondes non intégrés; où, en d'autres termes, tout annonce une pensée éclatée dans ses fondements.

Même quand il passe à l'attaque et essaie dans un bond désespéré et furieux d'ébranler l'univers, de modifier le cours de l'histoire, il tombe de plain-pied dans l'ornière déjà si usée, si banale, des discours socio-politiques dont on ne connaît, hélas, que trop bien les refrains creux.

Ce qui à l'origine fut l'élan spontané d'une foi jaillissante devient, sitôt récupéré, la psychologie des foules; ce qui fut un cri poignant surgissant des profondeurs de l'âme devient la rage destructrice d'un *thanatos* déchaîné, et ce qui fut initialement un don de soi, un acte authentique de martyre, dégénère en suicide collectif, pour ne pas dire en délire de violence. Bref, il vit, qu'il le veuille ou non, dans un *monde aux miroirs brisés*, un monde où les formes se cristallisant dans les canons culturels ne correspondant plus aux forces numineuses qui les habitent, *la forme et le contenu n'ont pas évolué d'une façon parallèle; son monde extérieur s'est brisé beaucoup plus vite que les images-croyances qui hantaient son âme, qui nourrissaient sa vie, de sorte que rejaillissant à l'extérieur et revendiquant l'aura magique dont elles ont besoin pour configurer un monde, elles se déforment sitôt projetées par les « miroirs brisés » qui se sont instaurés en lieu et place des anciennes divinités.*

D'où un décalage qui n'est pas seulement horizontal dans le sens de l'histoire, puisque à bien des égards ces sociétés restent intérieurement *pré-galiléennes,* mais aussi vertical dans le sens de la non-concordance du regard avec la forme qui s'y reflète. Le contenu émotif de la religion, le *pathos* des rites, l'enthousiasme divin des âmes – foules océaniques de l'Inde qui, à Bénarès, assistent au déroulement synchronique de la mort, de la vie, du détachement et de la sagesse dans la simultanéité omniprésente du *saṃsâra;* foules islamiques qui, ivres d'extase, se consument dans l'annihilation du martyre –, bref, ce contenu émotif ne peut s'incarner dans sa forme originelle que si les canons culturels aptes à le véhiculer restent intacts. Coulé dans d'autres structures, placé dans d'autres perspectives, il se *métamorphose* et montre l'autre face des choses, le côté ombrageux de la *nigredo;* car les nouveaux canaux d'irrigation sont impuissants à contrôler ces flots torrentiels qui, projetés aujourd'hui par des voies détournées, deviennent agressifs, engendrent une nouvelle psychologie des foules, et créent sur le plan émotionnel une atmosphère voisine de celle que connut l'Europe dans les années trente.

Une fois détruite l'écorce protectrice des canons culturels, l'*homo magnus* jaillit comme un démon, un *jin,* de la fiole magique des contes des *Mille et Une Nuits.* Car la charge émise est trop puissante, la psyché religieuse et les mobiles affectifs sont trop violents pour s'accommoder d'une forme équilibrée de comportement. Pour être en mesure d'avoir un comportement équilibré il faut avoir relativisé ses valeurs, avoir connu le désenchantement de la non-croyance, avoir fait de sa *foi* une affaire privée et non l'acte coercitif d'un ordre public.

Sans doute tant que ces masses restent en marge de l'histoire, tant qu'elles ne revendiquent aucun discours sociopolitique, tant que, pour donner un exemple indien, le *karma* n'a pas été réduit à la lutte des classes, le *saṃsâra* à l'histoire, le renoncement *(tyâga)* à l'aliénation sociale et religieuse, le danger d'explosion reste lointain, car ces masses demeurent passives, inertes historiquement. Qu'on nous comprenne bien, nous ne voulons pas dire que ces sociétés doivent stagner sous les forces dormantes de la léthargie : mais si ces sociétés ont le devoir d'évoluer et de participer à la marche de l'humanité, elles ne peuvent le faire qu'en dissociant au niveau de la connaissance critique les contextes embrouillés, qu'en prenant conscience du fait que l'Islam n'est pas la démocratie, que le prolétariat n'est pas le déshérité dont parle l'Islam, que les lois de l'histoire sont tout autres que celles qui régissent la résurrection, que la prière n'est pas une gymnastique, que l'ablution n'est pas l'hygiène, bref, que les deux contextes sont séparés et que c'est par un *remue-ménage* conceptuel, par une destruction ontologique et une connaissance historique qu'on arriverait à mettre les choses à leur place et non par la faculté magico-synchronique de la coïncidence qui, ramenée au niveau des projections délirantes de l'imaginaire, accouplera n'importe quelle idée avec n'importe quelle autre.

Mais cet homme à la charnière de deux mondes, qu'il existe sous la forme passive du croyant ou la forme agressive du militant religieux, est à bien des égards l'image inversée du sage tel que l'envisageaient les grandes civilisations asiatiques – le *chun tsu* de la tradition confucéenne, le *jîvan-mukti* de la tradition hindoue ou le samouraï du *bhushido* japonais. Nous avons choisi comme référence le *rend* (libertin inspiré) de Hâfez, figure qui a joué un rôle capital dans l'éthique paradoxale de l'homme-sage dans la tradition iranienne. L'idée de *rend* tel que l'entend Hâfez résume les traits complexes et singuliers du Persan; il est le symbole le plus évocateur de l'ambiguïté de son caractère, ambiguïté qui déroute non seulement les Occidentaux mais aussi les autres peuples d'Orient. L'idée de *rend* rend compte des différentes tendances du caractère persan : souplesse, puissance d'adaptation qui n'est pas forcément de l'opportunisme, mais un art d'équilibre et de « rétrécissement » comme le dirait si bien Confucius. Pourtant, dérivé de son sens originel, ce terme peut désigner l'opportunisme. Il évoque aussi une lucidité alerte, un savoir-faire, un raffinement dans l'agir, un tact qui va jusqu'à la complaisance, une retenue de langage, qui ne sont ni ruse, ni hypocrisie, ni cachotterie, mais qui, hors de leur contexte, peuvent le devenir, voire se dégrader en sournoiserie et en fourberie. Ce terme dénote encore une liberté intérieure, un détachement authentique des biens de ce monde, suggérant la délivrance de l'homme qui, s'étant défait de ses oripeaux, s'expose sans feinte et à nu sur le miroir du monde; pourtant, séparée de son contexte primitif, cette attitude peut devenir de l'exhibitionnisme et du libertinage au sens strict. On trouve aussi dans ce concept un sens de la démesure, un comportement insolite, choquant, scandaleux, capable de désorienter les esprits les plus rassis, un non-conformisme qui ne dérive pas tant de l'ostentation que de l'exubérance d'une vision si riche qu'elle ne peut se manifester sans faire violence à la banalité quotidienne et sans rompre les limites définies de la normalité; mais, hors de son contexte, ce comportement devient aisément de l'anticonformisme, de la révolte, du snobisme (au sens où l'entend José Ortega y Gasset : c'est-à-dire *sine nobilitate*). Ce terme exprime, en outre, un penchant pour le vague, pour le langage déguisé, voilé, les sous-entendus qui chez le *rend* authentique se traduisent en « paradoxes inspirés » *(shathyât)*, en discipline de l'arcane *(taqîye);* mais, dévié de son sens, il aboutit à l'exagération, voire carrément au mensonge. Il y a dans ce concept enfin un immense amour pour le divin, tel que nous le voyons chez les grands penseurs et mystiques de la spiritualité iranienne; mais, dérivé de son contenu mystique, il se transforme en fanatisme et, mené par de puissants *homini magni*, en « psychologie des foules ».

Ce sont les qualités positives de toute cette éthique de comportement quasi indéchiffrable pour le non-Persan, à l'exception peut-être du Chinois, que nous retrouvons dans le concept de *rend* chez Hâfez. Et nous le rencontrons aussi, quoique sous une forme un peu atténuée, chez Sa'dî, l'auteur du *Jardin des roses*, chez qui ce concept a une portée plus pratique. Les différentes typologies qu'implique ce concept se cristallisent chez les génies qui ont enrichi l'histoire culturelle de l'Iran : la tradition des Mages dans l'Iran pré-islamique, la sage modération de l'éthique de Sa'dî, la lucidité stellaire d' 'Omar Khayyâm, l'exaltation mystico-orgiaque de Jalâloddîn Rûmî, la divine folie de Hassan Sabbâh ou de Bâb... c'est que le Persan, en dépit de sa modestie, de son humilité parfois feinte, de sa résignation, est aussi capable des folies les plus invraisemblables. Notre histoire est là pour l'attester [1].

En se définissant Hâfez dit :

Je suis l'amoureux, le rend, le nazarbâz (le joueur du regard) *et je l'avoue en toute franchise*
Afin que tu connaisses les multiples arts dont je suis paré [2].

1. Daryush Shayegan : *la Topographie visionnaire de Hâfez de Shîrâz*, *op. cit.*, pp. 139-141.
2. *Dîvân-e Hâfez :* Ed. Qazvînî et Ghanî, Téhéran, sans date, N 311.

Le dénominateur commun de ces arts multiples est précisément le *rend*, c'est-à-dire celui qui possède la « cosmovision » *(dîd-e jahânbîn)* ou « celui qui joue de son regard » – voire celui qui voit le monde se dérouler comme un Jeu se dévoilant lui-même. C'est pour cette raison que son regard visionnaire est un jeu ayant pour enjeu le Jeu de l'Amour : quiconque voit le monde comme un Jeu ne l'appréhende guère dans le cadre de l'auto-vision des autres qui, précisément parce qu'ils sont aveugles, se prennent pour le centre du monde et ignorent que c'est l'Amour divin lui-même qui en tant que Jeu fait tourner le cercle de l'Être :

Les inconscients sont stupéfaits du Jeu de notre regard
Je suis tel que j'apparais, à eux de jouer leur rôle.
Les raisonnables sont le point fixe du compas de l'Être
Mais l'Amour sait bien que leur tête tourne dans ce cercle[1].

Vu sous l'angle de l'Amour, l'art du *rend* est l'art de l'amoureux en quête de la Bien-Aimée; considéré du point de vue éthique, c'est l'art du *libertin inspiré* dont le comportement scandaleux choque les esprits bien-pensants; envisagé par le biais de la « science du regard » *('ilm-e nazar)*, c'est l'art de celui dont le regard reste ouvert à l'éclosion spontanée du Jeu de l'Amour. Or le *rend*, en tant que personne incarnant l'éthique de l'authenticité, s'oppose à l'inauthenticité du censeur, de l'inquisiteur, du bigot, du fanatique, bref à tous ceux qui se complaisent dans l'« auto-vision » *(khodbînî)* de leur aveuglement. Cette opposition entre deux statuts de l'être a joué un rôle majeur dans toute la littérature persane : « Sur le plan visuel de la " science du regard ", elle sera la " cosmo-vision " du sage s'opposant à l'" auto-vision " du revendicateur...; sur le plan dialectique de l'amour elle sera la lutte entre la folie de l'amour et la prudence de la raison bornée; sur le plan de l'éthique, elle sera l'antagonisme entre la bonne renommée *(nâm)* du prédicateur et l'inconduite scandaleuse *(nanq)* du libertin inspiré; et finalement, sur le plan religieux, elle sera la lutte qui oppose la voie initiatique *(tarîqat)* et ésotérique à l'exoté-

1. *Ibid.*, n° 193.

risme *(sharî'at)* des littéralistes et des docteurs de la loi[1]. »

Le *rend* peut agir de différentes façons : il peut soit recourir à la discipline de l'arcane *(taqîye)* et ne point révéler sa véritable identité, soit au contraire choisir le scandale et, par son inconduite notoire, choquer les honnêtes gens, soit encore franchir un pas de plus et révéler comme Hallâj les réalités intérieures, ou comme Hassan Sabbâh proclamer la résurrection.

Le résultat de la première attitude est une sorte de comportement souple, un art de l'équilibre; le résultat de la seconde est le scandale; celui de la troisième une sorte de messianisme. Mais les cloisons entre ces catégories ne sont pas tout à fait étanches puisque le *rend,* qui est avant tout l'homme libéré, est « paré de multiples arts », et peut agir selon les impératifs du moment, étant entendu qu'intérieurement il est pur et libre « de la coloration de tout attachement ». Or les aspects négatifs de cette étonnante éthique de comportement se font jour quand, déviant de son contexte originel, le *rend* devient soit un opportuniste soit un fanatique. Comment en effet envisager un *rend* qui n'est ni amoureux, ni « joueur du regard », ni sage détaché, ni promu à l'acte de la résurrection des vérités intérieures? C'est alors que l'image inversée du *rend* apparaît. Les traits paradoxaux qui venaient du Jeu désintéressé de son regard deviennent les contradictions d'une pensée éclatée : ce qui était une discipline de l'arcane se transforme en feinte et mensonge, voire en hypocrisie; ce qui était inconduite scandaleuse au-delà du bien et du mal, devient intolérance et violence; ce qui était ambiguïté inhérente au mystère lui-même se transforme en confusion de l'esprit; et ce qui était paradoxes inspirés chez le sage se mue en discours tonitruants prenant la forme soit de propos hors contexte, soit, dans le cas des militants religieux, de slogans agressifs. Alors apparaît en pleine lumière la caricature du *rend :* l'équivalent péjoratif du mot persan *« mard-e rend »* (l'opportuniste débrouillard), qui est l'image inversée de ce qui fut, dans la tradition mystique iranienne, l'incarnation la plus haute de la sagesse.

1. D. Shayegan : *la Topographie visionnaire..., op. cit.,* p. 145.

Laissons Hâfez lui-même tirer la conclusion :

Se peut-il qu'on rouvre à nouveau les portes des tavernes
Qu'on délie les nœuds des œuvres qui nous scellent.
Si en raison des visions courtes des dévots on les ferme
Sois endurant car, grâce à l'amour de Dieu, on les rouvrira.
Par la pureté des rends *ces buveurs matinaux*
D'innombrables portes seront ouvertes par la clef des prières.
On ferme les portes des tavernes, Ô mon Dieu ne l'approuve donc pas
Car c'est la porte de l'hypocrisie que l'on ouvrira[1]*!*

6. Des comportements absurdes

Quand nous traitions du nihilisme nous disions que la dernière étape de ce mouvement débouchait sur la période de l'entre-deux *(weder-noch)*, c'est-à-dire sur l'absurde. « N'intéressent l'homme de notre temps ni le Dieu du Christ, ni les dieux des philosophes... il n'y a pour lui ni bien, ni mal, ni responsabilité, ni culpabilité; c'est pourquoi il n'est ni moral, ni immoral, ni pessimiste, ni optimiste, etc. » Il vit à l'embouchure de deux négations : celle d'ici-bas et celle de l'au-delà. Peut-être l'absurde, écho inversé de l'angoisse métaphysique, est-il, vu sous son aspect existentiel, le pâle reflet de cette *Stimmung* qui, autrefois, se révélait dans les grandes religions du monde comme la théophanie du sacré? Peut-être la figure de l'*étranger* qui hante la littérature moderne de sa sensibilité maladive (Harry Haller – *le Loup des steppes* – , Malte Laurids Brigge, Molloy, etc.) n'est-elle que l'image inversée du pèlerin d'autrefois dont le sentiment d'expatriement – appel de toute quête initiatique vers le divin – prend la forme, dans un monde désacralisé, d'une aliénation pathologique. Aliénation qui peut conduire soit au suicide (« il n'y a qu'un problème philosophique sérieux : c'est le suicide », dit Camus), soit à la folie, soit au terrorisme,

1. N° 202.

soit au cynisme – soit aussi au saut du dépassement, chez les grands penseurs contemporains comme Heidegger, Jaspers, Tillich. Et tandis que l'expatriement du pèlerin, nous dit Jalâllodîn Rûmî, est la nostalgie de ce chant du roseau (l'âme solitaire) séparé du lit de son union et soucieux de retrouver son terroir, l'étranger aliéné, en revanche, ne trouve aucune issue sinon sa propre nullité.

Cependant, atteindre la lucidité pathologique d'un Kafka ou d'un Rilke requiert une prise de conscience qui ne peut trouver sa source que dans l'expérience vécue du monde aux miroirs brisés – expérience qui reste précisément hors de notre portée. L'un des meilleurs exemples de cette sensibilité pathologique est le héros de Rilke, Malte Laurids Brigge, assis dans sa chambre du cinquième étage à Paris :

> « Est-il possible, pense-t-il, qu'on n'ait encore rien vu, reconnu et dit de vivant? Est-il possible qu'on ait eu des millénaires pour observer, réfléchir et écrire, et qu'on ait laissé passer ces millénaires comme une récréation pendant laquelle on mange sa tartine et une pomme?
>
> Oui, c'est possible.
>
> Est-il possible que, malgré inventions et progrès, malgré la culture, la religion et la connaissance de l'univers, l'on soit resté à la surface de la vie? Est-il possible que l'on ait même recouvert cette surface – qui après tout eût encore été quelque chose –, qu'on l'ait recouverte d'une étoffe indiciblement ennuyeuse, qui la fait ressembler à des meubles de salon pendant les vacances d'été?
>
> Oui, c'est possible. (...)
>
> Est-il possible que tous ces gens connaissent parfaitement un passé qui n'a jamais existé? Est-il possible que toutes les réalités ne soient rien pour eux; que leur vie se déroule et ne soit attachée à rien, comme une montre oubliée dans une chambre vide?
>
> Oui, c'est possible. (...)
>
> Mais si tout cela est possible, si tout cela n'a même qu'un semblant de possibilité, mais alors il faudrait, pour l'amour de tout au monde, il faudrait

> que quelque chose arrivât. Le premier venu, celui qui a eu cette pensée inquiétante, doit commencer à faire quelque chose de ce qui a été négligé; si quelconque soit-il, si peu désigné, *puisqu'il n'y en a pas d'autre.* Ce Brigge, cet étranger, ce jeune homme insignifiant devra s'asseoir et, à son cinquième étage, devra écrire, écrire jour et nuit. Oui, il devra écrire, c'est ainsi que cela finira [1]. »

Le monde de Malte dévoile un dépaysement maladif; on dirait que le voile des choses se déchire, ouvrant sur un gouffre béant qui révèle la nudité foncière des choses les plus ordinaires : derrière l'apparence normale de l'ordre cohérent, l'insolite surgit à tout instant. La question « Est-il possible que? » fait éclater la frontière des choses, efface les contours des images, les limites des idées. Des millénaires d'efforts se réduisent à « une récréation pendant laquelle on mange sa tartine et une pomme », autrement dit à un point suspendu entre deux néants, et notre connaissance des choses devient cette étoffe indiciblement ennuyeuse qui recouvre « les meubles de salon pendant les vacances d'été », meubles qui attendent on ne sait quels fantômes absents, tandis que notre vie reste « une montre oubliée dans une chambre vide »... Et l'histoire dont nous sommes si fiers n'est peut-être après tout qu'un malentendu, puisqu'on n'y parle que des foules et non de cet *être singulièrement seul* autour de qui les autres s'assemblent « parce qu'il est l'étranger ou le mourant ». Toutes ces images témoignent de la lucidité d'une sensibilité qui, à force de décortiquer les choses, les use jusqu'à l'absence; elles accentuent les grimaces d'un vide qui s'ennuie, gouffre au-dessus duquel les choses dansent comme des ombres chinoises.

Or une expérience si insolite, une sensibilité si à fleur de peau, restent en dehors de notre portée; seule exception qui confirme la règle car elle n'eut ni précédent, ni successeur : Sâdegh Hedâyat. Son chef-d'œuvre, *la Chouette aveugle* [2],

1. Rainer Maria Rilke : *les Cahiers de Malte Laurids Brigge*, Seuil, Paris, 1966, trad. de Maurice Betz.

2. Sâdegh Hedâyat : *la Chouette Aveugle*, José Corti, Paris, 1953, trad. de Roger Lescot.

est une des rares œuvres de la littérature iranienne contemporaine où l'acuité vécue de l'absurde est pour ainsi dire intégrée harmonieusement dans l'espace mental (je dirais presque « imaginal ») du monde iranien. Au point que cette œuvre conserve un caractère authentique sans sécréter cette odeur d'imitation répugnante que dégagent les autres œuvres de ce genre dans cette aire culturelle particulière.

Nous ne sommes donc guère parvenus à ce degré de lucidité maladive parce que, par bonheur ou par malheur, nous n'avons guère subi l'éclatement des structures et la dissolution des formes qui font de l'art de l'Occident, selon le dire de Neumann, un moment décisif entre *« le chaos et l'archétype ».* Parce que nous n'avons guère vécu intérieurement ce monde des *images brisées* qui poussait T. S. Eliot à redécouvrir le *point fixe* du monde, notre ennui n'exhale pas le parfum du spleen baudelairien. Nos « fleurs du mal » ne sont pas assez enracinées pour que nous y reconnaissions sans frayeur la face de Satan comme la forme la plus parfaite du Beau. Notre rébellion n'est pas assez sérieuse pour que nous déclarions froidement la mort de Dieu, et notre folie n'est pas assez grave pour que, tel Van Gogh, nous dérobions à Dieu sa lumière afin de recréer le monde avec le jaune de notre délire. Dieu merci nous sommes à l'abri de tels excès!

Mais alors que devient cet « absurde » – résultat de la phase de l'entre-deux –, que nous subissons comme par procuration? *L'absurde n'est pas chez nous le résultat de la double négation, mais le composé de la double illusion : il reflète le chevauchement de niveaux de culture qui sont historiquement décalés.* Pourquoi? Parce que la distanciation qui permet de devenir témoin de ses propres métamorphoses et de remettre tout en question, sans peur du sacrilège, sans crainte de perdre le nord (mais qui peut aussi provoquer une aliénation pathologique, voire un dédoublement schizophrénique de la personnalité), n'a pas eu lieu dans notre esprit. La schizophrénie qui nous est propre vient du fait que nous nous trouvons au point de jonction de deux niveaux de conscience non assimilés et non au point de désintégration du moi dans le chaos des formes décomposées. N'ayant pas objectivé l'esprit de l'Occident, ni pris de recul par rapport à nos idoles tribales, le mouvement de pendule entre ces deux contraires reste violent.

D'un côté nous utilisons tout un jargon mystico-théosophique issu de la mémoire collective, de l'autre nous les expliquons – quand nous sommes des intellectuels – par des motivations prétendument historiques. D'un côté nous célébrons en termes élogieux le renoncement, les fruits du détachement, de l'autre, mus par l'exemple prométhéen, nous voulons changer de fond en comble la face du monde et défier les forces du destin. D'un côté nous remettons tout entre les mains de Dieu, de l'autre nous voulons agir sur l'histoire, retirant au divin la procuration que nous lui avions confiée avec tant d'humilité. Ces demi-mesures font que nous vivons sur deux étages à la fois. Émotivement, nous sécrétons tout un monde de tonalités affectives où l'abandon de soi, une certaine forme de détachement, l'affectivité, font naître un réseau de liens empathiques au diapason avec l'atmosphère qui émane de notre univers mental : à ce niveau-là la communication est riche, la présence immédiate. Il suffit que nous nous rencontrions, libres des tracasseries journalières, que nous nous baignions dans une même ambiance magique, que nous récitions tel poème, que nous entendions telle phrase de telle musique modale, pour que nous nous retrouvions sur une même longueur d'onde et que nous commencions ensemble un voyage vers cette *terra incognita* dont nous avons souvent la nostalgie.

L'élan de cet état d'âme que nous appelons *hâl* est pareil à l'appel de la caravane dans le désert, ou à l'étoile qui guide le bateau sur la haute mer, ou à ces visions enchantées des oasis qui hâtent les pas des pèlerins. Ce genre de communication est rare pour les Occidentaux dont l'émotivité est moins intégrée dans la totalité de l'être. Ce qui nous étonne souvent chez eux, c'est le divorce entre les idées et les émotions susceptibles de les contenir. L'Occidental (sans doute généralisons-nous un peu) a une conscience extrêmement différenciée. Il joue avec les idées avec l'art consommé du virtuose; il est rhétoricien, dialecticien ou pragmatique, il comprend, saisit tout sur le plan cérébral. Mais cette attitude cérébrale naturelle chez lui cache néanmoins une émotivité mal assimilée qui, loin d'adoucir les idées en aiguise les arêtes tranchantes – d'où le feu d'artifice des idées, l'effervescence des mots qui deviennent des fins en eux-mêmes; d'où la difficulté d'établir un contact avec lui au niveau du *hâl*, puisque cet état exige souvent des silences, des prises d'haleine, des césures, des intervalles entre les mots, du recueillement, toutes choses que ne permet guère le jeu étincelant des idées; d'où aussi l'absence de toute empathie par osmose, de toute communication par imprégnation dans l'affectivité ambiante. Plus le dialogue est riche, instructif sur le plan cérébral, plus il reste pauvre sur le plan de l'émotivité. Or, chez l'Oriental, la situation est tout à fait inverse.

Tant que nous restons au niveau du *hâl* les tensions, les accrochages, les démêlés s'effacent dans le climat d'une conciliation générale. Mais il suffit que nous descendions sur le registre des idées, surtout celles qui ne viennent guère de notre propre cru, pour que l'atmosphère se gâte, pour que la même émotivité qui naguère nous réinsérait dans un courant harmonieux en revêtant la forme exquise d'une courtoisie amoureuse, nous désunisse en se métamorphosant en agressivité, en affirmation dogmatique, en jugements excessifs, voire en flots d'injures. Ce qui naguère était un *hâl* dans l'ensemble d'un monde où chacun devenait co-témoin d'une présence unique, compagnon d'un même élan d'âme, se mue en agressivité, change de tonalité pour dégénérer au niveau indécent des affaires privées. Que des démêlés viennent au jour, et il en résulte immédiatement des accusations tracassières; on ne répugne à l'emploi d'aucune arme pour mettre l'adversaire hors de combat, et ce d'autant plus que le contenu des idées reste pauvre et décousu. Car sur ce terrain étranger on ne sait pas au juste de quoi on parle, chacun se cramponne à quelques dogmes butinés à telle idéologie à la mode et, comme les points de référence restent embrouillés et qu'aucun lien ne les relie à l'ensemble homogène d'un contexte culturel, tout se mêle à tout dans une confusion générale. *L'interférence constante de deux niveaux de présence issus de niveaux de conscience historiquement différenciés, la non-reconnaissance des structures et des valeurs sur lesquelles ils reposent, et le non-discernement du fait que ces modes de présence issus de contextes ontologiques différents sont incompatibles les uns avec les autres, font que les chocs émis produisent des comportements absurdes et reflètent une pensée sans fondement.*

Les cloisons entre catégories et classes n'étant pas très étanches (encore que la révolution, créant un milieu idéologique radicalisé et surchauffé, a modifié, du moins provisoirement, cet état de choses), les fréquentations entre groupes et catégories ne se font pas en fonction des intérêts de classe et des affinités intellectuelles, mais en raison de critères de sympathie, et d'une sorte de code chevaleresque qui reste diffus dans tous les milieux; car l'attitude émotive, dans le sens le plus noble du terme, qui constitue la teneur véritable de notre humanité, prime en dernier ressort toutes les autres considérations et dénonce l'aspect social et intersubjectif de cette voie de communication empathique dont nous parlions plus haut.

Sans doute tous ces « aspects » de notre caractère et les mutations que nous sommes en train de subir mériteraient-ils une étude plus approfondie : ces quelques pages d'un caractère fort général sont trop sommaires pour mettre en évidence la complexité du problème. Mais ce qui nous intéresse ici, c'est le chevauchement des niveaux de culture des hommes qui, tout en vivant dans une même époque, ne sont pas psychologiquement parlant des contemporains. Cependant, si chaque contemporain n'est pas forcément un homme moderne, il n'en reste pas moins que même l'homme le plus « archaïque » quant au niveau de conscience est entraîné, malgré lui, dans le tourbillon de la contemporanéité et qu'il en subit les formes non assimilées, lesquelles s'insèrent dans la structure de son mode perceptif sans qu'il en ait claire conscience : c'est précisément cette insertion inconsciente qui constitue cette double illusion et la fausse conscience qui en découle – d'où des attitudes absurdes dans le domaine du comportement social.

En Inde, par exemple, se trouvent réunis dans une mosaïque, tous les niveaux de conscience de l'humanité – depuis les croyances les plus archaïques jusqu'aux recherches nucléaires dans le centre atomique de Bombay, en passant par les jains, les vishnouïtes, les shivaïtes, les communistes et les adeptes de l'*ahimsa* de Gandhi. Ce kaléidoscope des croyances de l'humanité se range tant bien que mal – exception faite des idéologies modernes – dans l'édifice synthétisant de cette totalité qu'est l'Hindouisme, où même un hérétique comme le Bouddha, qui eut l'audace de mettre en question l'autorité sacrosainte des *Vedas* et de contester la substantialité de la doctrine de l'*âtman*, trouva en fin de compte sa place puisqu'il devint une des incarnations *(avatâra)* de Viṣṇu qui, sous forme de Kalki, était destiné à égarer l'humanité dans une grande illusion (faculté synthétique qui explique aussi pourquoi on vit apparaître à l'ère des relations fécondes entre l'Inde et l'Islam, des Upaniṣads qui s'appelaient du nom étrange de *Allâhupaniṣad*).

Une telle puissance de synthèse et de tolérance serait peut-être impossible dans le contexte des religions abrahamiques où l'accent intransigeant du monothéisme [1] ne tolère pas facilement des coexistences confessionnelles – hormis celles qui appartiennent aux gens du Livre *(ahl-e kitâb)*. Les religions monothéistes en effet peuvent dégénérer facilement en religions totalitaires, alors qu'un concept totalitaire est psychiquement difficile à saisir pour l'Hindou qui, étant polythéiste dans le sens réel du mot, est relativiste de ce fait. Même les suprêmes divinités de la *tri-mûrti* (trinité) comme Brahma, Viṣṇu, S'iva, ont des vies limitées et à la fin de cent ans de vie de Brahma, c'est-à-dire à la fin d'un grand cycle cosmique, ils disparaîtront dans le principe indifférencié pour réapparaître sans doute à l'aube d'une autre création. La logique du Jaïnisme, l'*anekântavâda*, qui est une logique strictement relativiste (car, selon les jaïnes, il faudrait munir toute affirmation d'un *syât* – d'une certaine manière –, peut-être, qui sait, il se peut), représente un exemple de ce relativisme des idées qui, sur le plan moral, se traduit par le principe de la non-violence, principe qui est poussé jusqu'à ses conséquences extrêmes dans le Jaïnisme.

Pourtant les grands paradoxes de l'Inde, en dépit de la

1. Quant au paradoxe du monothéisme et du danger de l'idôlatrie métaphysique, voir le livre d'Henry Corbin : *le Paradoxe du monothéisme*, l'Herne, Paris, 1981.

diversité des niveaux de culture, en dépit de la tolérance des croyances et des convictions, n'en révèlent pas moins des comportements bizarres pour la conscience de l'homme d'aujourd'hui. Celui-ci n'arrive pas à comprendre comment on peut laisser les singes, les vaches, et toutes sortes de bêtes consommer les nourritures restreintes du pays quand des millions d'hommes restent affamés. Paradoxe certes, mais aussi grandeur et drame de l'Inde, puisque toutes les croyances, à quelque religion qu'elles appartiennent, cohabitent sans que l'une d'entre elles veuille imposer sa domination aux autres. Cet équilibre fort précaire n'en est pas moins réel. La pauvreté, le dénuement n'ont pas le même sens pour un marxiste tiers-mondiste que pour un croyant fervent de l'Hindouisme pour qui toute contrainte équivaut à la liquidation du *karma*, toute souffrance à une délivrance au sens d'une consommation du *saṃsâra*. A-t-il raison? Faut-il l'éveiller, le secouer rudement, dégonfler la baudruche de ses sublimes illusions? Faut-il lui faire entendre raison, lui dire que la lutte des classes est plus réelle que ses superstitions, ses sottises sur la transmigration? Faut-il le contraindre à écouter les exorbitantes prétentions d'une raison abêtie, substituer à son « illusion » sans doute apprivoisée une hystérie militante, manichéenne? Nous n'en savons rien. Mais il suffit parfois d'une petite chiquenaude dans un sens ou dans l'autre pour rompre un équilibre millénaire, pour que la non-violence devienne la violence la plus effrénée, le *karma* moteur amplifié de la lutte des classes, et l'océan des transmigrations la tyrannie d'une histoire irréversible, et pour qu'au bout du compte l'Hindouisme, qui était en son essence la tolérance même, devienne le monstre le plus totalitaire de l'histoire. Tout le problème consiste à trouver un juste milieu entre ces deux excès.

Tant que ces forces restent à l'abri d'une mission historisante elles sont une matière passive, virtuellement puissante, attendant leur heure dans l'antichambre de l'histoire. Mais qu'elles soient récupérées par les formes dominantes, et elles changent de teneur, s'actualisent dans les structures réductionnistes, bref deviennent des idéologies.

Chapitre V

L'IDÉOLOGISATION DE LA TRADITION

1. Qu'est-ce qu'une idéologie?

Avançons d'entrée que les idéologies assument dans notre monde la même fonction que les mythologies dans un monde archaïque. Elles satisfont, d'une part, l'esprit collectif du groupe par la vision d'une société close, et, d'autre part, elles prétendent être scientifiques, donc conformes à l'expérience et à la réalité. Toute idéologie a une grande charge affective qui l'apparente au *pathos* de la religion, et un appareil logico-rationnel qui lui donne une apparence scientifique et philosophique. Cependant l'idéologie n'est ni science, ni philosophie, ni religion.

En effet, si par la science nous entendons une discipline exacte, neutre, fondée sur l'expérience, l'idéologie est dogmatique : sans se soucier de l'exactitude expérimentale de ses prémisses, elle les accepte comme les vérités *a priori;* autrement dit, elle ne cherche pas à soumettre ce qu'elle déclare à l'épreuve de la vérification. « Tandis que l'homme de science, remarque Lapierre, s'intéresse surtout aux expériences qui pourraient infirmer ou qui infirment effectivement ses hypothèses, l'idéologie ne veut rien savoir de ce qui risque de démentir ses dogmes [1]. »

Mais l'idéologie n'est pas plus une philosophie. Car toute

1. Jean-William Lapierre : « Qu'est-ce qu'une idéologie », in *les Idéologies dans le monde actuel,* Paris, 1971, p. 11.

philosophie véritable est un questionnement sur le problème essentiel de l'Être et sur la condition existentielle de l'homme. Les questions que se posent les philosophes et les réponses qu'ils obtiennent constituent le processus dialectique du mouvement philosophique, que ce processus soit l'objectivation progressive de l'esprit dans l'histoire ou son retrait. Or l'idéologie reste un système clos, fermé sur lui-même, « centrée sur quelque demi-vérité dont on proclame la valeur universelle et absolue en dépit de toutes les preuves du contraire [1] ». L'idéologie n'est pas une pensée dialectique parce qu'elle a horreur de la négativité et se referme sur la logique de quelques idées préconçues et des déductions qui en résultent. Hannah Arendt précise à ce sujet : « Une idéologie est très littéralement ce que son nom indique : elle est la logique d'une idée... l'idéologie traite l'enchaînement des événements comme s'il obéissait à la même loi que l'exposition de son idée », et ailleurs elle ajoute : « Les idéologies admettent le postulat qu'une seule idée suffit *à tout expliquer* dans le développement à partir de la prémisse, *parce que tout est* compris dans cette progression cohérente de la déduction logique [2]. » Si par exemple l'idée principale postule que seule la race supérieure doit survivre, étant la plus apte par nature, ou que seule doit triompher la classe qui en a reçu la mission historique, ou encore qu'il n'y a de vérité que ce qui est écrit dans les Livres saints, il s'ensuit, selon l'implacable logique réductionniste des idéologies, que dans le premier cas, les « races inaptes » et inférieures doivent périr, que dans le deuxième cas, les « classes agonisantes » doivent disparaître, et que dans le troisième cas les infidèles doivent s'effacer de la scène du monde parce qu'ils contredisent les vérités premières incluses dans les Livres sacrés. Mais, tandis que l'appareil logique est rationnel, les prémisses sur lesquelles se fonde l'idéologie sont irrationnelles et relèvent beaucoup plus du fanatisme que « des idées claires et distinctes ». En d'autres termes, alors que

1. Arthur Koestler : *le Cheval dans la locomotive*, trad. Georges Pradier, Paris, 1968, p. 217.
2. Hannah Arendt : *le Système totalitaire*, trad. Jean-Lou Bourget, Robert Davreu et Patrick Lévy, Paris, 1972, pp. 216-218.

dans son fonctionnement l'idéologie obéit à la logique binaire, les motifs qui la nourrissent trouvent leur origine dans la logique onirique – tant et si bien que si, extérieurement, l'idéologie obéit au principe du tiers exclu, elle est motivée intérieurement par les catégories magico-synchroniques. D'où sa ressemblance avec l'identification mythique, comme nous le verrons tout à l'heure. Ainsi assistons-nous dans le processus idéologique, au placage, au chevauchement de deux types de pensée, où chacune se déforme pour s'ajuster à l'autre. Processus qui offre maintes ressemblances avec les formes mutantes de la pensée dont nous avons montré quelques mécanismes dans le chapitre précédent.

Enfin l'idéologie n'est pas non plus une religion, parce qu'elle nie toute transcendance, toute révélation : elle est en quelque sorte l'enfant naturel de l'âge des Lumières.

Par conséquent, l'idéologie ne peut étendre son influence ni dans un monde sacral traditionnel, ni dans un monde dominé par la philosophie. Mais elle devient opérationnelle lorsque les deux arrivent à une impasse : quand la philosophie s'écarte du centre moteur de la vie sociale, la négativité se reniant elle-même, et quand la religion s'effrite et que commence l'agonie des dieux. Son succès tient à ce que l'idéologie satisfait les deux besoins majeurs de l'homme moderne : son besoin de croire et son besoin, non moins urgent, d'expliquer et de justifier sa croyance.

A. L'IDÉOLOGIE ET LA FAUSSE CONSCIENCE

Joseph Gabel est, nous semble-t-il, le chercheur qui a le plus approfondi la notion d'idéologie dans ses rapports avec la fausse conscience. Il a essayé d'en donner, comme il le dit lui-même, un « tableau de pensée homogène ». Et pour ce faire il prend appui sur l'idée wéberienne de la construction du type idéal : « On obtient un type idéal, en accentuant unilatéralement un ou plusieurs points de vue et en enchaînant une multitude de phénomènes isolés, diffus et discrets, que l'on trouve tantôt en grand nombre, tantôt en petit nombre, par endroit pas du tout, qu'on ordonne selon les précédents points de vues choisis unilatéralement pour former un tableau homogène[1]. »

Gabel se référant en outre à la nature réifiante de l'idéologie qui, selon F. Châtelet, vise « à faire durer l'état de chose donné », puis à la nature manichéenne de ce même processus de pensée dont le but serait, selon M. Rodinson, l'idéalisation du groupe propre et la « diabolisation » de l'adversaire, puise deux autres éléments chez Goldmann qui lui paraissent essentiels à la construction d'un tel type idéal. Ces deux éléments sont : la vision détotalisante, sous-dialectique et le facteur *égocentrique.* L'idéologie serait ainsi l'expression d'une illusion de centralité[2]. Ainsi, entre la réification, l'idéalisation de soi, l'égocentrisme et la dégradation du sens dialectique, il y a plus que coïncidence.

Dès lors Gabel nous propose la définition suivante : *« L'idéologie est un système d'idées liées sociologiquement à un groupement économique, ethnique ou autre, exprimant sans réciprocité les intérêts plus ou moins conscients de ce groupe, sous la forme d'anhistorisme, de résistance au changement ou de dissociation des totalités. Elle constitue donc la cristallisation théorique d'une forme de fausse conscience*[3]. *»*

L'anhistoricisme de l'idéologie aboutit à un « pur éléatisme politique[4] » où l'identification joue un rôle essentiel : L'idéologie du stalinisme peut servir ici de modèle, précise Gabel. « Dans son univers mental, la place centrale, privilégiée du parti – ou plus exactement du " complexe Parti-U.R.S.S.-Staline " –, implique logiquement une vision manichéenne de l'histoire, comprise comme la lutte de deux groupes homogènes. D'où la tendance à identifier entre eux les divers éléments de l'*outgroup* et aussi à expliquer l'histoire comme l'extériorisation d'un complot extra-historique. Or,

1. Max Weber : « Essais sur la théorie de la science », cité par J. Gabel in Idéologie, *Encyclopaedia Universalis,* vol. 8, Paris, 1980, p. 719. Quant à la distinction du concept particulier de l'idéologie de son concept général chez Mannheim, se référer à : *Ideology and Utopia,* Harvest Book, New York.

2. J. Gabel : Idéologie in *Encyclopaedia Universalia,* p. 719.

3. *Ibid.*

4. *Ibid.*

si l'identification est, du point de vue épistémologique, une technique valable (E. Meyerson), elle est en même temps une technique *anti-dialectique.* L'idéologie est donc sous-tendue par une pensée essentiellement *anti-dialectique;* l' " identification en chaîne " (signalée par R. Aron, dans *l'Opium des intellectuels* [1]) n'est guère qu'un aperçu d'un phénomène général qui intéresse, entre autres, la psychopathologie [2]. » Par exemple, il n'y a pas de ressemblance structurelle entre la lutte des classes antique et celle de la bourgeoisie de la révolution française, ni entre les castes hindoues qui sont des ordres spirituels et traditionnels et le concept de la lutte des classes : en les réduisant les unes aux autres, on pratique une « identification en chaîne » dont les « séquelles idéologiques sont encore vivantes ». « Rien n'autorise ainsi à considérer l'histoire du passé, ajoute Gabel, comme une sorte de propédeutique d'un présent " privilégié ", à moins d'admettre l'hypothèse d'un sens caché de l'histoire [3]. »

D'autre part, l'idéologie offre, en raison de cette tendance à l'identification, des ressemblances frappantes avec les catégories de la pensée mythique. De même que ces dernières jouissent d'un statut autre que celui de la raison discursive – l'espace, le temps et la causalité y ayant d'autres modes d'être –, de même l'idéologie aura ses propres catégories spatio-temporelles et causales. Pour s'en tenir à un exemple d'identification mythique, citons Cassirer (voir chap. I, 2). « Alors que la connaissance scientifique ne peut lier les éléments qu'à la condition de les disjoindre par un seul et même acte critique, le mythe rejette tout ce qu'il touche dans une unité indifférenciée. » Et plus loin : « La pensée mythique ne connaît que le principe de l'identité de la partie et du tout. Le tout est la partie, en ce sens qu'il pénètre la partie avec tous les attributs de sa substantialité mythique [4]. »

Or, dans la pensée idéologique aussi l'identification joue un rôle important. Ainsi, à propos de l'idéologie nazie,

1. C'est nous qui précisons.

2. J. Gabel : *Idéologies,* Anthropos, Paris, 1974, p. 37.

3. J. Gabel : Idéologie, *Encyclopaedia Universalis, op. cit.,* p. 720.

4. Ernst Cassirer : *la Philosophie des formes symboliques,* trad. Jean Lacoste, tome II, la Pensée mythique, Paris, 1972, p. 88.

Gabel constate : « Le juif toujours identique à lui-même, se déguise parfois en capitaliste, parfois en socialiste, parfois en sioniste, livre à lui-même un simulacre de combat en restant la cause extra-temporelle unique de tout ce qui est négatif dans l'histoire [1]. » Voilà qui nous évoque les avatars de Viṣṇu qui tantôt apparaît comme un sanglier, tantôt comme un poisson, tantôt comme Kṛṣṇa, tout en restant éternellement identique à lui-même dans toutes les incarnations relatives aux cycles cosmiques.

Établir des correspondances entre les catégories idéologiques et celles de la pensée mythique montrerait sans doute qu'elles émanent toutes deux de la même source inconsciente. Mais tandis que dans le monde mythique l'inconscient trouve un moyen approprié pour s'extérioriser en s'incarnant dans les projections symboliques de l'esprit, l'idéologie reste la manifestation irrationnelle et parfois délirante d'un inconscient « tordu » qui s'exprime par des voies détournées, s'emparant de l'esprit et créant une « fausse conscience » : une conscience schizophrénique, égocentrique, coupée de la réalité extérieure. Autrement dit, l'idéologie interprète la réalité selon son propre cadre conceptuel dans lequel « les essences dégagées par une démarche égocentrique accèdent de façon illégitime à une situation logique privilégiée [2] ». Elle est donc une pensée close, dogmatique, réfractaire à l'expérience, et c'est pour cette raison que la pensée idéologique serait, selon Gabel, une pensée a-dialectique, anti-historique à base identificative [3]. Et Gabel ajoute : « L'égocentrisme spatialise la durée; en effet un système privilégié extra-temporel structure le temps en fonction de ses exigences et non pas selon les critères objectifs. Or un tel *continuum* où les notions d'avant et d'après n'ont plus de valeur absolue et qui autorise, par conséquent, les retours en arrière, les recommencements à l'heure zéro et les remaniements *ex post facto* est fonctionnellement un équivalent de l'espace [4]. » Il va sans dire que cette structure spatialisée

1. Joseph Gabel : *Idéologies,* Paris, 1974, pp. 65-66.
2. *Ibid.*, p. 287.
3. Joseph Gabel : *la Fausse Conscience,* Paris, 1962, p. 71.
4. *Ibid.*, p. 79.

où le temps acquiert une teneur émotive en raison de la spatialité des événements qui s'y déroulent, offre maintes ressemblances avec la structure spatio-temporelle des mythes : une étude comparée et approfondie de leur structure respective en révélerait sans doute d'autres aspects.

B. L'IDÉOLOGIE ET LE MYTHE POLITIQUE

Concernant les rapports de la politique et de l'idéologie, Cassirer explique que les mythes politiques modernes sont des choses étranges et paradoxales car nous trouvons en eux la soudure de deux activités qui semblent s'exclure l'une l'autre. L'homme politique moderne doit cumuler deux fonctions différentes et incompatibles; il doit agir en même temps comme *homo faber* et comme *homo magnus*. Il doit être prêtre d'une religion neuve et irrationnelle et pourtant propager cette religion d'une façon méthodique et ne rien laisser au hasard [1]. En sorte que l'idéologie devient le point où le mythe de la raison et le mythe de la vie – le *logos* et le *bios* – se rencontrent et où le rationnel et le naturel s'emboîtent et se confondent. Car quelque rationnels que puissent être les mythes des temps modernes, ils n'en reposent pas moins sur un mélange de représentations mythiques et symboliques, lesquelles puisent tout autant au *logos*, à la raison, qu'au *bios*, à la vie. En eux on trouve toujours, à côté de la *« raison utilitaire »*, l'élément essentiel d'un naturalisme biologique [2].

On pourrait compléter en ajoutant que l'idéologie se trouve à la limite de l'inconscient et du conscient; elle tire ses catégories magico-irrationnelles de la fonction symbolique de l'inconscient et son appareil rationnel de l'instrumentalisation d'une raison formaliste et défigurée. La force irrationnelle de l'idéologie vient donc du refoulement des projections, c'est-à-dire d'un inconscient dépossédé de ses symboles naturels, d'un inconscient dépositaire de tous les

1. Ernst Cassirer : *The Myth of the State*, New Haven, 1975, pp. 281-282.

2. Hermann Rauschning : « Masken und Metamorphosen des Nihilismus » in *Der Nihilismus als Phänomen der Geistesgeschichte, op. cit.*, Darmstadt, 1974, pp. 108-109.

vestiges des miroirs brisés. Mais comme « chaque fois qu'une portion importante de la conscience se trouve dévalorisée, et par conséquent disparaît, une compensation apparaît d'autre part dans l'inconscient[1] », ce caractère compensateur investit l'idéologie d'une tonalité émotive qui tient presque de la foi. L'idée de nature, d'histoire, revêt, grâce à la charge affective que lui insuffle l'inconscient, une puissance quasi numineuse. Un inconscient sevré de sa faculté de projection symbolique est capable de sacraliser n'importe quelle idée séculaire pour peu qu'il trouve des moyens détournés pour s'extérioriser. C'est pourquoi on parle de nos jours des mythes politiques, c'est-à-dire des idéologies qui, à force de puissance et d'impact affectifs, ont acquis la forme numineuse d'un mythe. On peut, selon H. Rauschning, diviser ces idéologies (ou ces mythes politiques) en trois groupes : 1) celles qui se rapportent à la raison en tant que telle comme les mythes de la justice, de la liberté, de l'égalité, du progrès; 2) celles qui ont trait aux mythes biologiques comme ceux du Peuple, de la Race, des hommes forts et sains, de même que les mythes passionnels de la force créatrice de la vie; 3) celles qui se présentent comme moyen pour réaliser un ordre d'existence comme les mythes de l'État, de la Révolution, de la Majorité, du Socialisme, du Communisme, du Libéralisme[2]. Et Rauschning d'ajouter que dans un monde réduit à la seule dimension de l'existence terrestre, il ne reste plus « qu'à déifier le moyen » *(die Mittel zu vergöttlichen)*, à faire du médiatisé une essence absolue : c'est l'ordre politique lui-même qui doit à présent absolutiser le relatif.

C. L'IDÉOLOGIE EN TANT QUE STRUCTURE DUALISTE RÉDUCTIONNISTE

Quelle est donc dans ces conditions la position de l'idéologie par rapport aux grandes structures de l'esprit que nous avons dégagées aux chapitres I et II? Puisque notre

1. C. G. Jung : *Problèmes de l'âme moderne,* Buchet/Chastel, Paris, 1960, p. 180.
2. H. Rauschning : *op. cit.*, p. 112.

démarche est comparative, nous essaierons de situer l'idéologie dans le contexte des relations interculturelles et en fonction de cette brèche fondamentale qui devait détruire, à l'aube de la pensée moderne, toutes les grandes structures des civilisations traditionnelles. Du reste, le mot même d'idéologie est né en 1796 sous la plume de Destutt de Tracy, « précurseur du positivisme, héritier du sensualisme de Condillac, pour désigner une analyse des idées prises comme des objets, indépendamment de toute connotation métaphysique, une sorte de science naturelle des idées analogue à celle des plantes et des animaux, une étude à la fois empirique et logique de leur origine et de leurs relations [1] ».

L'idéologie est donc la conséquence naturelle de cette *brèche fondamentale.* Elle résulte de cette scission entre foi et connaissance, religion et philosophie qui devait provoquer, comme puissance du négatif donc du nihilisme, l'effondrement de la vision ontologique de l'homme. Elle est, par conséquent, une forme de pensée qui essaie de satisfaire dans un cadre réductionniste à la fois la puissance symbolisante de l'âme et les exigences de la raison. L'idéologie en tant que cadre structurel serait ainsi une pensée réductionniste fondée sur la sublimation de la vie pulsionnelle. Étant moniste par essence, elle débouche sur un dualisme Esprit-Matière qui, par la différenciation d'une pulsion fondamentale (peu importe que cette pulsion soit la *libido,* la volonté de puissance, ou la logique productiviste), peut, dans le contexte de la pensée de Freud par exemple, devenir les deux faces du Moi et du Surmoi s'opposant au Ça – soit aboutir chez Marx aux infrastructures socio-économiques et superstructures idéologiques. De la sorte, dirait E. Bloch, de « faux dieux appelés *Libido,* Volonté de puissance ou Dionysos primitif [2] » sont élevés au rang d'absolus.

1) Une première conséquence de cette perspective comparative est que, par rapport aux grandes structures de l'esprit traditionnel qui étaient ternaires, s'incorporaient dans l'ordre ontologique du monde et sauvegardaient les correspondances entre le microcosme et le macrocosme, l'idéologie

1. Jean-William Lapierre : *op. cit.,* p. 18.
2. E. Bloch : *op. cit.,* p. 83.

est *dualiste.* N'ayant aucune contrepartie dans l'ordre ontologique, elle reflète l'ordre socio-économique de la collectivité puisqu'elle est liée, comme le remarque Gabel, « sociologiquement à un groupement économique, politique, ethnique ou autre » et qu'elle constitue en plus « la cristallisation théorique d'une forme de fausse conscience ». En somme, ce qui fait défaut dans cette perspective, c'est le monde imaginal de l'âme : celui-ci servait de lien entre le sensible matériel et le spirituel intelligible et se présentait comme un monde autonome où avaient lieu non seulement les visions des prophètes, les visions des mystiques, les gestes des épopées héroïques, mais aussi toute la géographie visionnaire et mythique des religions; où enfin les choses se transmuaient par *rupture de niveau,* par conversion à un autre mode d'être caractérisé gnostiquement par l'herméneutique.

D'où la nécessité de considérer l'illusion au sens freudien comme le noyau de toute idéologie. Dans la mesure où ce sont les pensées idéologiques qui dominent le monde et non la philosophie dialectique ou le langage des mythes, toutes les interprétations que nous en donnent les différentes disciplines de la pensée, toutes les attitudes critiques à l'égard du processus de l'idéologisation, restent valables dans leur optique propre, puisque toutes concourent à déceler cette « fausse conscience » qui est la structure constitutive de toute forme idéologique de la pensée. C'est pourquoi Janine Chasseguet-Smirgel a raison de dire : « Je définirai précisément l'*Illusion* (prototypique) comme une croyance fondée sur l'idée inconsciente d'une *retrouvaille possible entre le Moi et l'Idéal, d'une régression à la complétude perdue.* Les idéologies contiennent toutes, à mon sens, de façon latente, cette illusion : les temps seront révolus, l'*Homme total* adviendra, la Jérusalem céleste s'offrira à nos yeux émerveillés, nos besoins seront satisfaits, nos soifs étanchées, les Aryens conquerront le monde pour mille ans, le jour se lèvera, les lendemains chanteront, etc. Ce sera le règne du “ monde harmonieux [1] ”. » Le *noyau commun* des idéologies

1. Janine Chasseguet-Smirgel : « Quelques réflexions d'un psychanalyste sur l'idéologie », in *Pouvoirs,* n° 11, Paris, 1979, p. 35.

n'étant que l'« illusion des retrouvailles possibles de la complétude humaine initiale [1] ».

Toutes ces affirmations sont valables dans la mesure où le Moi et le Surmoi restent les formes superstructurelles d'une pulsion fondamentale (le Ça) : l'illusion, forme privilégiée de la sublimation, du déguisement, du déplacement; l'imaginal autonome qui était dans d'autres visions du monde l'espace des trans-mutations s'est désinvesti de sa fonction gnostique de symbolisation pour se réduire au monde subjectif de l'imaginaire, à l'économie pulsionnelle, au coût affectif; le symbole est devenu une manière de satisfaire le désir de fusion primaire, il traduit la nostalgie du paradis perdu et constitue, en fin de compte, une sorte de déguisement où le renoncement au désir devient lui-même une source de fabulation autour du thème « retrouver la complétude humaine initiale ». L'idéologie est donc bel et bien « un système de pensée, apparemment rationnel, qui promet, en fait, l'accomplissement de l'illusion [2] ». Toutes ces descriptions sont justes dans la mesure où l'idéologie n'est au fond, comme le disent les Anglais, qu'un *« wishful thinking »*, c'est-à-dire une pensée où nos désirs sont pris pour des réalités et obéissent, en dernière instance, au principe de plaisir.

2) Une deuxième conséquence est que l'idéologie ne peut apparaître et assumer cette fonction que dans un monde où les *canons culturels* se sont effondrés. Un monde où les étants reflétant l'Être se présentent comme des *miroirs brisés* et où le lien épiphanique de l'Être à l'étant s'est occulté au profit d'étants fragmentés qui, sous forme de « faux dieux », en réfléchissent les aspects selon les prismes déformants de leur structure délirante.

Ainsi, toute subjectivation de la totalité aboutira à son effet contraire, c'est-à-dire à la vision détotalisante (sous-dialectique) de la vérité et, par là, à une conscience égocentrique coupée de la réalité. Dans le langage jungien, nous dirions que l'inconscient créateur des idéologies est un inconscient qui, en raison du retrait des projections symboliques qui s'incarnaient autrefois dans l'ordre objectif

1. *Ibid.*
2. *Ibid.*, p. 39.

des canons culturels, n'a plus de contrepartie ontologique dans le monde : de sorte que dépossédé de ses symboles, il se réinvestit dans des idées sécularisées comme la Classe, la Race, l'Histoire, etc., lesquelles acquièrent, en raison de ce nouvel investissement, une charge quasi numineuse, et deviennent des faux dieux. Les étants, déformés, se hissent alors au niveau d'un *absolu* resacralisé et s'intègrent, sous leur forme extrême, dans les mythes totalitaires où le « moyen est déifié » et où le « relatif est absolutisé ». En d'autres termes, les idéologies hypostasient un fragment, une parcelle de l'Être et, soucieuses d'atteindre une vision totalisante, elles ne parviennent qu'à des sous-totalités aliénantes et délirantes. Que l'on se souvienne de cette phrase de Nietzsche à propos du phénomène de substitution du nihilisme : « L'autorité de conscience passe à présent au premier plan (plus elle s'émancipe de la théologie, plus la morale devient impérative) comme pour compenser l'absence d'une autorité *personnelle.* Ou bien c'est l'autorité de la *raison.* Ou bien celle de l'*instinct social* (le troupeau). Ou celle de l'*histoire* et de l'esprit immanent qui en exprime la fin et auquel on peut *s'en remettre* [1]. »

C'est l'idéologie technologique qui aujourd'hui, selon Habermas, assume la fonction de donner à la domination ses légitimations; la technologie apparaîtrait par conséquent comme le dernier maillon de cette chaîne de substitutions progressives à laquelle se référait Nietzsche. « Au niveau de généralisation où nous nous plaçons – c'est Habermas qui parle – ce que Max Weber appelait sécularisation présente trois aspects différents. Les visions du monde traditionnelles perdent leur puissance et leur validité 1) *comme* mythes, *comme* religions officielles, *comme* rites traditionnels, *comme* métaphysiques justificatrices, *comme* traditions indubitables. Au lieu de cela, elles sont transformées 2) en éthique et en croyances subjectives qui assurent le caractère obligatoire privé des orientations modernes par rapport aux valeurs (" l'Éthique protestante "). Enfin, elles sont remaniées, réinterprétées et deviennent 3) des constructions ayant une double fonction : à la fois critique de la tradition et réorga-

1. *La Volonté de puissance,* chap. II, 115, p. 49, *op. cit.*

nisation des contenus de cette tradition, devenus ainsi disponibles... Ce n'est qu'alors qu'apparaissent les *idéologies* au sens étroit du terme : elles remplacent les légitimations traditionnelles de la domination en même temps qu'elles se présentent en se réclamant de la science moderne et se justifiant en tant que critique de l'idéologie [1]. »

En même temps, l'indépendance de la science à l'égard de la technique disparaît, faisant place à l'interdépendance – de sorte que la technicisation de la science s'accompagne d'une scientifisation de tout savoir et empiète de plus en plus sur le domaine de la culture et des sciences de l'esprit. La technologie devient, en dernière analyse, la légitimation et des systèmes capitalistes post-industriels et des systèmes socialistes : rapprochement entre l'Est et l'Ouest que Habermas désigne comme « théorie de la convergence ».

Mais si l'idéologie résulte, comme le dit à juste titre Max Weber, d'une sécularisation et de nouvelles formes de remplacement, comment va-t-elle servir de point de rencontre, non seulement sous forme de théorie de convergence entre l'Est et l'Ouest, mais en tant qu'idéologie politique, entre l'Occident et le Tiers Monde? Car l'idéologie n'est pas qu'antireligieuse : elle est aussi antiphilosophique; elle est autant éloignée de la mystique orientale que du dynamisme dialectique de la pensée occidentale et située entre les deux, elle souffre des défauts de chacun.

3) Troisième conséquence : de même que, selon J. Monnerot, « l'idéologie est une pensée chargée d'affectivité où chacun des deux éléments corrompt l'autre [2] » (voire une pensée hybride où l'affectivité est tout autant corrompue par la raison dénaturée que celle-ci est paralysée par celle-là), de même elle est au niveau des typologies anthropologiques le point de coïncidence où, selon E. Cassirer, l'*homo magnus* (le chaman) fait face à l'*homo faber.* Et, de même que dans ce face-à-face l'homme totalisant les deux niveaux

1. Jurgen Habermas : *la Technique et la science comme idéologie,* trad. Jean-René Ladmiral, Paris, 1973, pp. 33-34.

2. Cité par J. Gabel : Idéologie in *Encyclopaedia Universalis,* p. 719. Voir aussi Jules Monnerot : *Sociologie de la révolution,* Fayard, Paris, 1969, p. 178 : « L'idéologie résulte d'un compromis entre le mode de penser " mythique " et le mode de penser " logique et expérimental ". »

fait défaut, de même, dans la structure réductionniste des idéologies, le monde de l'âme, en tant que vérité autonome, indépendante des forces pulsionnelles, est entièrement absent.

La gnose sert de tampon entre une poussée pulsionnelle centrifuge et une tendance non moins dangereuse, l'instrumentalisation de la raison; en d'autres termes : entre l'explosion de l'*homo magnus* et la rationalisation de l'*homo faber*. La structure réductionniste des idéologies éliminant la faculté de l'âme et par là même l'homme qui en incarne la vérité, ne peut aboutir dans le contexte d'une idéologisation qu'à un face-à-face explosif entre l'*homo magnus* et l'*homo faber*, ce que nous voyons se produire chaque fois qu'un magicien prend les rênes du pouvoir.

D'autre part, l'absence du monde de l'âme rend l'idéologie incapable de recourir aussi bien à toute « herméneutique amplifiante » qu'à toute critique destructrice. De même qu'elle est incapable de se dépasser par une herméneutique, de même elle est impuissante à détruire ses propres prémisses, à dévoiler la fausse conscience qui la caractérise. Si une des voies de son dépassement reste le recours à l'herméneutique, l'autre demeure la destruction ontologique ou la théorie critique des « intellectuels sans attaches ».

Cette absence du monde de l'âme empêche l'idéologie de reconstituer, par exemple, les cycles de la descente et de la remontée, la théologie analogique ou la théologie négative, ou d'établir des « homologies » – opérations on ne peut plus importantes dans la vision gnostique du monde. Car l'échange ne s'effectue plus dans ce contexte au niveau des symboles qui présupposaient un mode de coïncidence où le visible et l'invisible se transmuteraient l'un dans l'autre, mais au niveau de l'*imaginaire*, de l'illusion au sens freudien, où la même fonction de coïncidence opère encore non plus comme une *rupture de niveau* (ce qui présupposerait l'existence du monde transcendant de l'invisible), mais par l'« identification en chaîne », ou par une sorte de collage d'idées appartenant à des contextes incompatibles provoquant des formes mutantes, aberrantes... conditions dans lesquelles le discours reste chargé d'une affectivité aussi grande, même si celle-ci se dissimule sous un appareil soi-disant rationnel...

D. L'INSTRUMENTALISATION DE LA RAISON

Une quatrième conséquence est que l'idéologie se présente comme un discours raisonné et cohérent, à ceci près que la raison de l'idéologie n'est pas la raison des philosophes. Elle n'est ni l'Idée de Platon, ni le *Logos*, ni le *Nous*, ni l'Intelligence agente des théosophes, ni la Première-Intelligence *(mahat buddhih)* du *sâṃkhya*, mais une raison instrumentalisée, abêtie, défigurée – donc subjective et formaliste. « La raison, dit Horkheimer, ayant abandonné l'autonomie, est devenue un instrument. Sous son aspect formaliste de raison subjective, encore accentué par le positivisme, l'absence de relation au contenu objectif est plus marquée... Désormais la raison est complètement assujettie au processus social. Il n'y a plus qu'un seul critère : sa valeur opérationnelle, son rôle dans la domination des hommes et de la nature [1]. »

Pourtant, les grands systèmes philosophiques (ceux de Platon, d'Aristote, la scolastique médiévale, l'idéalisme allemand...) étaient fondés sur ce que Horkheimer nomme une théorie objective de la Raison. Celle-ci constituait un ensemble harmonieux et hiérarchique qui englobait tous les êtres, et la raison subjective qui y était incluse se présentait comme l'expression partielle et limitée de la raison universelle dont elle tirait ses critères. D'autre part, l'accent y était mis sur les fins plutôt que sur les moyens. « Platon, par exemple, nous dit Horkheimer, se donne pour tâche de prouver dans *la République* que celui qui vit à la lumière de la raison objective vit par là même une existence heureuse et couronnée de succès [2]. » Or, il convient de distinguer de cette raison inhérente à la réalité intelligible et se confondant avec l'ordre ontologique du monde, cette autre raison qui n'est que la faculté subjective de l'esprit apte à calculer et à « coordonner les moyens convenables avec une fin donnée [3] », c'est-à-dire une raison « désontologisée ».

1. Max Horkheimer : *Éclipse de la raison*, trad. Jacques Debouzy, Paris, Payot, 1974, p. 30.
2. *Ibid.*, p. 15.
3. *Ibid.*

Ce concept de raison est déjà préfiguré, au début de la Renaissance, chez des penseurs comme Machiavel, Hobbes, lorsque la bourgeoisie naissante fait basculer l'ordre féodal régi par la foi et le *logos* au nom d'une rationalité instrumentale qu'elle tentera de faire passer pour universelle. Il sera repris plus tard par d'autres penseurs anglais comme Locke et Hume. Cependant le rapport des deux raisons ne fut pas uniquement antagonique, puisque dès l'origine les deux aspects subjectif et objectif étaient co-présents et qu'il fallut « une longue évolution pour que s'établisse la prédominance du premier [1] ». La crise commença lorsque la pensée vidée de ses contenus métaphysiques en vint à les nier, puis à les considérer comme des illusions, de sorte que « les concepts de base, vidés de leur contenu, sont devenus de simples enveloppes formelles. La raison se formalise au fur et à mesure qu'elle se subjectivise [2] ».

Cette formalisation fait en sorte que la raison indifférente désormais à tout contenu, à toute finalité bonne ou mauvaise, devient une raison fétichisée qui ne véhicule plus aucune fin spécifique et se réduit à un moyen d'évaluer comment parvenir à la réalisation de certains buts. La raison dirige le rapport entre fins et moyens, mais elle est indifférente à l'égard des fins elles-mêmes et devient ainsi sa propre finalité : elle peut donc se mettre au service de l'inhumain, devenir l'arme de l'oppression et précipiter vers une rechute dans la barbarie [3]. La raison ayant été purgée de son contenu se détruit elle-même [4] et, « détruisant les fétiches conceptuels, elle brise son propre concept [5] ». Ainsi, en s'instrumentalisant, elle devient irrationnelle, et devenant irrationnelle elle cède aux intérêts des groupes privilégiés. Selon Horkheimer, les philosophes des Lumières, en attaquant la religion au nom de la raison, détruisirent au bout du compte non seulement l'Église mais le concept objectif de la raison elle-même [6].

Toutes les grandes pensées (justice, bonheur, tolérance...)

1. *Ibid.*, p. 17.
2. *Ibid.*
3. *Ibid.*, p. 236.
4. *Ibid.*, p. 201.
5. *Ibid.*
6. *Ibid.*, p. 27.

qui étaient considérées autrefois comme inhérentes à la structure de la raison elle-même, ont perdu leurs racines intellectuelles : « Elles constituent toujours des visées et des fins, mais il n'est plus d'arbitre rationnel ayant pouvoir de les évaluer et de les rattacher à une réalité objective[1]. » Il ne reste à présent qu'une seule autorité : la science comprise « comme classification des faits et calcul des probabilités ».

Cependant, la mutilation de la raison cache un autre danger : plus la raison se déprécie, s'abêtit, s'instrumentalise, plus elle s'aliène de ses origines, plus elle devient la proie des manipulations idéologiques, des tendances manichéennes de l'esprit – de sorte que le progrès des Lumières engendre une nouvelle mythologie. « Chaque idée philosophique, éthique et politique, lorsque le cordon ombilical de ses origines historiques a été coupé, a tendance à devenir le noyau d'une nouvelle mythologie. Et c'est là l'une des raisons pour lesquelles le progrès des Lumières tend à certains moments à rétrograder vers la superstition et la paranoïa[2]. » Ce rapport dialectique entre mythe et raison est précisément le thème du livre que Horkheimer a publié en collaboration avec Adorno sous le titre : *la Dialectique de la raison (Aufklärung).*

E. DIALECTIQUE DU MYTHE ET DE LA RAISON

Si la raison en s'instrumentalisant régresse à l'état de nature et entraîne que la nature se venge en retournant la raison en « mythologie », la cause en est que dès le commencement de l'*Aufklärung*, le mythe lui-même est déjà raison. Ces deux thèses, à savoir : « le mythe est déjà raison et la raison se retourne en mythologie[3] » sont illustrées par Adorno et Horkheimer dans deux digressions. La première étudie leur rapport dans *l'Odyssée* en tant que ce récit serait « un des premiers documents représentatifs de la civilisation bourgeoise »; la seconde concerne des penseurs comme Kant, Sade et Nietzsche qui conduisirent la raison jusqu'à

1. *Ibid.*, p. 38.
2. *Ibid.*, p. 39.
3. Max Horkheimer, Theodor W. Adorno : *la Dialectique de la raison*, Paris, Gallimard, 1974, p. 18.

ses conséquences extrêmes, permettant ainsi les étapes suivantes : régression de la raison dans l'idéologie et finalement son autodestruction dans les systèmes totalitaires.

Le mythe d'Ulysse est, selon Horkheimer et Adorno, le point de départ de l'*Aufklärung*. En effet, le rusé Ulysse, se soustrayant aux sortilèges de l'animisme et aux puissances mythiques, échappe aux sacrifices en ne s'y soumettant qu'en apparence. Cette ruse à l'égard des forces de la nature serait l'origine même de la raison éclairée. En affirmant son moi, Ulysse domine la nature et s'y oppose. Mais l'histoire de ce triomphe est aussi l'histoire de l'introversion de ce sacrifice. Si l'homme ne triomphe du mythe qu'en sacrifiant sa nature, qu'en s'accrochant à son moi qui en émerge comme raison éclairée, la nature se venge de l'homme en retransformant sa raison en mythe, en en faisant un instrument au service des instincts et des moyens privés d'une finalité inhérente à la raison elle-même – bref en la soumettant aux forces inconscientes de la nature. Car, disent ces mêmes auteurs, « le moi persistant dans son identité qui surgit après la suppression du sacrifice, redevient immédiatement un sacrifice rigide que l'homme célèbre pour lui-même en opposant sa propre conscience au contexte naturel [1] ». Plus l'homme renie la nature, plus il régresse vers la nature.

Ainsi, « la malédiction du progrès irrésistible est la régression irrésistible [2] ». Toute tentative visant à briser la coercition qu'exerce la nature conduirait fatalement à une soumission plus impérieuse au joug de celle-ci. Et « c'est ainsi, disent ces mêmes auteurs, que la civilisation occidentale s'est égarée. L'abstraction, instrument de la Raison, se comporte envers son objet comme le destin dont elle supprime le concept : c'est une entreprise de liquidation. Sous la domination de l'abstraction nivelante suivant laquelle toute chose, dans la nature, est reproductible et sous la domination de l'industrie pour qui l'abstraction organise cette reproductibilité, les hommes libérés devinrent eux-mêmes ce « troupeau » dont Hegel dit qu'il est le « produit de la Raison [3] ».

1. *Ibid.*, p. 67.
2. *Ibid.*, p. 51.
3. *Ibid.*, pp. 30-31.

Cette abstraction organisée mutile les hommes, car en sacrifiant le penser qui se fige sous forme réifiée comme organe de calcul, neutre à l'égard des fins, la nature se venge de l'homme en le soumettant de plus en plus à l'état des batraciens [1]. Et plus l'homme oublie la raison, plus celle-ci se venge de celui qui l'oublie : son accomplissement s'éloigne de plus en plus puisque, loin de s'épanouir, la raison aboutit à l'aube des temps modernes à une idéologie technologique qui n'épargne plus aucun secteur privé de la vie – soit à une régression de l'homme à l'état des instincts.

Telle est la dialectique tragique de l'*Aufklärung* qui implique que la pensée critique ne peut se tenir que sur le fil tranchant du rasoir. Elle doit, d'une part, renoncer à s'identifier à la *praxis* socio-politique et idéologique des sociétés modernes en sachant que « la dialectique est la conscience rigoureuse de la non-identité [2] », donc refuser tout nivellement de l'individu dans un ordre collectif quelconque : totalité hégélienne, société sans classe, etc.; et, d'autre part, sauvegarder l'intégralité de l'individu menacé par la transcendance en invoquant – c'est ici qu'intervient un saut métaphysique – « la nostalgie du radicalement-autre [3] ».

C'est sur cette nostalgie que débouche Horkheimer quand, dans un article écrit en 1972, c'est-à-dire à la fin de sa vie (article qui met en perspective tout le développement de la théorie critique pendant plus de quarante ans), il écrit : « Car nous devons tous être liés par la nostalgie que ce qui arrive dans le monde, l'horreur et l'injustice, n'en sont pas le dernier mot, mais qu'il existe un Autre; et c'est là ce que nous affirmons à nous-mêmes dans ce que l'on nomme religion »; et plus loin il conclut : « En quoi consiste alors l'optimisme que je partage avec Adorno, mon ami disparu? Il consiste en ce que l'on doit, malgré tout cela, essayer de faire et de réaliser ce que l'on tient pour vrai et bien. Voilà pourquoi notre principe était : être pessimiste théorique et optimiste pratique [4]. »

1. *Ibid.*, p. 52.
2. Th. W. Adorno : *Dialectique négative*, Payot, Paris, 1978, p. 13.
3. « La théorie critique hier et aujourd'hui », in *Théorie critique*, Payot, Paris, 1978, trad. de Luc Ferry, p. 361.
4. *Ibid.*, p. 369.

Cela posé, quelle est cette dialectique du mythe et de la raison dans notre perspective, et peut-on recourir au même raisonnement pour ce qui concerne les grandes structures spirituelles des sociétés traditionnelles?

Une première constatation est que l'opposition entre ce mythe qui est déjà raison et cette raison qui se retourne en mythologie dégénérant en idéologie, suppose préalablement une *scission* dans l'esprit. Une *scission* qui fut précisément cette brèche fondamentale dont nous avons déjà parlé. Car cette scission qui sépara la philosophie de la religion, le subjectif de l'objectif, l'âme de l'esprit, fut le point de départ de ce phénomène d'effritement que certains penseurs appelèrent nihilisme. Celui-ci provoqua le dépouillement ontologique du monde : autrement dit, la démythisation du temps, le désenchantement de la nature, la naturalisation de l'homme et l'instrumentalisation de la raison. Chacune de ces opérations fut une soustraction faite au monde, à l'esprit, bref à l'univers magico-religieux de l'humanité. Et c'est peut-être en ce sens qu'il faut entendre le reniement de la nature ou le sacrifice dont nous parlent Horkheimer et Adorno.

Ces soustractions portaient sur des facultés symboliques qui, dans la vision de l'homme gnostique, avaient une réalité concrète. Qu'il s'agisse du contenu eschatologique du temps, des formes substantielles de la nature, de la faculté visionnaire et imaginale de la connaissance, de la nature divine de l'homme, leur déclin entraîna que l'esprit dé-symbolisé se mit au service des instincts et des intérêts et que l'homme, voulant renier la nature, régressa vers cette nature même qu'il croyait avoir définitivement domptée : celle-ci prit sa revanche en idéologisant l'univers magique de l'homme. Que l'on se souvienne de cette phrase de Tucci : « Jamais l'intellect n'a prédominé dans l'Inde au point de se surajouter aux facultés de l'âme et de s'en détacher, provoquant ainsi entre lui et la psyché cette dangereuse scission, maladie dont souffre l'Occident [1]. »

Or, c'est parce qu'il y eut cette scission entre le mythe et

1. Giuseppe Tucci : *Théorie et pratique du mandala*, Fayard, Paris, 1974, p. 11, trad. André Padoux.

la raison, entre l'Âme et l'Intellect, que ces deux entités, dont la *co-appartenance* dans le mystère de l'Être sauvegardait autrefois l'unité de l'homme, furent séparées et qu'il y eut divorce entre le *Muthos* et le *Logos :* de sorte que celui-ci se développa au détriment de l'autre et qu'à leur co-présence se substitua la dialectique de leur opposition, c'est-à-dire celle de l'*Aufklärung.* Il est curieux de constater que ces « idoles mentales », que Bacon cherchait à éliminer à l'aube de la pensée moderne grâce à la destruction d'une connaissance spéculative et opérative, se transformèrent sous forme idéologique, en des idoles encore plus tyranniques et plus impérieuses. Car dans la vision de l'homme gnostique, le mythe est tout aussi « raisonnable » que la raison est mythique : c'est cette identification même que chercha à réaliser la théosophie islamique lorsqu'elle homologua l'Intelligence agente des philosophes avec l'Ange de la Révélation des prophètes; et tout l'effort de la gnose consistait précisément à sauvegarder l'espace imaginal de leur trans-mutation où la raison revêtait la forme de l'Imagination active tout comme la Nature y transmuait les données sensibles en symboles. L'Imagination était le « milieu », le « lieu » où l'opposition des deux se réconciliait dans les formes docétistes et épiphaniques des symboles; où, grâce à la faculté transmuante de la gnose, le dualisme du Moi et de l'inconscient s'intégrait dans la totalité du *Soi* (voir *âtmân* dans les *Upaniṣads,* chap. I); où cette opposition ne se transformait pas à une synthèse susceptible d'identifier le sujet et l'objet dans une totalité idéologique quelconque, mais en un *revirement,* une conversion, une rupture de niveau qui était une gnose, voire un dévoilement.

C'est en ce sens que l'on doit interpréter toutes les expériences parapsychologiques, qui constituent la théorie et la pratique des *mandalas,* de même que la base physiologique de l'homme de Lumière. Mais la grande faiblesse de toute pensée gnostique, sa fragilité, reste qu'elle est incapable de s'incarner dans l'ordre socio-politique des collectivités modernes. Pour la simple raison que celui-ci est réductionniste et, comme le monde organique de ces civilisations s'effondre, toute émergence d'une vision gnostique à l'échelle de la collectivité est vouée à n'épouser qu'une forme idéologique de la pensée – ce que nous montrerons plus loin.

Disons pour conclure que l'idéologie, du fait qu'elle véhicule d'une façon commode une explication simpliste des choses, sous des apparences rationnelles et historiques, et du fait qu'elle est une pensée hybride (où la confusion des contextes ressemble à cette pensée sans objet dont nous parlions au chapitre précédent), est devenue la seule forme assimilable de la pensée occidentale dans les aires culturelles qui n'ont pas participé à la seconde mutation de l'âge scientifico-technique. Ce fait explique le succès foudroyant des idéologies gauchistes – les plus chargées d'utopie – dans le Tiers Monde et le fait non moins négligeable que le dogmatisme inné des idéologies s'accommode fort bien de l'esprit religieux de ces civilisations. Celles-ci en effet ne peuvent se séculariser qu'en s'idéologisant : n'ayant pas connu l'âge scientifico-technique des Lumières et l'aventure dialectique de l'esprit, elles restent réfractaires à l'antidote d'une faculté critique qui vient, parfois, en Occident, contrecarrer les excès d'une forte dogmatisation.

Idéologie révolutionnaire coulée dans le moule traditionnel d'une religion idéologisée, nous voici confrontés à un objet étrange : une révolution religieuse.

2. Qu'est-ce qu'une révolution religieuse?

Les secousses profondes provoquées par la révolution iranienne tant dans le domaine de la pensée et des valeurs qui nous étaient chères que dans nos habitudes quotidiennes, nous incitèrent à repenser les relations entre les civilisations. Et ceci, en envisageant ces civilisations, non comme des mondes qui s'opposeraient géographiquement et occuperaient deux aires culturelles différentes, mais comme deux *constellations* se chevauchant continuellement, emboîtées l'une dans l'autre, et créant des concepts mixtes, indéfinis, qui révèlent, à un examinateur attentif, l'incompatibilité des idées qui la sous-tendent. Or l'irréductibilité de ces deux mondes est beaucoup plus évidente si nous les envisageons à l'état pur, c'est-à-dire sans cette gangue de fausses assimilations qui enveloppe leurs notions fondamentales. Mais cet état pur, nous ne pouvons le rencontrer aujourd'hui que dans les livres et non dans l'état actuel des civilisations où les zones de contact ont si bien brouillé les pistes qu'il nous faut faire un travail de remue-ménage et de dé-mystification pour redécouvrir la teneur véritable des idées identifiées les unes aux autres et en dénoncer l'incompatibilité.

Un exemple. Que peut bien vouloir dire cette expression récente : révolution islamique? Nous nous trouvons en face de deux termes qui, de prime abord, nous semblent accordés, puisque l'idée qu'ils véhiculent vient d'être, selon toute apparence, réalisée dans l'histoire. Ces deux termes ne choquent ni les Orientaux qui s'en vantent, ni les Occidentaux qui les assimilent dans les catégories courantes de leur propre pensée.

Mais que signifient au juste ces deux termes? En évoquant l'idée de révolution, nous éveillons toute une cascade d'idées. Nous pensons à la Révolution française, à l'âge des Lumières qui la prépara, aux Encyclopédistes, à la déclaration des droits de l'homme; puis, en termes hégéliens, à Napoléon Bonaparte, l'Esprit du monde assis sur un cheval blanc, à la nécessité historique que rien n'épargne et que nul ne peut arrêter; enfin, avec Marx, à la lutte des classes et au destin eschatologique du prolétariat. Et, philosophiquement, nous évoquons la puissance du négatif : devant nous prend forme la structure dialectique de la raison qui, de négativité en négativité, se dépasse continuellement pour atteindre, grâce aux synthèses supérieures, la liberté du sujet, l'autonomie de la raison, la conscience de soi...

Parallèlement, que connote le mot Islam, ce mot qui veut dire : soumission à la volonté divine? Nous pensons au Qorân, au phénomène du Livre Saint, à la révélation, à l'Esprit prophétique... Le Cycle de la Prophétie se déroule dans notre esprit, depuis Adam, le premier homme créé à l'image de Dieu (prototype de l'humanité), jusqu'à Mohammad, le Sceau de la Prophétie : cycle complet qui est l'épiphanie plénière de la Réalité mohammadienne – le *logos* –, dont les prophètes antérieurs ne furent que les manifestations partielles... A la base de ce cycle un événement *méta-historique*, une alliance avec Dieu, un Dépôt de Confiance *(amâna)* légué à l'homme dès la pré-éternité. Dépôt que viennent renouveler d'âge en âge les prophètes jusqu'à Mohammad, venu clore à jamais le Cycle de la Prophétie. Enfin, si nous nous plaçons dans le contexte du Shî'isme nous pensons en outre au Cycle de la *Walâyat* qui commence là où s'achève celui de la Prophétie : par lui l'Esprit mohammadien, s'occultant d'Imâm en Imâm, atteint le terme de la Grande Occultation *(ghaybat-e kobrâ)* sous la figure du XIIe Imâm dont la parousie viendra un jour clore le cycle de notre Aïon et rétablir la justice divine sur la terre.

Ces deux termes, ces deux mondes – révolution d'une part, Islam de l'autre –, n'ont par conséquent aucune affinité ontologique. Ils se meuvent dans des constellations différentes : leurs points de référence, de même que l'axe central autour duquel s'ordonnent leurs coordonnées, ont des connotations opposées qui renvoient à d'autres valeurs, éveillent d'autres « harmoniques ». Au cas où nous entreprenons de les comparer, nous nous rendons compte que le monde de l'un est l'aventure de l'esprit dans le temps, lequel jouit d'une préséance ontologique promouvant l'histoire au degré d'une hypostase où la révolution devient la conséquence directe et irréversible de la négativité de la raison; tandis que l'autre (l'Islam) reste en dehors de l'inquiétude de l'histoire et dévoile des valeurs « pré-éternelles » *(azalî)* qui ne sont situées ni dans une étendue géographique, ni dans un temps historique. En d'autres termes, les événements qui le scandent ne tirent pas leur raison d'être d'une nécessité historique, mais d'événements advenus, pour ainsi dire, dans la *méta-histoire.* L'accord temps-espace y acquiert une teneur tout autre, chargée d'un sens intérieur, puisque les événements qui le déterminent ne se situent pas en telle ou telle ère historique comme, par exemple, la révolution de 1789, mais en un *temps-espace* visionnaire, en un événement survenu à la pré-éternité : *in illo tempore.* L'Ange Gabriel apparut au prophète dans le monde de l'âme, et le Qorân lui fut révélé miraculeusement. La différence qui oppose par conséquent ces deux mondes, Islam et révolution, n'est pas une divergence d'opinion, de méthode, mais une différence essentielle : celle qui oppose une constellation à une autre.

Mais qu'advient-il lorsque la pensée occidentale ne se limite plus à son aire géographique première, à cette Europe qui la vit naître au détriment du monde organique du Moyen Age, et se répand partout, envahissant les continents les uns après les autres pour devenir une pensée planétaire, présente en toutes choses, dans notre vie privée comme dans notre vie publique? Commence alors l'ère de la *collision des constellations* et l'Ange Gabriel abandonne la terre des visions pour descendre dans le temps historique revendiquer les droits des opprimés contre les oppresseurs. Au point que l'Ange Gabriel apparaît de nos jours plus soucieux de la lutte des classes que désireux d'accomplir son rôle de messager des révélations divines.

Révolution islamique (ou hindoue, ou bouddhique...) : lequel des deux termes est le plus actif, le plus déterminant? Révolution ou Islam? Est-ce la religion qui change la révolution, la sanctifie, la resacralise? Ou est-ce, au contraire, la révolution qui historicise la religion, fait d'elle une religion engagée, bref une idéologie politique? Il va de soi malheureusement que c'est toujours la constellation planétaire qui l'emporte. C'est elle qui extrait l'autre de son orbite et la réintègre dans sa propre constellation, lui imposant ses propres lois et sa propre pesanteur. Ce n'est pas la révolution qui s'islamise pour un devenir, une eschatologie, voire une transfiguration visionnaire du monde comme celle qui apparaissait autrefois aux sages et aux mystiques; c'est l'Islam qui s'idéologise, entre dans l'histoire pour combattre les infidèles, c'est-à-dire les idéologies concurrentes, lesquelles sont en général des idéologies de gauche mieux équipées et en tout cas plus conformes à l'esprit du temps. *Ce faisant la religion tombe dans le piège de la ruse de la raison : voulant se dresser contre l'Occident, elle s'occidentalise; voulant spiritualiser le monde, elle se sécularise; et voulant nier l'histoire, elle s'y enlise entièrement.*

Mais pourquoi faut-il donc qu'il en soit toujours ainsi? Pourquoi faut-il que toutes les cultures restées en dehors du rayonnement de l'histoire occidentale n'aient pas d'autre issue que celle de se conformer à ses règles du jeu?

3. Le marxisme vulgaire en tant qu'« idéologie diffuse »

Une grande partie de l'humanité est restée, disions-nous, en dehors de la seconde mutation culturelle ouverte par l'âge scientifico-technique. Elle n'a connu ni le développement des sciences naturelles, ni le progrès, ni les crises que suscitèrent ces bouleversements, ni les prises de conscience qui y correspondirent, ni les solutions qui en résultèrent. Elle n'a pas plus assisté au mouvement de l'histoire; elle l'a reçu comme une avalanche sur la tête : d'abord par le colonialisme, puis par une occidentalisation massive et superficielle.

Cependant, tout porte à croire que la généalogie de la pensée occidentale et son enchaînement génétique lui sont restés fermés. Elle a reçu des bribes idéologiques de telle tendance, de telle école, de tel mouvement à la mode, mais jamais elle n'a pu participer au mouvement moteur de cette pensée. Le fil invisible reliant les différentes étapes de ce développement lui a échappé de même que le questionnement ontologique qui, à chaque bond en avant, venait en révéler la métamorphose constituant, de Parménide à Heidegger, de Héraclite à Nietzsche, la chaîne ininterrompue d'une pensée conséquente. Autrement dit, cette part de l'humanité n'a entretenu de rapports qu'avec les derniers maillons de cette chaîne et n'a pu, par conséquent, revivre à rebours la genèse d'une tradition qui remontait à l'aube cosmogonique de la philosophie grecque.

Les civilisations non occidentales ont réagi à cette amnésie forcée par deux attitudes extrêmes : une fascination paralysante conduisant à une soumission inconditionnelle ou un refus catégorique justifiant des retours nostalgiques vers le passé et des mouvements populistes et religieux. Entre ces deux extrêmes, toute une gamme de réactions allant des intégristes passionnés aux traditionalistes nostalgiques, des libéraux modernes et critiques aux communistes léninistes ou aux gauchistes enragés... La variété est infinie mais une chose demeure : le cadre conceptuel et catégoriel dans lequel se formulent toutes ces réactions laisse apparaître une homogénéité structurelle de saisissement des choses; et cette structure inhérente à l'esprit sociologique de notre temps sous-tend, pour ainsi dire, l'infrastructure de toute pensée. En d'autres termes, elle est la forme dominante qui encadre toutes ces réactions, elle est une manière de lunettes à travers lesquelles nous voyons et percevons la réalité. Et, de même que le temps et l'espace sont, selon Kant, les catégories *a priori* de toute perception sensible, de même ce caractère dominant de l'esprit de notre temps est la forme *a priori* de notre vision du monde : plus nous nous révoltons contre les courants de notre temps, plus nous en restons les victimes inconscientes. Et, de même que toute matière aspire à épouser une forme, à actualiser ses potentialités virtuelles, de même l'héritage du passé traditionnel, quelles qu'en soient les provenances, ne peut s'actualiser qu'en se modelant sur les catégories de cette forme dominante. Or celle-ci constitue, qu'on le veuille ou non, un mode particulier de saisissement où la vérité ne se dévoile pas comme éclosion spontanée, pareille à la *phusis* originelle grecque ou au lotus de la cosmogonie indienne, mais comme activité et *processus* englobant aussi bien le mouvement de l'histoire que le devenir de l'homme.

Si (voir chap. III, 1, e) selon Heidegger, pour Leibniz et pour toute la pensée moderne, le mode d'être de l'étant réside « dans l'objectivité des objets[1] », l'Être se manifestant comme *ob-jet* (et la vérité devenant la correspondance de l'objet au sujet qui la représente, et le principe le fondant, principe de raison suffisante), avec l'idéalisme allemand, c'est plutôt l'oscillation constante entre le sujet représentant et l'objet représenté qui importe, mettant au premier plan, non plus l'incommunicabilité d'une mystérieuse *chose en soi* mais l'activité comme processus même de l'Être et de l'esprit. L'activité n'y est plus conçue en modes d'émanation mais sous forme de production *(Erzeugen)*. Cette production, déjà incluse dans l'*ethos* du travail du rationalisme bourgeois, se substitue au simple reflet de la contemplation tel qu'on le rencontre dans les stades antérieurs de la connaissance, stades qui représentent, selon les marxistes, des formes aristocratiques et esclavagistes d'une société carac-

1. M. Heidegger : *Der Satz vom Grund*, Tubingen, 1971, p. 46.

térisée par le mépris du travail. Et cette activité créatrice, entrant dans le domaine de la connaissance, transforme à la fois le sujet et son monde pour devenir, avec Fichte, « limitation inconsciente du Moi », avec Hegel, mouvement de l'esprit se manifestant dans l'histoire jusqu'à la connaissance absolue de soi, et avec Marx, *praxis* historico-sociale, essentiellement dialectique, impliquant une activité concrète, par laquelle le sujet transforme le monde tout en se transformant lui-même. Dès lors la *pratique acquiert un primat sur la théorie.*

Dans les *Manuscrits de 1844,* Marx loue Feuerbach comme étant celui qui a « pris une attitude sérieuse et critique envers la dialectique hégélienne [1] ». Son mérite résiderait en ceci : 1) qu'il a « prouvé » que la philosophie n'est autre chose que la religion transposée et développée dans l'idée; 2) qu'il a fondé le vrai matérialisme et la vraie science en faisant du rapport social de « l'homme à l'homme », le vrai principe de la philosophie; et 3) qu'il a opposé à la négation de la négation, « le positif fondé positivement sur lui-même [2] ». Si donc Hegel supprime l'infini en posant le concret et le sensible, il ne supprime pas moins de nouveau ce dernier pour rétablir « la religion et la théologie [3] ». La philosophie de Hegel ne serait ainsi qu'une religion déguisée sous forme d'Idée absolue. « Toute l'histoire de la dépossession *(Entäusserung)* et de la reconquête n'est pour lui (Hegel) que l'histoire de la genèse de la pensée abstraite et absolue, de la pensée logique et spéculative [4]. » Par exemple, ajoute Marx : « la négation de l'être est l'essence, la négation de l'essence est le concept, la négation du concept est... l'Idée absolue. Mais qu'est-ce que maintenant l'Idée absolue [5] »? Comment, en d'autres termes cette Idée renonce-t-elle à elle-même, et se résout à poser à la place de son néant cette nature qu'elle est censée dissimuler en son sein comme une forme d'abstraction? D'où il suit, conclut Marx, que « toute

1. *Économie et philosophie* (Manuscrits parisiens, 1844), Éd. de la Pléiade, Paris, 1968, vol. II, p. 120.
2. *Ibid.*
3. *Ibid.*
4. *Ibid.*, p. 124.
5. *Ibid.*, p. 138.

cette transformation de la logique en philosophie de la nature n'est que le passage de l'abstraction à la contemplation – passage si difficile pour le penseur abstrait qu'il le décrit de façon extravagante. Le sentiment mystique qui incite les philosophes à cette opération, c'est l'ennui, la nostalgie d'un contenu [1] ».

Ainsi le seul vrai travail que Hegel connaisse et reconnaisse est « le travail abstrait de l'esprit [2] ». Pourtant l'homme, dit Marx, est avant tout un être naturel; il est être et objet à la fois et agit par conséquent *concrètement;* et il ne pourrait agir ainsi s'il n'était pas lui-même objet, si la nature n'était déjà pour l'homme une « nature anthropologique ». C'est pourquoi « être objet naturel et sensible, ou avoir en face de soi objets, nature, sens, ou bien être soi-même objet, nature, sens, pour un tiers, tout cela est identique [3] ». La faim, besoin naturel, doit avoir en dehors d'elle-même quelque chose de naturel, un objet extérieur qui lui corresponde. De même, si le soleil est un objet pour la plante qui assure sa survie, la plante n'en est pas moins un objet pour le soleil dont elle « exprime la force créatrice de la vie [4] ». Par conséquent, un être qui ne serait pas un objet pour les autres, ne posséderait aucun être qui soit son objet et ne pourrait avoir de comportement objectif et concret : « un être immatériel serait un monstre [5] ». D'où trois conséquences : 1) il n'y a pas d'*objet* pur; celui-ci, loin d'être un *datum* originel, est d'ores et déjà le résultat d'opérations antérieures : il n'y a de donné qui ne soit pas en même temps un donné travaillé, et de même que l'homme est nature et objet à la fois, de même l'objet est une nature anthropologique, c'est-à-dire une activité concrète. 2) C'est la relation de cette médiation entre les deux qui détermine l'ensemble des rapports de production. 3) Cette médiation dialectique est l'acte générateur de l'histoire et celle-ci est la « véritable histoire naturelle de l'homme ».

Développons ces trois points avant d'en arriver à la façon

1. *Ibid.*, p. 139.
2. *Ibid.*, p. 126.
3. *Ibid.*, p. 130.
4. *Ibid.*, p. 130.
5. *Ibid.*

dont Marx a été entendu dans les civilisations non occidentales.

1) Si l'être se révèle, non comme une « chose en soi », ou un *datum* originel, ou comme processus abstrait de l'Esprit, mais en tant qu'objet-homme-activité concrète, il suit que le fondement de l'être est l'activité concrète qui englobe tout à la fois l'homme et la nature. Cette activité-là, Marx l'appelle *praxis* et, s'attaquant à Feuerbach comme il l'avait déjà fait pour Hegel, il énonce sa première thèse sur Feuerbach : « Le principal défaut de tout le matérialisme passé – y compris celui de Feuerbach – est que l'objet, la réalité, le monde sensible n'y sont saisis que sous la forme d'*objet* ou d'*intuition*, mais non en tant qu'*activité humaine concrète (sinnlich menschliche Tätigkeit)* en tant que *praxis*, de façon non subjective [1]. » La *praxis* est, par conséquent, cette médiation dialectique entre l'homme naturel et la nature anthropologique qui fait en sorte que, transformant le monde, l'homme se transforme lui-même. Et Marx ajoute dans *le Capital :* « Le travail est de prime abord un acte qui se passe entre l'homme et la nature. L'homme y joue lui-même vis-à-vis de la nature le rôle d'une puissance naturelle. Les forces dont son corps est doué, bras et jambes, tête et main, il les met en mouvement, afin de s'assimiler des matières en leur donnant une forme utile à sa vie. En même temps qu'il agit par ce mouvement sur la nature extérieure et la modifie, il modifie sa propre nature, en développant les facultés qui y sommeillent [2]. » La nature humaine et sa conscience sont donc partie intégrante de la nature elle-même et y occupent une position primordiale en tant que *praxis*.

2) Cette *praxis*, dialectique dans son essence, crée les rapports de production, car c'est le travail intégré dans la nature, liant le sujet et l'objet, qui détermine les rapports de production : comme ceux-ci doivent se refléter dans la

1. *Thesen über Feuerbach in Marx-Engels* I, Philosophie, Ficher Taschenbuch verlag, Frankfurt am Main, 1972, p. 139.

Trad. française de Gilbert Badia in : F. Engels : *Ludwig Feuerbach et la fin de la philosophie classique allemande.* Éditions Sociales, Paris, 1976, p. 87.

2. *Le Capital*, chap. VI, Section 3, pp. 727-728, Pléiade, vol. I.

conscience, l'homme-objet-activité concrète détermine la conscience dont l'être historique est déjà porteur. Car l'essence de l'homme, dit Marx dans sa sixième thèse sur Feuerbach, « n'est pas une abstraction inhérente à l'individu isolé. Dans sa réalité, elle est l'ensemble des rapports sociaux [1] »; et comme cet ensemble constitue la base même de l'essence humaine, il renferme une part de conscience : si l'infrastructure de toute société peut être activée par la superstructure idéologique, l'idéal n'est rien d'autre que les conditions matérielles inversées et traduites dans la tête de l'homme. Tant que l'ordre socio-politique et les rapports de production restent compatibles, les sociétés demeurent stables; mais que les nouvelles forces productives libérées par ce nouvel équilibre deviennent incompatibles avec les rapports de production et un bouleversement s'annonce; une révolution : voire le passage du métier corporatif à la manufacture, puis de celle-ci à la grande industrie. Ainsi les forces motrices, ou selon Engels « les forces motrices des forces motrices » (forces idéales) [2], sont la lutte des classes : toutes les luttes émancipatrices tournent autour de l'intérêt économique. Plus les idéologies s'éloignent de leur base économique, plus elles se traduisent comme religion ou philosophie, plus se masquent, en raison des « chaînes intermédiaires », les corrélations existant entre représentation et conditions économico-sociales. Ce sont ces « déguisements » qui dans la perspective du marxisme, créent la fausse conscience idéologique.

3) Or il y a lutte de classes parce qu'il y a rapports de production, et il y a rapports de production parce qu'il y a *praxis* et que celle-ci se révèle comme une oscillation continuelle entre la nature et l'homme. La *praxis* découle, par conséquent, de la position *onto-bio-anthropologique* de l'« homme générique » qui, du fait de son activité concrète dans la nature, est générateur de l'histoire. L'homme réalise son essence dans l'histoire et celle-ci traîne à sa suite toutes les ruines des temps révolus, sur lesquelles se sont édifiées successivement les sociétés.

1. *Op. cit.*, p. 90.
2. *Ludwig Feuerbach et la fin de la philosophie classique allemande*, *op. cit.*, p. 69.

Marx écrit : « La société bourgeoise est l'organisation historique de la production la plus développée et la plus différenciée qui soit. Les catégories qui expriment ses conditions et la compréhension de ses structures permettent en même temps de comprendre la structure et les rapports de production de tous les types de société disparus, sur les ruines et les éléments desquels elle s'est édifiée et dont certains vestiges, non encore dépassés, continuent à traîner en elle, et dont certaines virtualités se sont pleinement épanouies, etc. L'anatomie de l'homme est une clé pour l'anatomie du singe [1]... » Voilà qui présuppose que l'histoire est aussi *naturelle* que la nature est *historique;* et qu'entre les étapes du développement de ces deux entités inséparables (dans le processus même de l'*homme-objet-activité concrète*), il n'y a pas de différence qualitative. Or cette attitude consistant à revoir tout le passé à la lumière d'un présent privilégié est précisément ce qui permet à la pensée d'opérer une « identification en chaîne » : ce n'est pas un hasard si Engels a nommé Marx le « Darwin de l'histoire ». D'où ce commentaire d'Hanna Arendt : « A considérer non pas l'œuvre réellement accomplie, mais les positions philosophiques fondamentales de ces deux hommes, il s'avère, en définitive, que le mouvement de l'Histoire et celui de la Nature ne font qu'un... Pour Marx, le travail n'est pas une force historique, mais une force naturelle-biologique libérée à la faveur du métabolisme de l'homme avec la Nature [2] grâce auquel celui-ci conserve sa vie individuelle et reproduit l'espèce [3]. »

Transformer l'histoire, c'est révolutionner la base matérielle sur laquelle s'édifiait toute la vision de l'homme. Critiquant la position religieuse de Feuerbach, Marx conclut (quatrième thèse sur Feuerbach) que le fait de dédoubler le monde en monde religieux et monde réel ne résout aucun problème. Le fait que la base temporelle se détache et se fixe dans les nuages, constituant de la sorte un monde et un règne autonomes, ne nous avance pas beaucoup. Il convient

1. *Introduction générale à la critique de l'économie politique,* Éd. de la Pléiade, vol. I, p. 986.

2. *Le Capital,* vol. I, part. I, section 2, cité par H. Arendt.

3. *Le Système totalitaire, op. cit.,* p. 208.

d'attaquer le mal à sa racine, c'est-à-dire de comprendre les contradictions internes à la base temporelle pour la révolutionner ensuite pratiquement : « Une fois qu'on a découvert, par exemple, que la famille terrestre est le secret de la Sainte famille, c'est la première désormais dont il faudra faire la critique théorique et qu'il faudra révolutionner dans la pratique [1]. » D'où la nécessité de la pratique : « La question de savoir si la pensée humaine peut aboutir à une vérité objective n'est pas une question théorique, mais une question pratique » (deuxième thèse sur Feuerbach). La vérité ne découle pas de la théorie car ce point de vue conduirait aux idéologies où l'Être était conçu d'une manière statique comme reflet de connaissance, donc abstrait et étranger au rapport *théorie-praxis.* « Car, ajoute Bloch en commentant ce passage, ou bien la théorie de la connaissance dans l'Antiquité et au Moyen Age ne réfléchissait pas l'activité, ou bien l'activité sous sa forme bourgeoise et abstraite était isolée de son objet. Dans les deux cas, celui du mépris antique et féodal du travail, tout comme celui de l'*ethos* bourgeois du travail (dépourvu de tout aspect concret), la *praxis,* aussi bien technique que politique, était tout au plus admise comme " application " de la théorie. Non comme confirmation de la théorie, attestant qu'elle est bel et bien concrète chez Marx [2]. »

« Les philosophes n'ont fait qu'*interpréter* le monde de différentes manières, mais ce qui importe, c'est de le *transformer* [3] », conclut Marx. Or transformer le monde implique une révolution, c'est-à-dire le renversement de l'ordre établi et la suppression des contradictions inhérentes aux rapports sociaux, lesquels sont les producteurs des idéologies propres aux classes possédantes et dominantes...

Si nous nous sommes attardé sur la conception onto-anthropologique de Marx en dégageant la problématique philosophique de sa pensée, c'est pour montrer son lien avec la philosophie occidentale, en particulier avec celle de Hegel et de l'idéalisme allemand. Or, ce ne sont pas les thèses

1. *Thesen über Feuerbach, op. cit.,* p. 140, *Trad., op. cit.,* p. 89.
2. *Le Principe Espérance,* vol. I, *op. cit.,* p. 323.
3. *Thesen über Feuerbach, op. cit.,* p. 141.

théoriques de Marx qui ont cours dans nos civilisations, mais une sorte de marxisme dogmatique, vulgaire, déformé par le filtre du léninisme; un marxisme qui dans le meilleur des cas apparaît comme celui du *Manifeste communiste* dont le ton prophétique : « l'histoire de toute société jusqu'à nos jours, c'est l'histoire de la lutte des classes [1] » séduit, envoûte comme un dogme et devient le moteur magique de toute explication. Il s'ensuit quelques conséquences idéologiques immédiates : la diabolisation du bourgeois et l'idéalisation du prolétaire – figures qui n'existent dans ces sociétés qu'à l'état d'ébauche; d'où aussi cette vision manichéenne du monde où le capitalisme – c'est-à-dire l'Occident tout entier – se substitue au Destin, où l'exploitation devient la souillure originelle, le bourgeois le symbole des forces ahrimaniennes, le prolétariat l'ange libérateur, la révolution une résurrection et la société sans classes le paradis perdu et retrouvé.

Le romantisme révolutionnaire devient alors la dimension spécifique de toute attitude militante. L'idée vague que la philosophie « ne peut être supprimée sans être réalisée et ne peut être réalisée sans être supprimée », éveille toutes sortes d'espoirs. Une forme de marxisme indéfini, telle une *idéologie diffuse*, plane dans l'air, impliquant le primat de la *praxis*, la nostalgie des révolutions, la lutte des classes, la conviction que le progrès découle du renversement social, la vénération de l'histoire promue au rang d'une divinité gérant les affaires humaines... Telles sont les composantes de l'esprit de notre temps, son infrastructure en quelque sorte : c'est à l'intérieur de ce cadre variant au gré des traditions que s'articulent les tendances, aussi bien religieuses que laïques, qui essaient de s'intégrer dans l'ordre socio-politique.

Lorsque les civilisations traditionnelles se dressent contre l'Occident, elles le font soit au nom des doctrines « gauchistes », soit au nom des traditions religieuses censées trouver un *raccourci* dans l'histoire et restaurer la justice divine sur terre. Mais à peine ces traditions se concrétisent-elles sous forme politique, et même philosophique, qu'elles se

1. *Le Manifeste communiste,* Ed. Pléiade, vol. I, p. 161.

coulent inconsciemment dans les catégories courantes que nous venons de décrire; et c'est avec ces lunettes sociologiques que l'on réinterprète des valeurs qui, en leur essence, restent extérieures au souci de la *praxis* socio-économique. La révolution, les rapports de production, la téléologie de l'histoire, l'utopie d'une société unitaire (sans classes) constituent un cadre immuable à même d'accommoder n'importe quelle croyance, n'importe quelle idée. Quel que puisse être le contenu proclamé de la révolution (hindou, bouddhique, chinois, islamique...), une fois introduit dans l'infrastructure idéologique de notre temps, il quitte sa constellation et tombe dans une autre orbite; il se soumet à d'autres lois et par association épouse des tonalités et des idées adaptées au concept révolutionnaire et non au cadre religieux auquel le contenu appartenait initialement. A l'intérieur de ce cadre, le contenu traditionnel peut acquérir une nouvelle résonance mais jamais un sens nouveau; les idées introduites peuvent être originales, voire spirituelles, mais elles restent néanmoins une version locale d'une *Gestalt universelle,* d'autant plus puissante qu'elle représente une *forme inconsciente d'occidentalisation :* le résultat est toujours une forme d'idéologie.

Les raisons de cette dégradation sont nombreuses : citons-en trois. 1) les formes des idées imposées n'apparaissent pas dans leur pureté initiale mais sous les figures figées les plus extrêmes : par exemple on devient un marxiste vulgaire, tout au plus un marxiste léniniste, et non un connaisseur du Marx humaniste lié à la tradition idéaliste allemande, donc à toute la généalogie de la pensée occidentale; 2) les formes imposées qu'on reçoit sont déjà des structures idéologisées, c'est-à-dire des philosophies exsangues et sclérosées; 3) ces formes dépourvues de toute possibilité critique de « mise en perspective » permettent au contenu magico-religieux des croyances de s'y interpréter, créant l'illusion qu'on vient de forger une forme philosophique nouvelle. Il y a dans ces assimilations tout un processus inconscient d'occidentalisation d'autant plus grave que ceux qui se dressent contre ces formes dominantes sont ceux-là mêmes qui en subissent irrésistiblement l'attrait. Ils en sont donc aussi les plus dupes, désavouant ainsi les principes auxquels ils se soumettent sans le savoir. Car rejeter ces fausses monnaies que sont les idées idéologisées exigerait tout un travail de dé-mystification, de destruction ontologique, de critique sur deux fronts : aussi bien du côté des idées importées que du côté de celles qu'on voudrait promouvoir et brandir comme un sceptre au défi de notre temps. D'autre part l'impact de cette forme dominante qu'est l'occidentalisation inconsciente ne dissimule pas seulement la portée réelle de la pensée occidentale mais masque aussi, par la fascination hypnotique qu'il exerce sur l'esprit, le contenu réel des idées traditionnelles, de sorte que tout le legs du passé devient par rapport à la forme conceptuelle aujourd'hui dominante une matière passive, soucieuse avant tout de s'actualiser en elle.

Si, par exemple, la liberté, la démocratie, la république, les droits de l'homme sont les conquêtes inaliénables de la civilisation, la tradition en voie de s'idéologiser dira qu'elle est tout aussi républicaine, tout aussi encline aux libertés individuelles, tout aussi imbue de justice – sinon davantage – et que les solutions qu'elle propose, non seulement, trouvent remède à toutes les misères de notre temps, mais encore créent des hommes nouveaux dans une société soustraite à tout antagonisme social, donc unitaire, pour cette simple « raison » que tout a été déjà prévu et écrit dans les Livres saints. *Le contenu du Livre saint ne peut donc, dans cette logique, se justifier que s'il satisfait les besoins matériels et spirituels de notre temps; plus : que s'il les satisfait mieux encore que n'importe quelle autre école ou doctrine.* Ainsi la Tradition se mesure à ces idées courantes; se faisant leur rivale, elle entre dans la même logique; entrant dans la même logique, elle change de constellation, fait irruption dans le conflit des idéologies et s'idéologise elle-même. Autrement dit, ce sont toujours les critères auxquels elle prétend s'opposer qui viennent justifier, en dernière analyse, la nécessité de la Tradition, et non l'inverse. Si les idéologies ont tendance à sacraliser les idées séculaires, les religions qui se veulent militantes sécularisent les idées sacrales : ces deux tendances qui sont l'endroit et l'envers de la même médaille se rangent aisément dans la structure ambivalente des idéologies qui elles, s'accommodent aussi bien d'une vision magico-religieuse que d'un rationalisme pseudo-scientifique.

Horkheimer avait déjà mesuré ce danger : « Actuellement il existe une tendance générale à faire revivre les théories anciennes de la raison objective, afin de donner une sorte de fondement philosophique à la hiérarchie – en voie de désintégration rapide – des valeurs généralement acceptées. Ce ne sont pas seulement des guérisons par l'esprit, pseudo-religieuses ou semi-scientifiques, ou le spiritisme, l'astrologie ou de piètres ersatz de philosophies anciennes telles que le yoga, le bouddhisme, ou encore le mysticisme et des adaptations populaires des philosophies objectivistes classiques que l'on recommande à l'usage moderne, mais également des ontologies médiévales. Mais la transition de la raison objective à la raison subjective ne fut pas un accident, (...) Si la raison subjective, sous la forme des Lumières, a fait disparaître la base philosophique des croyances qui constituaient une partie essentielle de la culture occidentale, elle n'a pu le faire que parce que cette base se révélait trop faible [1]. »

Et si cette base s'est révélée trop faible, c'est que l'homme a subi une mutation culturelle qui devait le conduire à la conquête du monde par la création d'un réseau de communication planétaire. Or, la dialectique des vieilles religions par rapport à l'émergence de cet homme nouveau ne peut être qu'un dialogue de l'homme avec lui-même. Du moment que toute objectivation du monde religieux n'a pour conséquence que la chute du sacré dans le piège de l'histoire, la délivrance ne peut s'effectuer ni par le truchement d'un raccourci ni par un refus catégorique, mais grâce à une attitude critique à l'égard de cette conscience *doublement fausse* – qui déforme aussi bien les idées imposées que nous recevons comme « paquets » idéologiques que celles qui nous sont propres, mais que nous réinterprétons à travers le prisme de cette fausse vision. Vision où l'instrumentalisation de la raison subjective, l'égocentrisme, la distorsion des faits, bref, tous les défauts inhérents à la structure idéologique que nous avons décrite, sont indissolublement réunis.

1. *Éclipse de la raison*, *op. cit.*, pp. 70-71.

Un exemple typique de cette conscience doublement fausse est celui de 'Alî Sharî'atî, un des théoriciens les plus célèbres de la révolution islamique iranienne.

4. Un idéologue type : 'Alî Sharî'atî

Sharî'atî est le prototype de l'idéologue qui veut transformer les idées-forces du Shî'isme duodécimain (le martyre par exemple) en une force historique. Son projet est d'en accuser l'aspect idéologique militant pour l'opposer à l'emprise du défi occidental. De plus, l'idéologie est pour lui une vision du monde répondant aux questions pratiques : Comment es-tu? Que fais-tu? Que faire [1]? Toutes ses préoccupations se résument dans le faire et l'agir : Comment changer l'ordre répressif actuel? Comment s'y prendre pour préparer la révolution mondiale?

D'où la nécessité pour lui d'opposer l'idéologie à la culture. Car si la culture n'a pour résultat que la formation des *ayatollahs,* des théologiens, l'idéologie prépare, en revanche, des militants religieux *(mojâhed)* [2], c'est-à-dire des combattants et non des philosophes, des savants ou des professeurs d'université : « Je tracerai la forme géométrique de l'armature de la pensée et de la croyance, le diagramme mental dont, selon moi, un musulman conscient et connaissant l'Islam doit avoir l'image dans son esprit, [...] d'un Islam qui n'est pas seulement une croyance religieuse mais aussi et surtout une école de pensée et une idéologie [3]. »

Pour Sharî'atî, la véritable croyance doit culminer dans l'appartenance à une école de pensée [4]. Elle est, par conséquent, l'équivalent de l'idéologie combative et doit contenir, en outre, une infrastructure fondamentale *(zîr-banâ-ye aslî),* c'est-à-dire un socle sur lequel repose l'axe vertical de la « tente », l'édifice qui porte les croyances, voire l'idéologie. Toute infrastructure, dit Sharî'atî, est en fin de compte

1. 'Alî Sharî'atî : *Eslâm-shenâsî,* p. 38, Téhéran, sans date.
2. *Farhanq wa tamadon wa ideologie* (culture, civilisation et idéologie), p. 5.
3. *Eslâm-Shenâsî* (Connaissance de l'Islam), p. 4.
4. *Ibid.,* p. 15.

Diagramme II.
Extrait du livre : Eslâm shenâsî pp. 16-17.

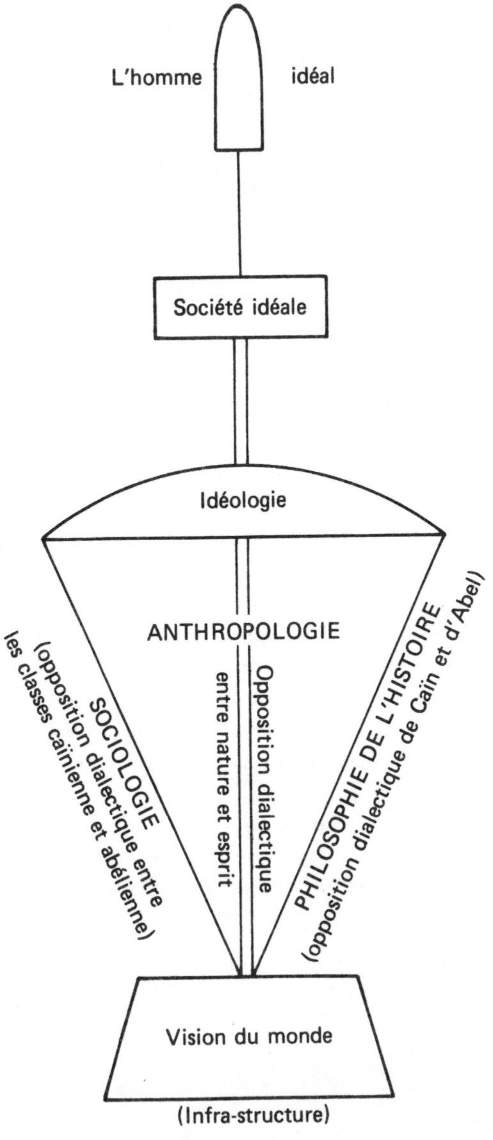

une « vision du monde » *(jahân bînî).* Peu importe qu'elle soit marxiste, matérialiste, positiviste ou religieuse : de même que toute pensée « sectaire » est une idéologie militante, de même toute infrastructure est *eo ipso* une « vision du monde ». Quiconque en est dépourvu est semblable à celui qui, ayant déménagé, traîne à sa suite quantité de meubles qu'il ne sait où loger et qui, de guerre lasse, s'installe dans une cour en attendant de trouver un logement définitif. Être sans « vision du monde » équivaut à être sans abri mental, c'est-à-dire sans attaches. La « vision du monde » est ainsi une façon d'interpréter l'être, et celle qui prévaut dans l'idéologie islamique est la vision unitaire *(tawhîdî).*

Sur cette vision du monde reposent trois piliers : celui de l'homme (axe central), celui de l'histoire et celui de la société : à eux trois, ils constituent la superstructure idéologique (diagramme II). Et pour montrer le rapport entre vision du monde et idéologie, Sharî'atî prend un exemple simpliste : pour lui, l'affirmation d''Omar Khayyâm selon laquelle personne n'est revenu de l'autre monde après avoir quitté celui-ci constitue en elle-même une « vision du monde », voire le socle de sa pensée, tandis que la conclusion qu'en tire Khayyâm (il faut coûte que coûte s'accrocher à l'instant qui fuit) n'est que le reflet idéologique de sa vision du monde [1] !

A. LES TROIS PILIERS DE L'IDÉOLOGIE SHARÎ'ATIENNE : L'HOMME, L'HISTOIRE ET LA SOCIÉTÉ

1) Le concept d'homme chez Sharî'atî se présente comme un mélange de lieux communs tirés de la mystique islamique et d'une certaine dose d'hégélianisme. Selon notre auteur, l'homme est un être *théomorphe (kodâgûneh)* en exil, c'est-à-dire un homme chassé du paradis, qui réunit en lui, dans un processus dialectique, la Terre *(lajan)* et l'Esprit, Satan et Dieu. Il est un *microcosme (jahân-e kûchak),* voire l'épiphanie apparente du créateur, grâce auquel la nature parvient à la perfection, devenant en lui une nature vivante et consciente de soi [2].

1. *Ibid.*, p. 21.
2. *Ibid.*, p. 69.

2) Mais où commence l'histoire? Si Adam, prototype « mythique » de l'humanité, synthèse des forces opposées, détenteur du « Dépôt de Confiance » *(amânat)*, être total devant qui durent se prosterner tous les Anges, symbolise la chute dans le temps, l'histoire, en revanche, commence à la première génération d'Adam, avec la lutte qui opposa ses deux fils : Caïn et Abel. Le meurtre d'Abel est l'injustice première et le moteur initial de tout le mouvement historique. Il est à la base des inégalités, des oppositions, des luttes, et c'est la prise en considération de ces forces antithétiques qui constitue le fondement de la philosophie de l'histoire. Car ces luttes opposent aussi deux ordres de société : l'*ordre agricole* et l'*ordre pastoral.* L'histoire, dit Sharî'atî, est « le théâtre de combats entre le camp caïnien qui tue et le camp abelien qui est tué; voire la guerre entre le tueur et le tué, l'oppresseur et l'opprimé [1] ». De sorte qu'à la longue l'ordre agricole de la propriété privée se substitue au communisme primitif pastoral, à l'esprit de tolérance : la foi disparaît et il ne reste plus que l'ordre caïnien qui perdure aujourd'hui.

3) Quant à la société, elle ne connaît que les infrastructures caïnienne et abelienne, qui sont la trame même de l'histoire puisque l'histoire n'est rien d'autre que « le mouvement de la société prise dans une section du temps [2] ». D'où il découle, conclut Sharî'atî, qu'il n'y a en tout et pour tout que deux *infrastructures* dynamiques dans l'histoire : les catégories marxistes d'esclavage, de féodalité, de bourgeoisie et de capitalisme ne sont pas des infrastructures mais des idéologies édifiées sur ces deux pôles *(qotb)* antithétiques et primitifs. Le pôle caïnien comporte trois faces qui sont : le pouvoir politique absolu *(molk-estebdâd)*, le pouvoir économique et l'exploitation *(mâlek-este'mâr)*, et le pouvoir religieux et l'abrutissement *(mollâ, estehmâr)*. A ces trois faces du pôle caïnien s'oppose le pôle abelien qu'incarne le peuple *(an-nâs)*. Dieu est avec le peuple puisque, selon le Qorân, « le peuple est la famille de Dieu [3] ». Il s'ensuit que le gou-

1. *Ibid.*, p. 70.
2. *Ibid.*, p. 86.
3. *Ibid.*, p. 94.

vernement appartient au peuple en tant que représentant de Dieu et non à ceux qui prétendent le représenter politiquement. De même, le capital est le bien du peuple et non l'apanage exclusif des Crésus exploitants. De même encore la religion est l'affaire du peuple et non le monopole d'une institution comme l'Église ou les *mollâs*. Le mot peuple *(an-nâs)* a un sens profond et spécifique en Islam, car il n'y a que le peuple en tant que tel qui puisse être le représentant de Dieu et de sa famille. Cependant, précise Sharî'atî, ce terme doit être entendu, non comme la réunion des membres qui le composent, mais comme une entité spécifique : « Le mot *an-nâs* est un mot singulier qui a un sens pluriel et collectif : quel autre terme plus approprié pouvait-on choisir pour exprimer la société qui est pour ainsi dire une personnalité distincte de ses membres [1]. » Le Qorân commence par la divinité et finit avec le Peuple – de même façon que chez Hegel, par exemple, l'Esprit absolu s'incarne dans l'État prussien. Ainsi la société incarnant le Peuple est le concept le plus élevé que le Qorân puisse reconnaître après celui de la Divinité.

Il apparaît donc que tout l'effort de Sharî'atî consiste à hypostasier le Peuple en une substance divine, en une entité totalitaire dont le règne providentiel sur la Terre constitue le déterminisme « scientifique » de l'histoire. Car à vrai dire – nous continuons d'exposer le point de vue de notre idéologue –, la guerre entre Caïn et Abel est aussi la lutte entre l'idolâtrie *(sherk)* et la religion unitaire, entre l'idolâtrie différenciée des classes et la religion de la sainte unité. Et cette lutte se poursuivra jusqu'à la fin des temps, afin que Caïn périsse définitivement et que l'ordre d'Abel s'instaure. Bouleversement sans retour qui se confond avec la révolution mondiale dont le résultat est l'établissement de la justice *('edâlat)* et de l'égalité [2]. Bouleversement auquel l'histoire nous mène, inévitablement, en raison d'un déterminisme infaillible.

1. *Ibid.*, pp. 94-95.

2. Par égalité Sharî'atî entend la part *(qest)* réelle qui revient à chacun proportionnellement au travail qu'il fournit. Cela ne peut être obtenu que par la refonte non de la *superstructure* mais de l'infrastructure *(zîr-banâ)* économique.

B. SHÎ'ISME ET PHILOSOPHIE DE L'HISTOIRE

Pour Sharî'atî, « la philosophie du Shî'isme est une philosophie de l'histoire et de toutes les sectes de l'Islam, il incombait uniquement au Shî'isme (duodécimain) de s'appuyer sur l'histoire et sur la philosophie de l'histoire et de croire au déterminisme historique [1] ». Selon lui, si la révélation prophétique a été close avec le Sceau de la prophétie, le « Sceau de l'histoire » *(khâtemîyat-e târîkh)* [2] ne fut pas clos pour autant. Les bouleversements qu'ont inaugurés les prophètes doivent se poursuivre : de même qu'après le Sceau de la Prophétie ce sont les Imâms qui ont pris la relève et ont assumé cette fonction jusqu'à l'occultation majeure *(ghaybat-e kobrâ)* du XIIe Imâm, de même il appartient à l'homme de poursuivre la tâche « prophétique » jusqu'à l'avènement de la révolution mondiale qui marquera le renversement de l'ordre caïnien et l'instauration de la justice.

Le prophète de l'Islam avait, selon Sharî'atî, deux missions : celle de la révélation prophétique *(eblâgh-e wahy)* et celle de la fondation de la communauté *(ta' sîs-e ommat)*. La première fut achevée avec le Sceau de la Prophétie et la seconde devait se réaliser durant les trois siècles qui virent la succession des douze Imâms. Mais l'histoire ne se déroula pas selon les prévisions du prophète et, après l'événement de *Saqîfeh* [3] (l'élimination du premier Imâm, 'Alî ibn Abî Tâlib, au profit de Abû Bakr), l'histoire se scinda en deux et poursuivit deux chemins séparés. Le Sunnîsme devint la religion de la classe des gouvernants et fut développé par ceux d'entre les Imâms qui étaient à la solde du pouvoir, tandis que le Shî'isme, en revanche, resta religion des gouvernés, des opprimés et des déshérités [4]. Le premier fut l'Islam du Califat, de l'oppression, de l'exploitation; le second, l'Islam de la justice, de la liberté engagée. Le Califat triompha dans

1. *Bînesh-e târîkhîye Shî'eh*, pp. 18-19 (La vision historique du Shî'isme).
2. *Ibid.*, p. 19.
3. *Saqîfeh-ye banî Sâ'edeh*, c'est le lieu où les croyants se rassemblèrent après la mort du prophète pour élire son successeur, Abû Bakr. Voir : *Loghat-nâme-ye Dehkhodâ*, Téhéran.
4. *'Aqîdeh* (croyance), pp. 20-24.

l'histoire et l'Imâmat n'eut guère la possibilité de se réaliser historiquement. Puis survint l'occultation [1].

Sharî'atî avance que notre époque est celle comprise entre l'« occultation majeure » et la parousie de l'Imâm caché : elle serait donc une période qui implique la responsabilité directe du peuple, celle où le peuple élira un représentant de l'Imâm caché. L'ère de la liberté à venir est inscrite dans le déterminisme historique : son but final, le renversement définitif de l'ordre répressif caïnien et la disparition des distinctions sociales. D'où il découle que lorsque le peuple s'insurgera contre les puissants, la résurrection (qui est aussi une révolution mondiale) surviendra : « l'Imâm promis et attendu *(mo'ûd wa montazer)*, réformateur, résurrecteur en vertu du glaive vengeur, qui dispense la justice apte à libérer tous les peuples du monde, est, en vérité, celui-là même qui nous attend [2] ». C'est dire que nous devons faire la révolution afin que survienne la résurrection. L'Imâm nous répondra puisque son « attente » n'est en fin de compte que celle de notre soulèvement : elle est l'attente de notre insurrection qui est socialement une révolution mondiale, mais aussi – c'est là un exemple de la confusion du mythe et de l'histoire – une révolution qui se confond avec sa parousie. Le Shî'isme de Sharî'atî est donc un Shî'isme doublé d'une utopie révolutionnaire.

Quant au sens de l'Islam, qui veut dire soumission à la volonté divine, Sharî'atî estime que cette soumission doit être entendue comme une sorte de vassalité *('obûdîyat)* vis-à-vis de la seigneurie de Dieu, mais que cette soumission n'exclut point la révolte contre l'ordre caïnien. Bien au contraire, l'Islam serait une insurrection contre toute puissance, toute déviation, toute répression – compte tenu que le rejet de tout ordre répressif fait partie de la soumission elle-même. Par conséquent il faut se soumettre à Dieu et contester en même temps tout ordre temporel et répressif [3].

Ces quelques pages expliquent, sans doute sommairement, les vues principales de Sharî'atî qui ont exercé, comme on

1. *Ibid.*
2. *Ibid.*, p. 22.
3. *Bînesh-e târîkhî-ye...*, *op. cit.*, p. 21.

le sait, une grande influence sur la jeunesse, et ont joué un rôle essentiel dans la révolution iranienne. Examinons-les, à présent, à la lumière du contexte comparatif où nous nous plaçons.

1) La pensée de Sharî'atî est « idéologique » dans le sens plein du terme. Nous y décelons tous les défauts inhérents à la structure idéologique : « diabolisation » de l'adversaire – dans ce cas précis l'ordre caïnien –, et « idéalisation » de son propre groupe : l'ordre abelien. Parti pris qui implique une vision manichéenne de l'histoire, d'où la tendance à réunir dans un même « paquet » tous les différents aspects de l'adversaire : ainsi dans l'ordre religieux, le Sunnisme s'oppose au Shî'isme, dans l'ordre politique les gouvernants font face aux gouvernés, dans l'ordre social les classes privilégiées s'opposent à l'égalité et à la part *(qest)* qui revient à chacun.

Il s'agit donc d'une pensée anti-dialectique où non seulement toute critique des fondements fait défaut mais où également l'homologie et la fonction symbolisante de l'esprit (si essentielles pour toute pensée traditionnelle) sont remplacées par une identification en chaîne. Car enfin, quoi de commun entre l'antagonisme de deux ordres, agricole et pastoral (que sont censés représenter les deux ordres caïnien et abelien sur le mode de la mytho-histoire), et le concept de la lutte des classes tel qu'on le voit apparaître à la révolution française où la bourgeoisie est déjà « porteuse d'une utopie légalitaire [1] ». Au reste, ce sont toujours les « avatars » de ce même Caïn qui surgissent, tantôt comme Sunnisme, tantôt comme oppression, tantôt comme capitalisme et colonisation... Par-delà ces « avatars », Caïn demeure, comme le disait Gabel commentant l'idéologie nazie, « la cause extra-temporelle unique de tout ce qui est négatif dans l'histoire [2] ». Vue sous cet angle, la pensée de Sharî'atî qui assimile sans sourciller les califes des VIIIe et IXe siècles avec le capitalisme des monopoles, les multinationales et le néo-capitalisme, est un exemple éloquent de la « fausse conscience » puisque tous les mobiles de l'histoire sont expli-

1. J. Gabel : *op. cit.*, p. 720.
2. J. Gabel : *Idéologies, op. cit.*, p. 66.

qués à partir d'une prémisse réductionniste : le triomphe messianique de l'ordre abelien. Car si l'idée-force de Sharî'atî postule que l'ordre abelien triomphera en vertu du déterminisme historique, il en découle, selon l'implacable logique des idéologies, que tout ordre caïnien est condamné d'avance, non seulement par l'« oracle » de l'histoire mais par la providence elle-même.

2) La pensée de Sharî'atî est un exemple typique de la confusion des contextes culturels. Prenons un exemple : la confusion du mythe et de l'histoire. La création d'Adam dans le Qorân (II, 28-32) est un événement advenu *in illo tempore,* donc mythique. Adam a été créé à la pré-éternité, comme vicaire de Dieu sur la terre : il fut celui à qui Dieu apprit tous les noms, celui qui accepta, en raison du Pacte, le « Dépôt de Confiance » *(amânat)* qu'avaient refusé les autres êtres, et devant qui se prosternèrent tous les Anges, hormis Eblis qui refusa et s'enfla d'orgueil. Tous ces événements symbolisent l'Idée de l'homme en tant que prototype de l'humanité. Sharî'atî accepte plus ou moins cette vision de l'homme, mais ajoute toutefois que l'homme est la synthèse dialectique de la Terre et de l'Esprit *(lajan wa rûh)* et l'être en qui la nature parvient à la conscience de soi (idée plus ou moins hégélienne). Jusqu'ici cependant nous restons à peu près dans le mythe. Mais c'est à partir de cet événement mythique que Sharî'atî change soudain de registre et qu'évoquant le meurtre d'Abel comme point initial de l'histoire, il entre de plain-pied dans l'histoire linéaire. Le mythe est infléchi au niveau de l'histoire, non par une descente, une théophanie du sacré dans le temps historique, mais par une perte de son contenu eschatologique. Le temps imaginal et cyclique se transforme en temps linéaire dé-mythisé où l'opposition de deux forces cosmogoniques devient la dialectique antithétique de deux infrastructures : le mythe se trouve rabaissé à la dialectique de deux ordres sociologiques censés expliquer tout le mouvement de l'histoire. La *hiérohistoire* devient histoire tout court. Et, tandis que l'Idée d'Adam en tant qu'incarnation du *Logos* préexistant, en tant que Réalité mohammadienne *(haqîqat mohammadî)* est en Islam le point initial du Cycle de la Prophétie, puis dans le Shî'isme le point initial du Cycle de l'Initiation *(walâyat)* des Imâms

et à la fin des temps la vérité révélée de la parousie du XIIe Imâm (le Mahdî), Sharî'atî (tout en se référant à ces cycles essentiels pour la conscience et la gnoséologie Shî'ites) les rend caducs du fait que pour lui c'est l'homme militant qui doit assumer ce rôle après l'occultation majeure – car, selon lui, l'occultation coïncide, curieusement, avec l'avènement du *« sceau de l'histoire »* en tant que déterminisme scientifique et historique. Mais Sharî'atî va encore plus loin puisque, remontant à rebours le temps et contournant les deux Cycles de la Prophétie et de l'Initiation, il va chercher l'impulsion première de ce « déterminisme » historique dans le premier maillon de cette chaîne : le meurtre d'Abel.

Or, quoi qu'en dise Sharî'atî, la vision cyclique de la prophétie en Islam est en rapport avec le cycle de la descente et de la remontée qui constitue, comme nous l'avons vu au Chap. I, une des grandes structures de l'esprit traditionnel. Selon cette vision l'homme ne se situe pas à l'horizon de l'histoire mais reste ouvert à un événement survenu in *illo tempore.* Le fait qu'il ait été élu afin d'assumer le Dépôt de Confiance, voire l'universalité des Noms et des Attributs divins constitue, en quelque sorte, la base théo-anthropologique de son humanité. Sa mission eschatologique est de remémorer le Pacte en vertu duquel le Dépôt de Confiance lui fut confié; de réaliser, en d'autres termes, cette totalité à quoi il fut destiné lors de la *méta-histoire.* La resouvenance de ce Pacte, son actualisation dans la Mémoire est le Remède apte à guérir son oubli : sa chute dans le temps. Dès lors, le devenir de l'homme ne se situe pas dans la dimension d'un déterminisme linéaire dans l'histoire mais, en raison d'une ascension verticale, vers cette Origine dont il ne fut séparé que selon un mode illusoire.

Par conséquent, vue sous l'angle de la gnose qui se dégage de la révélation qorânique et de l'accent particulier mis sur l'autre-vie *(âkhira)*, l'histoire – si tant est qu'on puisse encore parler de l'histoire –, est eschatologique. L'histoire de la prophétie commence avec Adam; elle est symbolisée par la marche du soleil vers la pointe de midi. Ici on atteint le point culminant du Cycle de la Prophétie qui est la station ultime du prophète de l'Islam : le sceau des prophètes. Les

Diagramme III. Le cycle de la Prophétie et de la Walâyat dans le Shî'isme duodécimain.

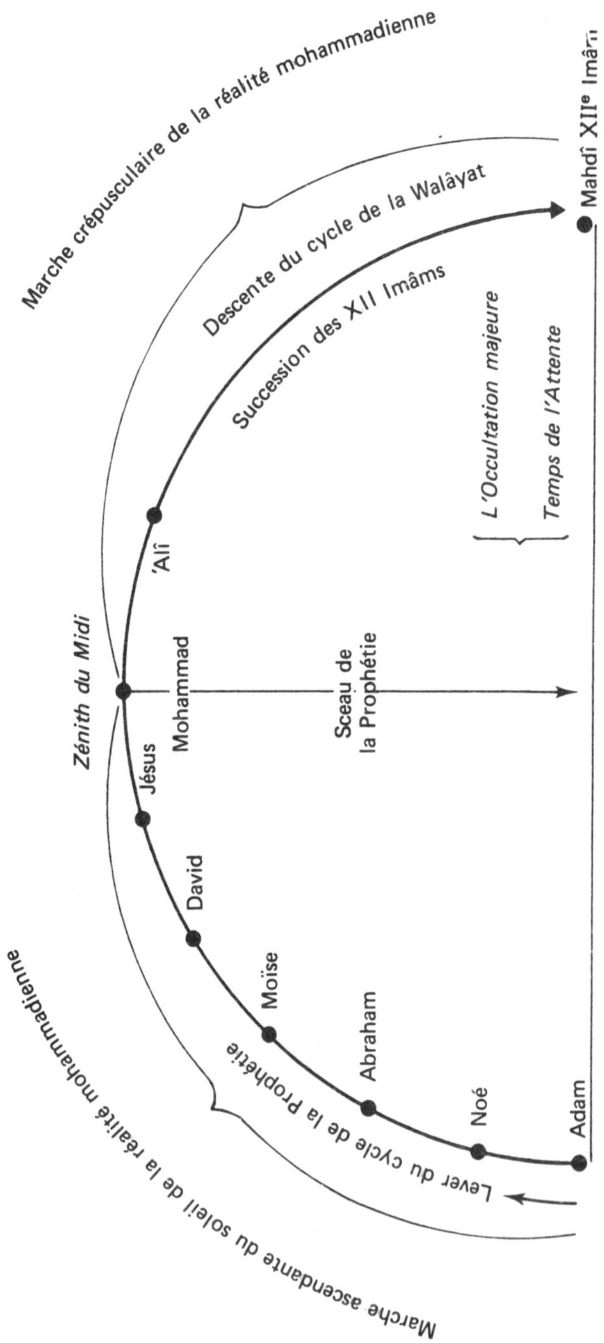

prophètes précédant Mohammad n'étaient que les épiphanies partielles du *Logos* préexistant alors que Mohammad en est l'épiphanie totale et universelle.

Cependant, le Cycle de l'Initiation *(walâyat)* du Shî'isme commence précisément avec la marche crépusculaire du soleil vers l'Occident après son passage au zénith. Dans ce déclin vers l'Occident, les ombres symbolisant les Imâms (Amis de Dieu) se manifestèrent tandis que les Orients et les Occidents s'opposèrent : à chacun des prophètes du Cycle ascensionnel de la Prophétie correspondait un Imâm « crépusculaire » sur le cycle de l'occultation, et celle-ci commençait, d'autre part, avec le déclin du soleil vers l'Occident (voir diagramme III). Et de même que ces points (prophètes) sont devenus visibles au rythme de l'ascension progressive du soleil, de même leurs homologues se sont occultés dans l'horizon du mystère au fur et à mesure de la marche déclinante du soleil vers l'Occident. A la parousie du XIIe Imâm, Origine *(mabda')* et Retour à l'Origine *(ma'âd)* seront identiques et la révolution du cycle de l'évolution spirituelle sera complète. Et de même que les prophètes puisent leur lumière à la « Niche aux lumières prophétiques » (*Logos* préexistant) du Sceau de la prophétie, de même tous les *walîs (Imâms)* puisent la leur au soleil de la *walâyat* (initiation) du sceau des *walîs* (Imâms) [1]. Il y a entre les deux cycles une « homologie parfaite » : l'homologie eschatologique du prophète de l'Islam est le XIIe Imâm, le Mahdî, qui viendra clore le Cycle de la Prophétie comme de l'Être. C'est l'attente de cet Imâm de la fin des temps, dont la parousie révélera les vérités ésotériques, qui fait du Shî'isme une religion d'attente eschatologique. Et de même que Mohammad, comme sceau de la prophétie, était l'incarnation plénière de la Réalité mohammadienne, de même son homologue eschatologique, le Mahdî, sera l'épiphanie complète de cette même Réalité.

Ainsi, vu sous l'angle de la gnose, le Shî'isme est l'aspect ésotérique de l'Islam; vouloir opposer le Sunnisme au Shî'isme, comme les deux incarnations des deux ordres sociologiques des oppresseurs et des opprimés, équivaut à

1. M. Lâhîjî : *Sharh-e Goshan-e Râz*, Téhéran, pp. 315-316.

trahir tout autant le Sunnisme que méconnaître la portée eschatologique du Shî'isme lui-même.

Au reste, qu'en est-il de l'occultation? le point est d'importance, puisque Sharî'atî fait coïncider cet événement avec l'avènement de l'histoire!

Le temps de l'occultation est « entre les temps [1] », c'est-à-dire un « temps dominé par la dimension eschatologique du XIIe Imâm appelé aussi le « Maître du temps » *(Sâhib al-zamân)*. Corbin, citant Haydar Amolî (XIVe siècle), dit : « De même que ... la prophétie législatrice a eu son lever avec Adam, son plein midi avec Mohammad après lequel, désormais close, elle s'est occultée comme le soleil après son coucher, de même la *walâyat;* la " prophétie ésotérique " levée au début de cette nuit a commencé avec 'Alî, le premier Imâm; elle a progressé d'Imâm en Imâm, comme la lune dans les ténèbres de la nuit, jusqu'à ce que l'aurore, se levant avec le douzième et dernier Imâm, dissipe les ténèbres de cette nuit. C'est donc cette nuit qui est existentiellement " notre temps ", le temps " entre les temps ", comme temps de l'occultation de l'Imâm; et c'est la nuit des symboles, la nuit de l'ésotérisme nécessaire [2]. »

Par conséquent, tous les discours prétendant expliquer le Shî'isme par les lois de la causalité historique passent à côté de ce « qui fait l'essence de la pensée et l'objet de la conscience Shî'ite, parce que le temps de l'Imâmat reste entre les temps [3] ». C'est-à-dire dans un temps qui est aussi un « monde parallèle [4] » : le temps subtil du monde imaginal et de l'âme, où l'on n'accède que par un dévoilement et par une sortie hors du temps profane de l'histoire.

Ainsi, en réduisant la parousie de l'Imâm à une sorte de révolution mondiale, Sharî'atî rabaisse tout mouvement ascendant vers les sphères transcendantes de signification (mouvement dont nous parlait Arkoun, cf. chap. IV, 3) au niveau de la lutte de deux ordres sociologiques devant aboutir, infailliblement, à une sorte de messianisme social. Car, ainsi que nous le disions plus haut, on ne peut extraire un

1. H. Corbin : *En Islam iranien*, vol. III, *op. cit.*, p. 326.
2. *Ibid.*, p. 327.
3. *Ibid.*
4. *Ibid.*, p. 329.

concept religieux de son champ pour l'insérer dans un autre contexte sans brouiller du même coup le réseau serré de significations qui tisse la trame du monde auquel il appartient.

Ainsi, considérons la sphère eschatologique (cf. chap. IV, 3) : cette notion n'a de sens que dans la perspective du cycle de la descente et de la remontée, puisque toute chose, dans la mesure où elle est orientée vers l'*âkhira*, acquiert sa vraie signification dans la topographie totale de l'Être. Extrapolée de cette vision d'ensemble, elle perd sa dimension numineuse, sans acquérir pour autant une portée vraiment historique. Elle reste dans ce *no man's land* où la pensée ne tire plus sa lumière du *Logos* de la prophétie, et pour autant n'est pas mue par le moteur dialectique de l'histoire : tout au plus reste-t-elle dans la zone vague du *non-lieu*, zone où l'occidentalisation inconsciente exerce toute sa tyrannie.

3) Par suite, Sharî'atî reprend la plupart des catégories marxistes : s'il en donne des définitions nouvelles, il reste qu'il les modèle sur les structures mêmes qu'il cherche à désavouer. Cette idée que la vision du monde unitaire (islamique) se réalise à travers l'homme, l'histoire et la société dans l'*idéologie* islamique, pour déboucher sur la société parfaite, est une sorte d'hégélianisme estropié, dépourvu du système de la raison et de tout l'appareil conceptuel de la méthode dialectique. En effet, de même que l'Idée absolue est réduite par lui à une vague notion unitaire, de même tout le marxisme est ramené aux catégories socio-économique sans aucune considération du sens philosophique de la *praxis*. Les catégories de ce marxisme diffus qui imprègne sa pensée se révèlent par l'usage des termes infrastructure, superstructure, déterminisme historique (dit aussi « scientifique »), rapports dialectiques, communisme primitif, etc., que Sharî'atî emploie à tort et à travers. Bref, tout le jargon est là, et si bien là que Sharî'atî, tout en se voulant anti-marxiste, consomme copieusement tous les sous-produits du marxisme.

Son Islam idéologique trahit, en dépit des motivations religieuses et des tonalités affectives, des catégories platement socio-économiques. Car malgré son anti-occidentalisme, Sharî'atî subit l'influence d'une occidentalisation inconsciente : d'une part il n'arrive pas à transcender la vision réductionniste des infra et des superstructures et, d'autre part, il ne se rend pas compte que, sociologisant la dimension sacrée de l'Islam dans l'histoire, il la sécularise et l'épuise dans le flux incessant du devenir historique.

Un exemple. Pour montrer à quel point les « concepts » traditionnels ont été rabaissés par notre idéologue au niveau des lieux communs. Sharî'atî traduit « vision du monde » par le mot persan *jahân-bînî* – équivalent qui, même si Sharî'atî n'est pas le premier à en avoir fait usage, joue un rôle privilégié dans son système. Or ce terme possède une charge culturelle ancienne dans la pensée iranienne puisque Hâfez l'utilise pour définir la « cosmo-vision » du sage qui, promu à la contemplation du Jeu du monde, voit l'Un dans le multiple et le multiple dans l'Un. Chez Hâfez, la « cosmo-vision » est liée au regard contemplatif du sage qui est aussi un « joueur de regard » *(nazarbâz)*, c'est-à-dire un homme ouvert à l'espace du Jeu ayant pour enjeu le Jeu par lequel le Divin déploie son charme sur les miroirs du monde. La réduction de ce terme si imprégné de tonalités visionnaires au niveau unidimensionnel d'un étant limité (l'infrastructure idéologique), équivaut à revoir ce Jeu divin à travers le prisme déformant d'un miroir brisé. Et c'est précisément ce qui a lieu dans la conscience de Sharî'atî : tous les *symboles* traditionnels y sont coulés dans les moules des structures réductionnistes.

Résumons : si l'on mélange un Hegel démuni de tout l'appareil conceptuel du système de la raison et de la phénoménologie de l'Esprit, avec un Marx dépouillé de la théorie de la *praxis* et un Islam amputé de ses deux pôles (*mabda'* – Origine – et *ma'âd* – Retour à l'Origine –), nous obtenons une soupe épaisse où tous les éléments agglomérés apparaissent désinvestis de leur teneur ontologique, du fait qu'ils ont été séparés de la base métaphysique qui les constitue et justifie leur raison d'être. Une telle pensée ne peut être qu'une pensée *sans objet* et, partant, une pensée *sans lieu.* Cependant, du fait qu'elle se préoccupe exclusivement de l'action et qu'elle offre des « solutions » faciles à tous les problèmes, en même temps qu'une « issue » hâtive à l'impasse où se trouvent aujourd'hui les civilisations traditionnelles, elle séduit par cet « arôme idéologique immédiat[1] » auquel se référait A. Laouri analysant l'influence énorme de F. Fanon dans le Tiers Monde. Car les deux éléments structurant toute attitude idéologique y sont indissolublement unis : d'un côté les motivations émotionnelles, les impulsions motrices que procurent les archétypes religieux; de l'autre l'occidentalisation inconsciente, l'appareil apparemment rationnel et moderne que fournit l'idéologie diffuse du marxisme vulgaire.

5. Le danger du déchaînement des foules

L'idéologisation des religions cache un danger redoutable : le déchaînement des comportements irrationnels des foules.

La pensée mythico-religieuse est une pensée anti-critique, non conceptuelle; elle opère par coïncidence, par transmutation, unissant, agglomérant les choses les plus hétérogènes, identifiant le tout avec la partie, procédant par causalité magico-synchronique, hiérarchisant des temps et des espaces qualitativement différents. Ce qui se traduit par l'usage excessif de la métaphore dans le langage courant : ainsi, pour qu'un dicton puisse incendier les âmes, il faut qu'il prenne le langage émotif des rythmes et des sonorités. Que l'on songe au rôle envoûtant qu'ont joué pendant la révolution iranienne les rythmes scandés des slogans : n'importe quel souhait y prenait une tonalité pathétique et explosait dans l'air comme un feu d'artifice! Pareille attitude, si poétique dans un cadre approprié, devient, dans le contexte d'une pensée idéologique, l'occasion de terribles mutations et l'arme redoutable de sombres inquisiteurs.

Il est impossible – malheureusement – de ressusciter les divinités défuntes. Celles qu'on veut déterrer ne sont plus Élohim, Jéhovah ou Allâh, mais des masques qui cachent, derrière leurs visages de plâtre, les avatars de l'histoire. Nous ne les retrouvons pas dans leur innocence première mais affublés de toute une gangue de malentendus et de fausses identifications. Nous réfugiant derrière de faux symboles, nous confondons la participation mystique avec le délire des foules hystériques – foules qui ne sont plus les

1. A. Laouri : *Idéologie arabe contemporaine*, Paris, 1967.

unités homogènes d'une communauté de croyants mais des masses atomisées, épaves d'une société urbaine et industrialisée, manipulées par des *homini magni* qui tiennent le langage totalitaire de notre siècle et promettent le paradis sur terre. L'abdication des facultés critiques, l'identification à des images anachroniques d'une religion réduite à la seule dimension délirante de l'imaginaire, ne nous haussent pas jusqu'à une transcendance nouvelle, mais nous précipitent vers une régression, comparable à celles qu'ont engendrées les religions totalitaires de notre siècle. Ces élucubrations ne préparent en rien la venue d'un homme nouveau, encore moins celle de l'homme parfait, du libéré-vivant des grandes traditions asiatiques, mais fabriquent au milieu des clameurs un *sous-homme* englouti dans la masse inerte d'un inconscient hypnotisé.

Déjà Gustave Le Bon, dans un ouvrage célèbre qui mériterait d'être relu sans *a priori*, expliquait comment dans certaines circonstances « une agglomération d'hommes arrive à posséder des caractères nouveaux forts différents de ceux de chaque individu qui la compose [1] ». Une âme collective émerge alors, capable d'engendrer une « foule psychologique [2] » dominée par les forces inconscientes. De sorte que « les aptitudes intellectuelles des hommes et par conséquent leur individualité s'effacent. L'hétérogène se noie dans l'homogène, car les qualités inconscientes dominent [3] ». L'évanouissement de la personnalité, la prédominance de l'inconscient, l'orientation par voie de suggestion et de contagion, tous ces traits dénotent un fait capital : la régression vers les niveaux archaïques de la psyché. « Par le seul fait qu'il fait partie d'une foule, l'homme descend donc plusieurs degrés sur l'échelle de la civilisation. Isolé, c'était peut-être un individu cultivé; en foule, c'est un instinctif, par conséquent, un barbare. Il a la spontanéité, la violence, la férocité et aussi les enthousiasmes et les héroïsmes des êtres primitifs [4]. »

1. Gustave Le Bon : *Psychologie des foules*, Félix Alcan, Paris, 1934, p. 12.
2. *Ibid.*, p. 15.
3. *Ibid.*, p. 12.
4. *Ibid.*, p. 16.

Cette régression, activation du « reliquat atavique [1] », se caractérise par l'impulsion, la mobilité, l'irritabilité : la foule incarne et réactualise des âges primitifs présents en chacun de nous [2]. D'où l'attrait des images, et l'explosion de l'imaginaire; d'où ce raisonnement par identification, dans lequel les « choses les plus invraisemblables sont les plus frappantes [3] »; d'où aussi l'impact des slogans imagés qui agissent sur la foule avec l'envoûtement des formules magiques dans les sociétés archaïques. D'où encore le besoin du chef, du meneur, de l'*homo magnus* qui est, précise Le Bon, « hypnotisé par l'idée dont il est ensuite l'apôtre [4] ».

Ces meneurs sont des hommes d'une trempe particulière qui « se recrutent parmi les névrosés, ces excités, et ces demi-aliénés qui côtoient les bords de la folie [5] ». Tout raisonnement s'émousse contre leur conviction, puisque leurs moyens d'action sont l'affirmation obsessionnelle, la répétition abrutissante et la contagion. Leur secret tient au prestige dont ils savent s'entourer, ce prestige dont le propre est « d'empêcher de voir les choses telles qu'elles sont et de paralyser les jugements [6] ».

Freud, analysant l'œuvre de Le Bon, met en évidence la base libidinale de l'identification et analyse la régression dans le cadre de sa théorie de la « horde primitive » : « La foule nous apparaît comme une résurrection de la horde primitive. De même que l'homme primitif survit virtuellement dans chaque individu, de même toute foule humaine est capable de reconstituer la horde primitive [7]. » Et Freud ajoute : « Le meneur de la foule incarne toujours le père primitif tant redouté, la foule veut toujours être dominée par une puissance illimitée, elle est au plus haut degré avide d'autorité... Ce père primitif est l'idéal de la foule qui domine l'individu, après avoir pris la place de l'*idéal du moi* [8]. » Ainsi

1. *Ibid.*, p. 19.
2. *Ibid.*, p. 36.
3. *Ibid.*, p. 52.
4. *Ibid.*, p. 98.
5. *Ibid.*
6. *Ibid.*, p. 110.
7. S. Freud : « Psychologie collective et analyse du Moi », in *Essais de psychanalyse*, Petite bibliothèque Payot, p. 150.
8. *Ibid.*, p. 156.

l'individu noyé dans la foule régresse vers la tribu primitive, renonce à son idéal du moi, et lui substitue l'idéal collectif qu'incarne le chef.

De son côté, Jung indique que toute réaction émotionnelle collective implique une régression : toute émotion où la raison humaine est éclipsée par une poussée pulsionnelle dans laquelle l'intellect se désintègre, laissant la porte ouverte à l'intrusion des pulsions primaires, provoque une régression vers des niveaux archaïques de la psyché. « Les nations, écrit-il, étant les groupes organisés les plus larges, sont au point de vue psychologique maladroites, stupides – des monstres amoraux, comme ces énormes sauriens dont le cerveau est incroyablement petit. Elles sont inaccessibles aux arguments raisonnables, et susceptibles d'être suggestionnées comme des patients hystériques. Elles sont infantiles, sujettes aux sautes d'humeur, victimes sans merci de leurs émotions... elles sont stupides à un degré étonnant, cupides, imprudentes et aveuglément violentes comme un rhinocéros se réveillant soudain de son sommeil. Elles persévèrent en tout acte insensé, en toute émotion, tout ressentiment, tout préjugé... et sont prises aux pièges des artifices les plus bas... [1]. »

Lorenz enfin, analysant cette régression sous l'angle biologique, avance que la psychologie des foules est une forme de l'*« enthousiasme militant [2] »*. Pour lui, l'essentiel tient au besoin instinctif des hommes d'appartenir à un groupe étroitement lié, luttant pour des idéaux identiques qui peuvent être d'une « remarquable infériorité ». Cette tendance expliquerait « la formation de gangs de jeunes dont la structure sociale reconstitue probablement assez bien celle des sociétés humaines primitives [3] », qu'elle ne soit pas contrôlée ou conditionnée convenablement, ou pire encore, qu'elle soit récupérée par des slogans surchauffés, et cette tendance est « encline à dévier tragiquement [4] ». Au reste, remarque

1. « Psychology and National Problems » (1936), in *The Symbolic Life*, vol. XVIII, Routledge & Kegan, London, 1977, pp. 571-572.

2. Konrad Lorenz : *l'Agression, une histoire naturelle du mal*, Flammarion, Paris, 1969, p. 283.

3. *Ibid.*, p. 282.

4. *Ibid.*, p. 283.

Lorenz, le mot enthousiasme signifie en grec qu'une personne est possédée par un Dieu, de même que le mot allemand *Begeisterung* désigne qu'un *Geist* nous habite ou nous contrôle [1]. Or, le danger de la possession est que c'est souvent un démon qui finit par nous habiter (au lieu d'un dieu) et que ce qui était préalablement « un mécanisme de déclenchement phylogénétiquement déterminé [2] » peut, s'il est conditionné différemment (par une attitude manichéenne de l'esprit et des slogans à la mode), devenir franchement dangereux. « D'ailleurs, ajoute Lorenz, les démagogues sont très versés dans l'art dangereux de fabriquer des mannequins supranormaux pour déclencher une forme très dangereuse d'enthousiasme militant [3] ». Lors, une fois le « frisson sacré » dévié, l'esprit critique et les considérations d'ordre moral « sont réduits au silence par un renversement total de toutes les valeurs [4] ». De sorte que « la pensée conceptuelle et les responsabilités morales atteignent leur niveau le plus bas. Comme le dit un proverbe ukrainien : « Quand le drapeau est déployé toute l'intelligence se trouve dans la trompette [5]. »

Tous ces auteurs cités pêle-mêle et sans esprit de système, ont attiré notre attention sur un phénomène unique : la régression à des niveaux inférieurs de la psyché. Celle-ci constitue sur le plan émotif une des conséquences les plus funestes de toute idéologisation excessive de la pensée : *l'homo magnus* jaillit alors de l'inconscient, pareil à ces *jins* des *Mille et Une Nuits* qui, tant qu'ils restent enfermés dans leur fiole magique demeurent contrôlés, mais qui, libérés par mégarde, grandissent subitement, prennent figure de géant et finissent par terrasser ceux-là même qui les ont délivrés.

Ainsi les événements d'Iran créèrent une « structure émotionnelle » singulière qui, du fait qu'elle entraînait la société vers des niveaux de conscience régressifs, suscita une atmosphère de *dépaysement* intenable pour un homme de notre temps. En l'espace de quelques mois des modes de vie tribale se mirent à dominer : on se livrait à des actes primitifs d'exé-

1. *Ibid.*
2. *Ibid.*, p. 285.
3. *Ibid.*, p. 287.
4. *Ibid.*, p. 283.
5. *Ibid.*

cutions sommaires, de lapidation, de flagellation, de rapine, créant une ambiance de cauchemar à tel point que beaucoup de gens croyaient vivre dans un monde irréel où tout était possible, où rien n'était cause de rien. Norbert Élias, étudiant l'émotivité de l'homme au Moyen Age, écrit à propos des actes de violence que ce sont « autant de témoignages d'une société où l'on cédait plus facilement, plus rapidement, plus spontanément à ses pulsions et sensations, où l'émotivité était plus libre, le mouvement de pendule entre ces extrêmes plus marqué qu'aux époques ultérieures [1] ». Eh bien, on avait l'impression de parcourir le temps à rebours en voyant s'éveiller des démons qu'on croyait enterrés depuis longtemps et ressusciter des mœurs périmées depuis des siècles.

Cette résurgence d'une sensibilité archaïque est une des raisons majeures qui incitèrent les couches évoluées de la société à émigrer. Car si l'évolution des mœurs a été, selon Élias, fondée sur une nouvelle « économie pulsionnelle », sur un formidable « Surmoi social », l'émergence du fond archaïque qui surgissait de la nuit des temps ne pouvait que s'opposer au processus naturel de libéralisation et offenser la sensibilité des hommes pour qui celle-ci était un fait acquis. Une grande partie de la population avait à l'égard de la justice, de la mort, de la dignité de l'homme, la même attitude que tout homme conscient vivant dans notre siècle. Une grande partie de la population avait déjà censuré ses pulsions sous forme d'« autocrainte intériorisée » conformément au goût et à l'attitude de l'*homme moderne.* Pour une grande partie de la population, enfin, la séparation du secteur public et privé était une affaire consommée, tout aussi naturelle que leur non-séparation pour l'homme strictement religieux – de sorte que la religion était pour eux une affaire privée et non la composante coercitive d'un appareil étatique qui ne pouvait être que laïque. Car même répressif, l'État correspondait, en restant laïque, à leur sensibilité, et prenait place dans une constellation à laquelle ils appartenaient.

Mais avec le changement de perspective qui survint avec la révolution islamique, tout ce qu'une sensibilité contem-

1. Norbert Elias : *la Civilisation des mœurs,* Calmann-Lévy, 1973, p. 360.

poraine ressentait comme intolérable, fit surface tout à coup. Tout ce qui avait été déplacé de la vie sociale à l'arrière-plan, dans l'espace du refoulement, comme les pendaisons, les exécutions, les flagellations publiques, fit retour sous la lumière crue d'un secteur public de plus en plus encombrant – secteur qui ne ménageait plus aucun îlot d'isolement et s'infiltrait dans les domaines de plus en plus privés des hommes, de sorte que rien ne restait à l'abri de son intrusion : l'inquisition n'épargnait ni le lit conjugal, ni les cercles d'amis, ni les réunions de famille. Et tandis que les mœurs refoulées réapparaissaient brusquement, d'autres habitudes disparaissaient sous le fatras d'interdictions nouvelles : la femme s'enterrait sous le voile, l'alcool s'esquivait dans la clandestinité, tandis que l'instinct de mort se réactivait, faisant du pays un paradis de martyrs. En quelque sorte on assistait au mouvement inverse du processus de civilisation. Un « horizon psychique [1] » se créait, qui nous donnait l'impression d'avoir fait naufrage sur une planète inconnue. Les catégories du pour et du contre se ramenaient à celles d'orthodoxe et d'hérétique : tout homme accusé de ne pas prendre part à la gloire de Dieu était considéré comme un mécréant susceptible d'être abattu à la moindre occasion, un « orgueilleux » à la merci de la justice la plus arbitraire et la plus intransigeante.

« La religion, dit Norbert Élias, la croyance dans la toute-puissance d'un Dieu qui châtie et récompense, n'ont jamais, de par elles-mêmes, un effet " civilisateur " ou modérateur de l'affectivité. Bien au contraire, la religion est toujours aussi " civilisée " que la société et la couche sociale qui la pratiquent [2]. » L'explosion d'une religion entrant de plain-pied dans l'arène des idéologies modernes brise, en passant outre les barrières des « canons culturels », les structures organiques qui conservaient les formes symboliques de l'esprit traditionnel. Elle fait irruption dans un monde qui la dépasse historiquement, elle épouse les formes les plus extrêmes des idéologies totalitaires et devient malgré elle la contrepartie religieuse d'une sorte de *fascisme.* Le contenu

1. *Ibid.*, p. 336.
2. *Ibid.*

émotif du *pathos* religieux n'arrive pas à se cristalliser dans des *structures* aptes à le véhiculer, de sorte que, forcé de se couler dans d'autres canaux, il se métamorphose et révèle son aspect ténébreux.

Historiquement, l'âge des religions en tant qu'ordre politique est révolu. La religion peut encore contribuer à la richesse spirituelle de l'homme, mais ne peut revendiquer la direction de l'ordre social. Il faut le dire tout net : la forme dominante de notre temps est une structure réductionniste incompatible avec les « canons culturels » des sociétés traditionnelles; or, toute religion extériorisée dans l'histoire est *eo ipso* une totalité indissociable embrassant tant le secteur public que privé; donc, toute tentative de la réaliser historiquement dans l'ordre public la rabaissera au niveau des idéologies totalitaires. Tout effort visant à nous réintégrer dans l'univers clos de l'égocentrisme religieux est condamné d'avance, car la conscience évoluée de l'homme d'aujourd'hui ne peut *tolérer* la « structure émotionnelle » qu'engendre la régression vers des formes archaïques de la conscience.

Chapitre VI

DOUBLE ITINÉRAIRE HERMÉNEUTIQUE ET DÉMYSTIFICATION

Si l'homme occidental ressent aujourd'hui la nécessité de recourir à une « herméneutique amplifiante » visant à redécouvrir le langage négligé de la pensée mytho-poétique; si cette mise en œuvre, non seulement lui révèle ce qu'il est dans les niches oubliées de sa mémoire, mais en même temps le prédispose à l'intégration d'autres niveaux de culture, son homologue oriental, lui, devrait orienter ses efforts vers une « herméneutique réductrice » (démystification) destinée à détruire (je dirais presque à *démonter*), dans leur contexte propre, à l'abri des fausses identifications, ces concepts hybrides qu'il a forgés sous l'influence de son occidentalisation inconsciente.

Savoir faire les deux cheminements à la fois : telle est la condition d'un dialogue véritable de l'homme avec lui-même. Mais pareil mouvement exigerait de part et d'autre beaucoup de tolérance, une grande générosité, un besoin authentique de désidéologisation mutuelle, une libération hors des cercles fermés où se complaisent les attitudes manichéennes de l'esprit.

Quand Heidegger écrit que l'« interrogation est la pitié de la pensée [1] » et redécouvre sous les retraits de l'Être ses occultations historiales qui font qu'il y a quelque chose qui se dérobe à la pensée, voilà qui nous incite à réfléchir — même si la démarche de Heidegger reste pour certains mythologique et comparable à une « machine à remonter le temps ». Quand Hegel suit l'Esprit absolu en quête de liberté et retrace son Odyssée, de l'Asie vers la Grèce, puis jusqu'au monde germano-chrétien où l'Idée prend conscience

1. *Essais et Conférences*, trad. de André Préau, Gallimard, Paris, 1958, p. 48.

d'elle-même et envisage l'histoire comme le champ de réalisation de ses contenus, voilà qui nous donne à penser – même si cette vision de l'histoire est selon nous trop europrocentrique et se présente comme une théologie déguisée en philosophie (K. Löwith)[1]. Quand Freud nous révèle la part de l'irrationnel dans l'homme et le peu de rôle que joue la raison éclairée dans ses comportements névrotiques, voilà qui nous ouvre d'autres horizons – même si nous trouvons sa vision trop réductionniste. Quand Jung dévoile l'inconscient collectif dans lequel les forces archétypales issues de la psyché s'expriment par le langage des symboles, voilà qui nous révèle des portes insoupçonnées...

C'est dire que tout penseur, dans la mesure où il est « possédé » par un aspect de la réalité, finit par mettre au jour une plage de vérité où il redécouvre une parcelle de l'Être. Sans doute la totalité reste à jamais irréductible aux recherches de telle ou telle école (puisqu'elle est l'ineffable paradoxe au-delà de ce qui peut être saisi); mais tout effort de l'esprit, y compris s'il s'oppose à notre façon de voir les choses, est une ascèse, une discipline de la pensée. Tous ces « regards » jetés sur le monde n'embrassent pas la vacuité de l'Être, mais en saisissent des fragments qui, chacun à leur manière, réfractent la lumière du monde. Ce sont ces fragments qui constituent l'*apparence perspectiviste* (Nietzsche, cf. chap. III, 3, a) de ces formes abrégées qui sont la cristallisation des valeurs dans les systèmes du monde. Et il en est de ces regards comme des membres de cet éléphant dont nous parle Jalâloddîn Rûmî dans son *Mathnawî*[2] : dans une pièce obscure, des visiteurs aveugles tentent de le reconnaître en le tâtant avec la paume de leurs mains. Pour les uns qui touchent la trompe, l'éléphant est un tuyau de drainage; pour ceux qui touchent l'oreille, il s'agit d'un éventail; pour ceux qui auscultent le pied, pas de doute, c'est une colonne... Évaluations relatives qui n'épuisent pas la réalité; l'éléphant est chacun de ces aspects, tout en étant autre chose; l'*arrière-espace* qui

1. *Weltgeschichte und Heilsgeschehen*, W. Kohlhammer, Stuttgart, 1967, pp. 55-61.

2. *Mathnawî*, III, 1260-1280-Téhéran; 1359. Cette idée est probablement d'inspiration indienne et vient de la logique du Jaïnisme.

s'ouvre et se dévoile au-delà de l'exubérance des formes. Car, commente le poète, « autre chose est l'œil de l'écume, autre chose aussi l'œil de la mer *(dîde-ye daryâ)*. Laisse de côté l'écume et vois avec l'œil de la mer ». Mais comment voir avec l'œil de la mer quand nous voguons, armés d'œillères, sur des bateaux déboussolés qui ne cessent de s'éperonner les uns les autres?

1. Le polissage du miroir

Toujours dans son *Mathnawî*, Rûmî rapporte une autre histoire, à propos d'un concours de peinture qui opposa les peintres chinois aux peintres grecs. Chacune des deux parties vantait sa supériorité, aussi le Sultan décida-t-il de mettre à l'épreuve leur talent. Les deux équipes choisirent chacune une pièce communiquant par une porte commune et, tandis que les Chinois demandaient au souverain de leur fournir quantité de couleurs, les Grecs se bornèrent à polir le mur de leur chambre. Lorsque l'œuvre des Chinois fut achevée, le Sultan vint la voir et fut émerveillé par la beauté des images peintes qui lui ravissaient l'esprit. Puis il s'en fut chez les Grecs, qui soulevèrent le voile recouvrant leur mur : tout ce que les Chinois avaient peint y apparaissait en plus séduisant et en plus beau et le ravissement du reflet des images en suspens sur ce mur poli était tel qu'il « arrachait l'œil de son orbite ».

Rûmî conclut de cette histoire que les Soufis sont pareils aux Grecs qui, dépourvus de livres d'érudition, affranchis de cupidité et de haine, ont poli le miroir de leur cœur à un point tel que sa surface est devenue apte à recevoir d'innombrables images. Pour lui, le cœur poli à l'excès devient « une forme sans forme et sans limite du monde de l'invisible » *(sûrat-e bî sûrat-e bîhad-e ghayb)*. Quant aux « gens du polissage » *(ahl-e sayqal)*, qui pratiquent l'« enlèvement de la rouille » *(daf'e zang)* et s'affranchissent de toute couleur et de toute limite pour être capables de voir à chaque instant l'Être sans la médiation des images, ils sont ceux qui, ayant abandonné forme et écorce des connaissances morcelées, ont brandi la bannière de la vision directe des choses *('ayn al-yaqîn)*.

Les imperfections en effet n'incombent qu'à la coquille et non à la perle qui y est contenue : ceux qui sont illuminés par la gnose sont ceux-là mêmes qui, ayant abandonné grammaire et théologie, sont parvenus à la résorption *(mahw)* et à la pauvreté spirituelle *(faqr* [1]*)*.

Laissant de côté les connotations mystiques de ce passage de Rûmî, nous n'en retiendrons que cette idée : le « polissage du miroir ». Car l'homme d'aujourd'hui, hélas, ne voit plus le miroir, mais les formes qui s'y reflètent, et encore les voit-il réfléchies par des miroirs brisés qui en déforment les multiples aspects. Reste qu'il existe peut-être un regard libre, affranchi de certaines œillères, un regard qui, ouvert à l'arrière-espace des choses, ne parvient pas forcément à l'illumination mais s'étend au-delà de lui-même, comme une attente en suspens, et laisse les formes s'épanouir dans la variété de leurs métamorphoses sans s'attacher à aucune d'elles, sans les hypostasier en étants absolus. C'est à ce regard que fait probablement allusion l'implacable logique relativiste du Jaïnisme qui, soucieux de protéger nos jugements contre toute affirmation péremptoire, a soin de souligner que nous devons ajouter à nos affirmations l'adverbe *(syât) :* d'une « certaine façon », d'une « certaine manière », « peut-être », « il se peut ». Ainsi éviterons-nous, peut-être, des jugements dogmatiques en contradiction avec la relativité des points de vue dans le monde.

Attitude qui débouche sur une sorte de « non-violence mentale » : de même que moralement la non-violence *(ahimsa)* est le respect de toute forme de vie, de même mentalement elle devient non-violence de la pensée, autrement dit une sorte de tolérance généreuse qui respecte la diversité des formes et des images tout en sachant que ce sont là des reflets sur le miroir : tant que la dimension du polissage du miroir reste ouverte, tant que la « simplicité » au-delà de la variété demeure originelle, les richesses foisonnantes des choses et des images ne nuisent guère à la vue puisqu'elles restent en fin de compte la riche variété de la vie elle-même. Un des drames de l'homme commence peut-être à cette barrière fatidique qu'est l'*en deçà* du miroir, un en deçà qui tout

1. *Mathnawî,* Livre I, 3470-3500.

en étant la limite d'un espace, voire l'espace d'un monde, n'en doit pas moins être le seuil d'un autre monde, c'est-à-dire d'un arrière-espace.

Or ce qui caractérise de nos jours la variété étonnante des sciences, c'est précisément le foisonnement des images qui assaillent l'esprit comme un bombardement ininterrompu. On sait que toute richesse démesurée étouffe par trop d'abondance et rétrécit l'ampleur de la vision : les non-initiés, que sont les consommateurs non occidentaux de ces images, se perdent au milieu de cette végétation luxuriante et, faute d'aucune boussole, d'aucune carte philosophique, choisissent en premier lieu les images alléchantes et simplistes qui, sous forme de « paquets tout faits », leur promettent de séduisants châteaux en Espagne. Dès lors commence l'ère des mélanges, du métissage des idées, des illusions délirantes et de toutes sortes de formes mutantes qui proviennent de la confusion de tous les contextes.

Nous disions plus haut que le dépassement des tensions créées par la confrontation de ces deux mondes exigerait un effort des deux côtés, effort qui ne dispenserait aucun des deux protagonistes du mouvement propre incombant à l'autre partie. Ceci est un souhait et non une réalité. Un souhait, car rien ne nous autorise à penser que cette prise de conscience est acquise; au contraire, tout semble nous éloigner les uns des autres. Nous poursuivrons pourtant notre raisonnement comme si ce double mouvement était possible, comme si les hommes avaient besoin de se connaître les uns les autres, comme si l'humanité prenait conscience de ses limites et de ses possibilités, comme si on arrivait à dissocier les contextes embrouillés en prenant garde au fait que la religion n'est pas l'idéologie, que les lois de l'histoire obéissent à des critères autres que ceux qui régissent le retour vertical à l'Être, que la prière n'est pas une gymnastique, que l'attente du sauveur n'a rien à faire avec le déterminisme historique, que l'ablution rituelle n'est pas l'hygiène, que les deux contextes restent séparés et que c'est par un remue-ménage conceptuel, par un double itinéraire à la fois amplifiant et destructeur qu'on arrivera à mettre les choses à leur place, et non par le déchaînement furieux de l'imaginaire.

2. La séparation des contextes culturels

Proclamer que nous avons été ceci ou cela, que Dieu est avec nous, que notre insurrection provoquera la révolution mondiale ou même la *parousie* du douzième Imâm, que tout ce que l'Occident a produit depuis plus de cinq siècles a consisté à détourner l'homme des réalités essentielles, à l'empêtrer de plus en plus dans la fange du matérialisme, ne pourra ni ressusciter nos divinités agonisantes, ni nous libérer de l'influence « maléfique » de l'Occident. En nous complaisant dans une atmosphère trompeuse où prendre nos désirs pour des réalités devient la règle, où la recherche libre est remplacée par le fanatisme des idées préconçues – idées qui sont faussées à la racine par l'occidentalisation inconsciente –, nous ne faisons qu'entretenir un *nouvel obscurantisme* qui est la conséquence directe de la double illusion. Ne perdons pas de vue que nous mettre à défendre notre prétendue identité culturelle signifie que celle-ci ne jouit plus de son autonomie plénière. Autrement dit, qu'elle est mise en question comme un problème ouvert et qu'il faut l'expliquer et la justifier. Or toute explication exige une recherche libre, une attitude critique visant à la débarrasser de la rouille des idées préconçues.

N'oublions pas que la pensée mytho-poétique est incapable de s'expliquer elle-même : vivant de sa propre lumière, elle ne peut ni prendre de distance par rapport à elle-même ni s'objectiver. Aussi doit-elle, à compter du jour où elle entre sans le savoir dans le champ de la puissance prodigieuse du négatif, pouvoir se mettre en question et interroger à la fois cette force qui l'entraîne malgré elle dans le mouvement de l'histoire, et la constellation à laquelle elle appartient en propre. Voilà pourquoi toute mise en question pose *eo ipso* le problème des contextes culturels et de leur séparation. Et pourquoi toute séparation requiert, outre ce polissage du regard, un démontage des idées visant à séparer les pièces agglomérées par fausses identifications.

Reconstituer un contexte culturel authentique implique de placer ses éléments dans la structure cohésive d'un ensemble, à retrouver les liens des concepts dans l'enchaînement des idées. Ainsi, si le contexte culturel de la pensée occidentale résulte de la métamorphose des concepts dans le processus linéaire de l'histoire, notre monde à nous ne se déduit qu'à partir de la totalité « spatiale », de la topographie visionnaire de l'Être pourrait-on dire, car l'idée de *processus* qui constitue l'élément déterminant de toute philosophie de l'histoire n'a pas eu de contrepartie dans notre présence au monde où la *théophanie*, le reflet de l'Être sur les étants et leur rapport immédiat, a pris le pas sur toute autre considération – à commencer par le regard historiciste exigé par l'idée même du *processus-production*.

Par conséquent, au risque de simplifier quelque peu, nous pouvons dire que notre contexte culturel résulte de la topographie *spatiale* de l'Être et non de son devenir *temporel* à travers les phases successives de l'histoire. Cette différence est capitale. En effet, si l'histoire de la philosophie et la philosophie de l'histoire ne font qu'une et si, d'autre part, cette histoire implique le développement des idées qui apparaissent, métamorphosées, tantôt sous telle forme, tantôt sous telle autre, bouleversant à chaque reprise le fondement ontologique du monde, provoquant son objectivation dans l'esprit et la prise de conscience qui en résulte, nous n'avons eu ni histoire de la philosophie ni philosophie de l'histoire. Car les principes qui ont régi notre présence au monde n'ont pas évolué dans ce *sens* et ont gardé leur verticalité par rapport aux sources méta-historiques qui les maintiennent.

D'où une première conséquence : ces deux contextes culturels appartiennent à deux visions, deux façons différentes d'être-dans-le monde au point que leur séparation exige une remise en question au niveau même de l'enseignement.

Un exemple : la façon dont on enseignait les sciences humaines dans nos universités était une catastrophe. Ne parlons pas des bouleversements actuels où on n'enseigne plus rien et où l'on s'évertue à enliser les esprits dans des prises de positions idéologiques d'un fanatisme absolu : non, évoquons la situation antérieure. L'enseignement des sciences humaines prédisposait les esprits à la « double illusion », car il se faisait précisément en dehors de la prise de conscience que requiert la connaissance préalable des contextes culturels. Le jeune étudiant iranien ne comprenait guère pourquoi la pensée débutait miraculeusement en Grèce et pourquoi le fondateur de la philosophie moderne s'écriait : « Je pense donc je suis. »

Mettez-vous à sa place : imaginez un distingué professeur de la Sorbonne inaugurant ainsi son cours : « Religion et philosophie, messieurs, sont les deux faces d'une même vérité. L'Essence divine, en raison de sa théophanie sacrosainte, descend du degré de l'Unitude au degré de l'unité plurale, puis dans le monde des Ames universelles, puis dans le monde des Images-Archétypes, puis dans le monde des apparences sensibles, décrivant ainsi la moitié du cercle de la descente dont la fin coïncide avec l'état de l'homme, synthèse de tous les degrés de l'Être. L'Arc de la remontée prenant son origine dans l'homme décrit les degrés inverses de la descente, traverse les Intermondes *post-mortem* du retour et aboutit à l'origine, de sorte que les deux Cercles se réunissent et que le point final coïncide avec le point initial de l'Être, etc. » La réaction de l'étudiant européen serait prévisible : il estimerait que cet auguste professeur est un « théosophe », voire un théologien, mais assurément pas un philosophe. Car si l'étudiant européen sait d'emblée que ce discours n'est pas de la philosophie, il ne sait pas très bien par contre ce que sont la théosophie ou la gnose spéculative. Mais inversons les rôles : imaginons son homologue persan entendre exposer, pour la première fois, les vues audacieuses de Descartes. Lui non plus n'arrive pas à les situer dans leur contexte propre, ni à établir un lien entre ce géant et les grands noms de Sa'adî et de Hâfez qui ont bercé sa jeunesse. L'anxiété le gagne, puis il se rend compte que ce philosophe disserte dans un langage tout autre que celui auquel il est habitué... Pourtant il sait déjà, par la rumeur, que ce penseur français est celui qui a appliqué pour la première fois la « méthode précise des mathématiques » dans le domaine de la pensée, qui a été l'inaugurateur de l'ère de la recherche, du doute, de l'âge scientifico-technique – âge qui a fait de l'homme occidental « le maître et possesseur de la nature ». Il sait cela, et rumine que ses propres modèles culturels ne lui ont enseigné jusqu'ici que la soumission, la contemplation, le retrait du monde, la résignation. Alors...

Alors sa réaction ne peut osciller qu'entre une soumission inconditionnelle ou un rejet radical. Mais quelle que soit sa réaction, elle sera forcément éloignée de cet *esprit critique* qui, en pareil cas, devrait lui dire qu'il se trouve en face de deux contextes culturels qu'il s'agit de distinguer, de deux présences de l'être-dans-le-monde si radicalement différentes qu'il ne saurait être question de les faire se télescoper. Les idées qu'il a glanées dès son enfance dans le *Livre des Rois* de Ferdowsî, dans le *Golestan* (Roseraie) de Sa'adî, dans le *Divân* de Hâfez, n'ont aucune ressemblance, même formelle, avec le fond de l'enseignement des sciences humaines modernes; de sorte qu'avec le temps, ces images de jeunesse pâlissent et prennent l'allure des pétales flétris d'une fleur fanée. D'autre part, les choses qu'il apprend – dont il ignore les sources et le contexte – restent flottantes dans son esprit et n'ont aucun lien avec le comportement émotionnel de sa vie qui baigne dans un réseau de relations empathiques. Et comme il n'arrive pas à se situer par rapport à son propre contexte culturel, ni à situer ce qu'on cherche à lui apprendre vis-à-vis du fonds qui est le sien, comme il ne parvient pas à établir des distinctions dans son esprit, comme il est de surcroît fasciné par les idéologies à la mode, il mélange tout avec tout, trouve des expédients faciles, des assimilations hâtives, des syncrétismes douteux, des identifications fulgurantes : de sorte que le déterminisme historique se substitue à la révélation prophétique tout en conservant le *pathos* religieux. La démocratie s'accommode de l'Islam, les idées mal assimilées se mêlent à ses impulsions, et le tout s'enveloppe dans un voile d'une totale confusion au point de déboucher sur le *no man's land* d'une pensée éclatée. Et lorsqu'on vient à le secouer, à mobiliser ses forces, à le lancer à la poursuite de rêves délirants, il devient militant et part en guerre contre les moulins à vent.

Ainsi devient-il la proie du marxisme vulgaire. Car ce marxisme diffus mêlé à une dose plus ou moins forte de religiosité islamique flatte la paresse de l'esprit : il est ce qui dispense de s'interroger, de mettre en question les contextes, de penser réellement. Bien entendu, il s'agit d'un marxisme défiguré, coupé du cordon ombilical qui le reliait à la généalogie de l'Occident : dans ce moule préfabriqué capable d'accueillir les idées les plus hétérogènes, mijotent les contenus les plus invraisemblables – pourvu qu'il s'en dégage une odeur violente de militantisme.

De nos jours les vagabonds de l'Occident se font volontiers pèlerins d'Orient courant derrière de pseudo-gourous et se vouent à tous les saints afin de soulager leur misère existentielle; pendant ce temps, les anciens pèlerins de l'Orient se font militants religieux, animés du même souci de guérir leur misère mais désireux en outre d'exorciser les démons de l'impérialisme. Tous se rencontrent en un même lieu de dupes, l'illusion : le faux mystique s'enlise dans la misère physiologique des drogues ou choisit le terrorisme, tandis que le faux religieux devient un fanatique doublé d'un terroriste.

Or, ce n'est pas au niveau de la terreur *ad majorem Gloriam Dei* que l'on réussira à guérir la misère de l'homme et de la société, mais au niveau de l'esprit. Et pour y parvenir, rien ne sert de contester ce que l'on ne peut maîtriser sous prétexte que cela est néfaste. Le rejet de ce que nous ignorons ne nous libère pas de son emprise, mais nous en barre l'accès. Nous ne pouvons, hélas, contourner, en les niant, les cinq derniers siècles de l'histoire de l'homme occidental. Ce qu'il conviendra de faire, au contraire, c'est de démonter par la connaissance lucide les rouages de cet esprit dont nous consommons chaque jour les sous-produits : voitures que nous conduisons, avions que nous utilisons, médias dont nous usons et abusons. Il est absurde de les consommer d'un côté, et d'accuser de l'autre ceux qui les conçurent d'être les suppôts de Satan : il s'agit de savoir reconnaître le mécanisme de l'esprit qui permit qu'on en vînt à produire de tels objets.

Car ce qui se passe au niveau socio-politique et technologique possède une motivation autre au niveau de l'esprit. L'impérialisme que nous haïssons (à juste titre) ne se réduit pas à telle puissance mondiale ou à telle autre : il est aussi la conséquence d'une façon particulière de voir le monde dont le mode opérationnel est la pensée calculante et programmatrice, dont les organes sont les ordinateurs et dont l'effet est l'expansion. Le jour où Christophe Colomb s'aventura dans l'océan, il commença un voyage d'expansion qui devait aboutir à l'impérialisme. Voyage certes très différent de celui de Bouddha qui, lui, trouva un gué dans l'océan des transmigrations. Colomb et Bouddha traversèrent tous deux un océan : le premier l'océan tout court, le second celui du flux incessant du devenir. Celui-ci fit le parcours horizontal d'un rivage à l'autre de l'océan Atlantique, celui-là parcourut l'océan de l'histoire des incarnations, quitte à aboutir au point initial : l'impulsion première de la vie. L'un revint avec des promesses de richesses; l'autre mit en marche la roue de la Loi à Bénarès. Le premier fut l'expansion de l'homme à la poursuite de la domination du monde, l'autre sa contraction au point de s'évanouir dans la vacuité du non-être.

Ce n'est donc pas en brandissant nos poings serrés contre ce grand défi expansionniste que nous arriverons à nous en défaire, mais en essayant de comprendre *avec amour* l'esprit de l'homme qui en motiva la marche. Ce n'est pas en souhaitant la dictature d'un prolétariat qui n'existe chez nous que d'une façon toute limitée que nous arriverons à la justice sociale, mais en sachant peut-être que la justice est aussi un don de l'âme. La démocratie n'a pas été obtenue sous l'effet d'une baguette magique. Elle est l'effort plusieurs fois séculaire de l'homme occidental pour se donner un ordre vivable dans un monde privé de Dieu. La raison réduite à ses seules ressources essaya après maints déboires de trouver un équilibre parmi les attitudes fanatiques dues à l'instinct d'autoconservation; un équilibre capable de neutraliser les tendances manichéennes de l'esprit, de contrecarrer les velléités totalitaires des idéologies. Et c'est précisément parce que le contenu utopique de la démocratie est pauvre – je dirais presque désillusionné – qu'elle se prête comme un terrain neutre à la manifestation d'autres tendances, à l'expression d'autres revendications, sans permettre à aucune d'entre elles de se hausser au niveau d'une totalité exclusive. Mais le sens de la démocratie ne s'acquiert qu'au terme d'un long apprentissage, fait de tolérance et d'un certain désenchantement; c'est pourquoi il est si difficile à assimiler par des sociétés qui restent encore imbues de l'aura magique des visions premières.

La séparation du spirituel et du temporel advenue par la modernité est essentielle, y compris pour les civilisations traditionnelles, ne serait-ce que pour sauver ce peu d'héritage qui reste de leur passé. Car entre la tentation totalisante de la religion et le délire paranoïaque des idéologies, il n'y a que la distance d'un pas – et c'est dans cette distance étroite que s'insère l'art si difficile de la démocratie. Quelque imparfaite et corrompue qu'elle soit, il reste que dans l'état actuel de notre humanité, la démocratie est la seule forme de société qui garantisse un minimum de liberté, même spirituelle. Car il est plus souhaitable de jeter un regard quelque peu désenchanté sur le monde que de se complaire dans des rêves délirants des utopies révolutionnaires.

3. Un pèlerin de l'Occident

Nous disions plus haut que la sortie hors de l'impasse exigerait un effort des deux côtés.

Or, en ce qui concerne celui de l'Occident vers l'Orient, j'en connais un : celui de Henry Corbin qui fut mon maître et mon ami. Si j'évoque son souvenir c'est parce que je fus témoin pendant plus de vingt ans de son effort généreux. Corbin consacra plus de quarante années de sa vie à fouiller dans les bibliothèques poussiéreuses, à ressusciter des manuscrits, à monter pièce par pièce avec l'amoureuse dextérité du bijoutier, l'armature d'une pensée très riche qui, sans ses efforts, serait restée l'apanage d'une petite élite en voie de disparition. Mais avec l'imagination du visionnaire et la méticuleuse précision de l'érudit, Henry Corbin reconstruisit patiemment cette longue tradition, la réactualisant dans le temps, la reconduisant vers ses sources; ce faisant, non seulement il rendait un service au patrimoine de l'humanité mais encore il découvrait l'Occident ésotérique, c'est-à-dire la quête du Graal et l'ouverture à cet espace imaginal dont il ne se lassa jamais de nous révéler les merveilles – puisque c'est précisément en cet espace que s'opérait la transmutation de l'Occident à la recherche de son Orient.

Au reste, ce n'est pas une coïncidence si Corbin a été à la fois le premier traducteur de Heidegger en français et le premier disciple spirituel et « occidental » de Sohravardî.

Mais l'exemple de Corbin est un pèlerinage à sens unique [1] : c'est la pérégrination d'un Occident à la recherche de l'Orient des Lumières. Or si Corbin a reconstitué le trajet qui mène de Heidegger à Sohravardî, les héritiers de ce dernier restent aujourd'hui incapables de faire l'inverse, c'est-à-dire de parcourir à rebours le chemin qui de Sohravardî aboutirait à Heidegger. Pourquoi? Parce que comprendre Heidegger équivaudrait à saisir l'aventure extraordinaire de l'Être dans l'histoire de la pensée occidentale qui apparut à l'aube de son commencement comme *phusis, logos,* avec Platon et Aristote comme *idea* et *energeia,* au Moyen Age comme substantialité, avec les Temps modernes comme objectivité et subjectivité et avec l'âge technique de la domination planétaire comme *Wille zum Willen* (volonté de volonté) et arraisonnement *(Ge-stell)* [2]. Saisir cette aventure équivaudrait à pénétrer l'âme de l'Occident et à en suivre le mouvement dialectique : « Depuis toujours dans notre histoire, commente Heidegger, penser a voulu dire : se conformer à l'injonction de l'Être et, partant de cette conformité, parcourir, discuter et décrire l'étant dans son être, dis-courir sur lui. Ce dis-cours *(dialegesthai)* se développe dans l'histoire de la pensée occidentale et devient la dialectique [3]. »

C'est ce discours, cette injonction de l'Être, que ce soit dans le sens de son développement progressif dans l'histoire (Hegel) ou de son retrait successif, qui échappe aux non-Occidentaux – de sorte que l'Occident qu'ils reconnaissent leur apparaît sous ses formes les plus métamorphosées, c'est-à-dire sous la forme idéologique d'une *praxis* socio-économique où l'Être se réduit à la production *(Erzeugen),* et devient de ce fait une domination technique. En d'autres termes, la chaîne ininterrompue de l'évolution, qui de Marx remonte à l'aurore de cette pensée (où la coappartenance du *muthos* et du *logos* était encore perceptible à la vision

1. D. Shayegan : « L'actualité de la pensée d'Henry Corbin », *Études philosophiques,* janvier-mars, 1980, pp. 66-72.
2. Martin Heidegger : *Identität und Differenz,* Pfullinger, 1975, p. 58.
3. *Le Principe de raison, op. cit.,* p. 192.

des tout premiers penseurs), leur échappe en même temps que toute la problématique de la tradition occidentale.

Aujourd'hui le point de contact où les deux mondes (Orient et Occident) s'affrontent ne s'interprète plus en termes d'injonctions contenues dans le discours de l'Être (donc *dialegesthai*), ni en dévoilement du message que contient l'Orient des Lumières (et les récits visionnaires qui s'y rapportent), mais se présente comme un terrain stérile comprenant à la fois les défauts de l'un et de l'autre. *Terrain où l'Occident se réduit à une infrastructure socio-économique apte à accommoder n'importe quelle idée et où le contenu « oriental » de la tradition, tout en revendiquant une originalité irréductible, s'occidentalise inconsciemment.* Autrement dit, c'est l'idéologie dans tout ce qu'elle a de figé, d'irrationnel, de fausse conscience, d'anti-dialectique et d'anti-transcendant, qui devient, en dernière analyse, la *linga franca* philosophique de l'un et de l'autre. Voilà pourquoi toute précipitation d'une religion dans l'histoire (précipitation qui ne serait pas accompagnée d'une prise de conscience correspondant à l'esprit du temps, d'une « mise en perspective » du destin de cette histoire et de ses injonctions), loin d'aboutir à un *raccourci* hors de l'histoire, ne ferait que hâter le processus de sécularisation et accélérer l'occidentalisation inconsciente.

Corbin « s'expatrie de l'expatriement » et choisit l'exil occidental pour retrouver, à partir du temps de la détresse, l'ange de la terre des visions : le pèlerinage de sa contrepartie orientale ne peut être que l'inverse. Il lui faut, s'expatriant de sa propre tradition, revivre le destin planétaire du temps de la détresse et rejoindre son frère occidental au confluent des deux océans : là où les deux messages se rejoignent. Si l'Occidental a eu l'avantage d'avoir connu l'expérience de la chute sous ses deux dimensions successives – chute dans le monde et chute dans l'histoire –, l'Oriental s'est arrêté à la première chute et est resté à l'abri de la grande aventure de l'histoire qui s'accéléra à partir de la Renaissance, et n'atteignit son terme qu'avec l'âge planétaire de la domination technique. D'où son incapacité à saisir l'esprit de l'histoire; d'où son inaptitude foncière à reconnaître la généalogie de la pensée occidentale; d'où aussi sa captivité dans un exil occidental dont l'issue lui est d'autant plus inaccessible que tous les efforts à même de l'en délivrer ne font que l'y précipiter davantage. Ainsi se trouve-t-on à mi-chemin entre la chute dans l'histoire et l'agonie des dieux. Un retour vers un passé historiquement révolu ne le délivre pas de l'histoire mais, au contraire, lui en obstrue l'accès et idéologise sa religion. L'ange Gabriel ne peut rester l'ange de la révélation que dans une dimension *méta-historique,* descendu dans l'histoire il sera tout au plus un *homo magnus,* captif à son insu de la ruse de la raison et tenant inconsciemment le langage totalitaire des discours socio-politiques. Le pèlerin de l'Orient ne peut rester pèlerin que s'il reconnaît la chute du vagabondage. Vagabonds de l'Occident et pèlerins de l'Orient sont donc complémentaires : l'un ne peut aboutir sans l'autre.

Parce qu'à la fin horizontale de l'histoire correspond le saut vertical du temps de la détresse, tout saut exige une chute préalable dans l'histoire comme condition de son dépassement. Le saut du pèlerin ne peut être saut vertical que s'il est précédé par tout le parcours horizontal de l'histoire du nihilisme : ce n'est qu'à partir de la fin de l'histoire, c'est-à-dire de la fin de la métaphysique, que s'annonce l'élan vertical d'une nouvelle expérience spirituelle. Le pèlerin de l'Occident qu'est Corbin commence son itinéraire spirituel à partir de « la chute dans la captivité »; son homologue oriental doit de son côté avoir éprouvé sa « descente aux enfers », subi les avatars de l'histoire, vécu les affres de la mort de Dieu, bref avoir connu le vertige de la chute dans l'histoire, puisque l'expérience de cette chute, eu égard à la domination planétaire de la pensée occidentale, est une expérience inévitable, une condition *sine qua non* de tout éveil. C'est pour ne pas avoir encore reconnu cette fatalité que le pèlerin de l'Orient reste en suspens entre un monde qui lui échappe et une histoire qui le dépasse; il n'est donc ni pèlerin, ni vagabond, mais un homme en dehors de son temps.

Cependant le drame de l'un est aussi le drame de l'autre, puisque toute *déchirure* au sein de l'homme est aussi une déchirure au sein de l'Être. Déchirure au sein de cet homme qui, au seuil de la conquête de l'espace, reste dans la misère la plus accablante. Déchirure au sein de ce « déshérité » qui, furieux contre tous les ordres établis qu'il n'arrive pas à maîtriser, scande des slogans et vocifère afin de tenter de trouver un sens à sa misère. Déchirure de cet homme qui investit tout ce qu'il a, y compris les dernières miettes de sa religion exsangue, dans une aventure désespérée qui, voulant sauver les dieux, les immole. Déchirure de cet homme toujours à la limite de la folie la plus généreuse comme de la mesquinerie la plus abjecte.

Où donc nous mène cette collision des constellations, ce monde de malentendus qui s'en va grossissant au gré de nos efforts avortés? Mettra-t-on un jour terme à ces quiproquos qui ne cessent de grandir dans un monde pourtant si uni grâce aux moyens de communication, de l'informatique, des médias? On dirait que plus les distances physiques se rétrécissent, plus s'élargissent celles qui, à l'intérieur de notre planète, à l'intérieur d'une même aire culturelle et finalement à l'intérieur d'un même pays, divisent les hommes. Pourquoi donc ce dialogue de sourds?

4. Peut-on prendre l'histoire en raccourci?

Si le déplacement de l'homme de sa condition centrale [1] en Dieu vers la périphérie des choses a été, selon Schelling, « un divorce réel entre l'homme et sa position primitive [2] », le passage de « l'immédiat au médiat... de l'inconscience à la conscience discriminative, du rapport non libre de l'union au rapport libre de la séparation [3] », ayant pour conséquence la naissance du polythéisme, et aussi, d'un autre point de vue, la révélation du vrai monothéisme (qui suit la religion naturelle comme forme médiatisée de celle-ci), ce développe-

1. L'idée d'une position centrale de l'homme est liée, chez Schelling, à la tradition de l'anthropologie mystique telle qu'on la découvre chez Jacob Boehme et Friedrich Christian Oetinger. Voir Ernst Benz : « Theogonie und Wandlung des Menschen bei Schelling », in *Eranos Jahrbuch,* Zurich, 1954, p. 316.

2. F. W. Schelling : *Introduction à la philosophie de la mythologie..., op. cit.,* p. 247.

3. *Ibid.,* p. 169.

ment historique a été plus ou moins le lot de toutes les grandes religions dans lesquelles l'homme a été considéré comme un être créé à l'image de la divinité. Mais qu'advint-il donc quand l'homme, non seulement, se déplaça du centre à la périphérie mais s'élança hors d'elle dans le vertige du devenir historique et l'aventure de la dialectique, pour tenter de se libérer définitivement de la tutelle des dieux en donnant libre cours à sa quête prométhéenne de liberté?

La périphérie que symbolise la chute première était encore toute tendue vers le centre, grâce à cet « espace intermédiaire [1] » qui faisait en sorte que l'homme avait encore un rêve dont il gardait le souvenir, et qui l'ouvrait à l'horizon de sa condition première. En revanche cette seconde *chute* dans le devenir historique, qui actualisa les immenses ressources de l'homme, qui élimina toutes ses idoles mentales, effaçant jusqu'au souvenir des derniers liens qui l'unissaient à sa condition primitive, est précisément ce que nous avons décrit plus haut comme une « seconde mutation culturelle », mutation qui survint dans l'aire culturelle occidentale, inaugurant l'âge scientifico-technique et les conséquences qui s'ensuivirent.

Or, tout porte à croire que ce nouveau développement a lui aussi atteint son terme : on parle de nos jours de la fin de la métaphysique, de l'achèvement de la philosophie... L'impasse est planétaire; elle est aussi bien celle de l'Occident que celle des civilisations qui en sont restées, si l'on peut dire, à la « première chute » sans pour autant pouvoir se permettre l'économie de la seconde. Car c'est seulement à la fin de l'histoire que l'homme épuise ses possibilités, fait l'expérience des dernières phases de son aliénation et éprouve en son for intérieur les tourments de la « descente aux enfers », payant ainsi la rançon d'une liberté effrénée, d'une auto-déification sans bornes. Et si la fin de l'histoire coïncide avec le surgissement d'une nouvelle conscience, d'un élan vertical vers les hauteurs, comme semblent l'attester certains signes, cela signifie que toute sortie de l'histoire ne peut être effectuée que par le réveil nouveau qu'annonce la fin de l'histoire elle-même.

1. *Ibid.*, p. 248.

Une grande partie de l'humanité cherche à se libérer de l'emprise de cette histoire qu'elle subit mais qu'elle ne comprend pas, en cherchant toutes sortes de *raccourcis.* Mais les raccourcis qu'elle trouve sont ceux que procurent les formes métamorphosées de l'histoire de la métaphysique et non l'épuisement de l'histoire elle-même, qui porte, lui, le message d'une autre promesse. Ces dernières métamorphoses se présentent aujourd'hui comme des discours sociopolitiques se cristallisant dans le système clos des idéologies : elles restent pour une grande partie de l'humanité une forme de salut, une voie de sortie hors de l'histoire, hors de la sphère de l'influence occidentale – d'où les slogans anti-impérialistes, anti-occidentaux. Mais, en repoussant le message de notre temps, on se ferme à la fois et à l'action libératrice de l'histoire et à l'accès de cet « espace intermédiaire » qui, selon Schelling, est contenu entre la périphérie de la chute et le centre de la nostalgie. On reste entre l'histoire et l'agonie des dieux. On reste au bout du compte nulle part et on oublie cette vérité que proclame le poète d'un grand drame mystique :

« Seule guérit la blessure l'arme qui la fit [1]. »

1. Parsifal : cité d'après H. Corbin in *Philosophie iranienne et philosophie comparée,* Paris, 1977, p. 47.

TABLE

Chapitre III

LA BRÈCHE FONDAMENTALE

Chapitre IV

ENTRE L'AGONIE DES DIEUX ET LEUR MORT IMMINENTE

ou la destinée historique des civilisations traditionnelles

Chapitre V

L'IDÉOLOGISATION DE LA TRADITION

Chapitre VI

DOUBLE ITINÉRAIRE : HERMÉNEUTIQUE ET DÉMYSTIFICATION

La reproduction
photomécanique et l'impression
de cet ouvrage ont été réalisés
par l'imprimerie Pollina à Luçon
pour les Éditions Albin Michel

Achevé d'imprimer en décembre 1990
N° d'édition 11445 - N° d'impression 13130
Dépôt légal : janvier 1991